普通高等教育"十三五"规划教材

传输原理应用实例

朱光俊　主编

北　京

冶金工业出版社

2017

内 容 提 要

本书主要介绍了冶金与材料制备及加工过程中的动量传输、热量传输、质量传输现象及实例,内容包括冶金熔体的传输特性、烧结球团过程的传输现象、高炉冶炼过程的传输现象、铁水预处理过程的传输现象、转炉炼钢过程的传输现象、炉外精炼过程的传输现象、连铸过程的传输现象、有色金属冶炼过程的传输现象、轧制过程的传输现象、新技术领域的传输现象等。

本书可作为冶金工程、材料工程、材料加工工程等材料类专业的本科生教材,也可供相关专业的工程技术人员参考。

图书在版编目(CIP)数据

传输原理应用实例/朱光俊主编. —北京:冶金工业
出版社,2017.3
普通高等教育"十三五"规划教材
ISBN 978-7-5024-7357-0

Ⅰ.①传… Ⅱ.①朱… Ⅲ.①冶金过程—传输—高等
学校—教材 Ⅳ.①TF01

中国版本图书馆 CIP 数据核字(2016)第 247624 号

出 版 人 谭学余
地 址 北京市东城区嵩祝院北巷 39 号 邮编 100009 电话 (010)64027926
网 址 www.cnmip.com.cn 电子信箱 yjcbs@cnmip.com.cn
责任编辑 杨 敏 赵亚敏 美术编辑 吕欣童 版式设计 彭子赫
责任校对 王永欣 责任印制 李玉山
ISBN 978-7-5024-7357-0
冶金工业出版社出版发行;各地新华书店经销;三河市双峰印刷装订有限公司印刷
2017 年 3 月第 1 版,2017 年 3 月第 1 次印刷
787mm×1092mm 1/16;14 印张;333 千字;210 页
38.00 元

冶金工业出版社 投稿电话 (010)64027932 投稿信箱 tougao@cnmip.com.cn
冶金工业出版社营销中心 电话 (010)64044283 传真 (010)64027893
冶金书店 地址 北京市东四西大街 46 号(100010) 电话 (010)65289081(兼传真)
冶金工业出版社天猫旗舰店 yjgycbs.tmall.com
(本书如有印装质量问题,本社营销中心负责退换)

前　言

在冶金工业中，大多数冶金过程都是在高温、多相条件下进行的复杂物理化学过程，同时伴有动量传输、热量传输和质量传输现象。在实际的冶金生产过程中，由于反应温度较高，其本征化学反应的速率较快，整个冶金反应过程的速率主要取决于传质速率，而传质速率往往又与动量和热量传输密切相关。因此，冶金过程的传输现象对冶金反应过程有着重要影响。随着科学技术的不断发展，冶金已从狭义的从矿石提取金属，发展为广义的冶金与材料制备及加工工程。传输原理在认识冶金过程与材料制备过程及材料加工过程的本质，开发冶金与材料制备及加工新理论、新技术、新装置、新流程等方面起到了非常重要的作用，它已经成为现代冶金与材料制备及加工工程的理论基础。

为了培养应用型技术技能人才，提高学生解决复杂工程问题的能力，满足加快产业转型升级需要，编者在普通高等教育"十一五"规划教材《传输原理》（冶金工业出版社，2009）的基础上编写了本书。本书以冶炼（钢铁、有色金属）—铸造（连铸）—加工（钢铁、有色金属轧制）为主线，介绍动量、热量和质量传输在冶金与材料制备及加工工程实践中的应用，在内容上力求体现实用性。本书可作为冶金工程、材料工程、材料加工工程等材料类专业的本科生教学用书，也可供相关专业的工程技术人员参考。

本书由重庆科技学院朱光俊教授担任主编，各章执笔人分别是重庆科技学院黄青云（第1章）、高绪东（第2章）、高艳宏（第3章）、张倩影（第4、5章）、王宏丹（第6、7章）、周雪娇（第8章）、罗晓东（第9章）、杨艳华（第10章），全书由朱光俊整理定稿。重庆大学博士生导师郑忠教授、重庆钢铁股份有限公司赵仕清高级工程师、中冶赛迪技术股份有限公司冯科教授级高级工程师审阅了全书，对本书的编写提出了很多宝贵意见，在此深表谢意！

本书参考了有关文献，在此向文献作者表示衷心的感谢。同时非常感谢重庆科技学院教务处和冶金与材料工程学院的大力帮助和支持。

由于编者水平所限，书中不足之处，敬请读者批评指正。

编　者

2016 年 7 月

目　录

冶金熔体的传输特性

在冶炼和浇铸过程中，冶金熔体的传输特性直接影响物理化学反应的效率，比如炼钢过程的脱碳、脱磷、脱硫和脱氧反应，不仅与钢液中参与该反应的元素的浓度和活度密切相关，同时与钢液的黏度、各元素在钢液中的扩散特性紧密相连，因此必须研究它们的传输特性。由于冶金熔体本身的复杂性及高温实验研究的困难性，人们至今对它们的传输特性的研究并不多，而且很多数据差别较大。本章主要介绍冶金熔体的流动性、导热性和扩散性。

冶金熔体是指在高温冶金过程中处于熔融状态的反应介质或反应产物。根据组成熔体的主要成分不同，分为金属熔体与非金属熔体。金属熔体是指液态的金属和合金，如铁水、钢水、粗铜、铝液等。金属熔体不仅是火法冶金过程的主要产品，也是冶炼过程中多相反应的直接参加者。非金属熔体包括熔渣、熔盐、熔锍。熔渣主要是由冶金原料中的氧化物或冶金过程中生成的氧化物组成的熔体，如 CaO、FeO、MnO、MgO、Al_2O_3、SiO_2、P_2O_5、Fe_2O_3 等氧化物。在冶金领域，熔盐主要用于金属及其合金的电解生产与精炼。熔锍是多种金属硫化物的共熔体，如 FeS、Cu_2S、Ni_3S_2、CoS 等。

1.1　冶金熔体的流动性

液体内摩擦力又称黏性力，液体流动时呈现的这种性质称为黏性，度量黏性大小的物理量称为黏度。液体的黏性是组成液体分子的内聚力阻止分子相对运动产生的内摩擦力，液体只有在流动或者有流动趋势时才会出现黏性。这种内摩擦力只能使液体流动减慢，不能阻止。流体的黏性是流体在运动时表现出的抵抗剪切变形的能力。流体黏度 μ 的倒数即为流动性 φ，即流动性 $\varphi = 1/\mu$。

黏度分为动力黏度和运动黏度。动力黏度用 μ 表示，其单位为 $Pa \cdot s$。运动黏度用 ν 表示，动力黏度除以密度等于运动黏度。如 ρ 为密度，单位为 kg/m^3，则 $\mu = \rho\nu$。用 ν 表示黏度可以消除因密度而产生的影响。当研究的对象密度差较大时，用 ν 表示并比较其黏度，能得到准确的数字概念。

在冶金工业中，熔体的黏度不仅是研究熔体结构的基础，也是冶金熔体的重要物理化学性质之一，还与冶炼反应的传热、传质，液体金属中非金属夹杂和气泡的排除，金属或熔锍与熔渣的分离及炉衬的寿命有很大的关系，密切关系到冶炼、浇铸等过程能否顺利进行。

1.1.1　金属熔体的流动性

一般液态金属或合金的黏度较小，其流动性较大。但是也有例外情况，如锌比锡、铅、铝等黏性大，而流动性却较高。纯金属和共晶体合金具有较高的流动性；而结晶（凝固）温度范围大的合金则有较低的流动性，因此需要提高这些合金的过热温度来获得必要的流动性。

（1）铁熔体。金属熔体的黏度对于冶炼和浇铸操作及产品质量等都有很大的影响。例如，元素扩散速度、渣铁分离、非金属夹杂物的排除、钢锭的结晶和偏析等都与金属熔体的黏度有密切的关系。同时它也是阐明熔融铁合金结构的重要性质。在实验室，铁水黏度通常采用旋转式黏度计进行测定。

金属熔体的黏度与组成有关。金属液中异类原子群聚团的形成使熔体的黏度增大，例如，群聚团 $Fe^{2+} \cdot O^{2-}$、$Fe^{2+} \cdot S^{2-}$ 的存在，增大了黏滞单元的平均尺寸，这时黏度取决于这种群聚团移动需克服的内摩擦阻力。也就是说，金属熔体的黏度与溶解元素的量和种类有关，当铁中其他元素的总量不超过 0.02% ~ 0.03% 时，1600℃液态铁的黏度为 0.0047 ~ 0.005Pa·s。当其他元素的总量为 0.1% ~ 0.122% 时，1600℃液态铁的黏度为 0.0055 ~ 0.0065Pa·s。熔体温度升高，金属熔体黏度降低，即流动性增加，如图 1-1 所示为含钛铁液的 $\ln\mu - 1/T$ 关系（图中 w 表示质量分数）。这是由于随着温度升高，液体的原子间距增大，减小了其流动时的内摩擦力的缘故。在 1535 ~ 1700℃的范围内，纯铁黏度与温度的关系如下（纯铁中碳、氧、锰、磷、硫的总量小于 0.02% ~ 0.03%）：

$$\lg\mu = \frac{1951}{T} - 2.327 \qquad\qquad (1-1)$$

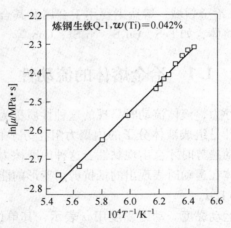

图 1-1　含钛铁液的 $\ln\mu - 1/T$ 关系

研究指出元素对铁液的黏度的影响大致如下：Ni、Co、Cr 等元素对铁液的黏度影响较小；Mn、Si、Al、P 和 S 等元素能使铁液的黏度减小，特别是 Al、P 和 S 等元素，很少的含量时就能使铁液的黏度大大减小；V、Nb、Ti 和 Ta 等元素能使铁液的黏度增大。必须注意，当铁液中存在悬浮的固体质点如 Al_2O_3 和 Cr_2O_3 等越多，则黏度越大。1600℃钢液的黏度大概为 0.002 ~ 0.003Pa·s。

（2）铝熔体。铝熔体在不同温度下的黏度见表 1-1。由表可见，随着温度升高，铝熔体黏度降低。

液态合金的黏性与其成分密切相关。某些合金元素对纯铝在 700℃时黏度的影响如图 1-2 所示。金属或合金熔体中悬浮的非金属夹杂物和气体饱和程度对黏度有很大的影响。黏度随不溶于金属或合金熔体中悬浮物的数量以及气体饱和程度而增加。

表 1 - 1 熔融铝在不同温度下的黏度

温度/℃	669	710	744	776	804	837	860	885	923	944
黏度/mPa·s	1.1603	1.0909	1.0231	0.9841	0.9481	0.9002	0.8722	0.8533	0.8104	0.7922

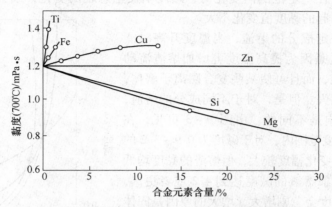

图 1 - 2 合金元素对纯铝在 700℃ 时黏度的影响

1.1.2 熔渣的流动性

黏度是熔渣的主要物理性质之一，它代表熔渣内部相对运动时各层之间的内摩擦力。黏度与渣和金属间的传质和传热速度关系密切，因而它影响着渣钢反应的速度和炉渣传热的能力。过黏的渣使熔池不活跃，冶炼不能顺利进行；过稀的渣容易造成喷溅，而且严重侵蚀炉衬耐火材料，降低炉子寿命。因此，冶金熔渣应有适当的黏度，以保证产品的质量和良好的技术经济指标。

黏度与工业生产中常用的流动性成反比关系。流动性与渣中不溶物有关，如石灰、镁砂、氧化铬等微小颗粒使渣的内摩擦力增大，增加了黏度。

由实验获得的熔渣和钢液的黏度是在均匀状态下测定的，而实际炼钢炉中熔渣的温度和组成是不均匀的，并常含有固态质点使黏度增大。合适的炉渣黏度在 0.02 ~ 0.1Pa·s 之间，钢液的黏度在 0.0025Pa·s 左右，熔渣比金属熔池的黏度高 10 倍左右。

若熔渣中出现或存在固相质点即固态微粒时，二者之间就要产生液 - 固界面，这会使得液体流动时需要克服的阻力大增。因此，有固相质点熔渣的黏度要远大于相同组成的单相熔渣的黏度。例如，还原期加入的炭粉以固态悬浮于渣中，使熔渣黏度显著增大，因而要求原始渣造得稀些。又如当炉衬被严重侵蚀后，渣中会有大量未熔的镁砂颗粒，也会使熔渣的黏度增大。

从熔渣结构来看，一般认为熔渣组成对其黏度的影响表现在对离子半径的影响和对是否产生固相质点的影响两个方面。对于单相熔渣，其黏度很大程度上取决于组成的离子半径的大小。当渣中存在着复合阴离子，特别是当阴离子的聚合程度高时，由于它们的体积很大，从一个平衡位置移动到另一个平衡位置时需要克服的黏滞阻力很大，因而黏度很大。当炼钢熔渣的碱度低，即当 SiO_2 的含量很高时，由于 $Si_xO_y^{z-}$ 的存在，便会出现上述的情况；与此相反，提高熔渣中碱性氧化物 MnO 的浓度，由于能使复杂阴离子解体，使后者的体积减小，故可提高熔渣的流动性。总的来说，在同一温度下，酸性渣要比碱性渣的黏度高些。

炼钢生产不仅要求适宜的熔渣黏度，而且还需要熔渣具有良好的稳定性，即在一定温度下，当熔渣成分在一定范围内变化时，黏度不发生急剧的变化；或当熔渣的组成一定时，温度变化所引起的黏度值变化不大。

一般来说，一定成分的熔渣，当温度升高时能改变其流动性，这是因为提高温度可增加熔渣流动所需的黏流活化能，而且可使某些复合阴离子解体，或者使固体微粒消失。但是，对于不同成分的熔渣，黏度受温度的影响是不同的。由图 1-3 可见，在 1500~1600℃的温度范围内，对于碱度为 0.9~3.2 的熔渣，尽管温度的变化幅度较大，但熔渣的黏度均低于 0.075Pa·s。如果熔渣的碱度达到 4.2 或者更高，则当温度降低时黏度会急剧增大，增大的原因是固体微粒的析出。这种渣叫做短渣或不稳定渣。碱度为 0.9 的酸性渣当温度降低，黏度平稳增大，这种类型的渣称为长渣。在 1450℃以下，酸性渣比碱性渣的黏度低，所以浇注用的保护渣多为偏酸性的熔渣。

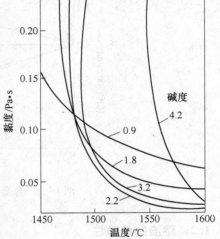

图 1-3　氧化性熔渣碱度和温度与黏度的关系

二元化合物的黏度与温度的关系如图 1-4($CaO-SiO_2$ 渣系)、图 1-5($CaO-Al_2O_3$ 渣系) 所示。

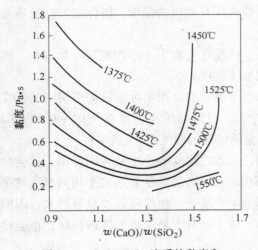

图 1-4　$CaO-SiO_2$ 渣系的黏度和温度的关系

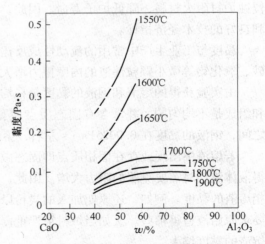

图 1-5　$CaO-Al_2O_3$ 渣系的黏度和温度的关系

三元化合物的黏度与温度的关系如图 1-6($CaO-SiO_2-Al_2O_3$ 渣系)、图 1-7($CaO-SiO_2-CaF_2$ 渣系)、图 1-8($CaO-SiO_2-FeO$ 渣系) 所示。

四元化合物的黏度与温度的关系如图 1-9($CaO-Al_2O_3-SiO_2-MnO$ 渣系) 所示。

酸性电炉炉渣的黏度和成分、温度的关系如表 1-2 所示。

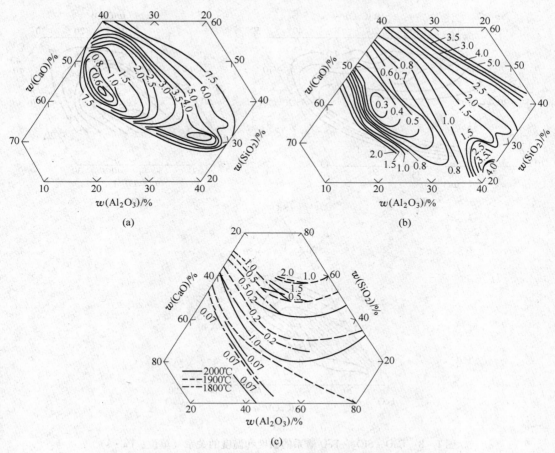

图 1-6　$CaO-SiO_2-Al_2O_3$ 渣系的黏度和温度的关系（单位：$Pa \cdot s$）

(a) 1400℃；(b) 1500℃；(c) 1800~1900℃

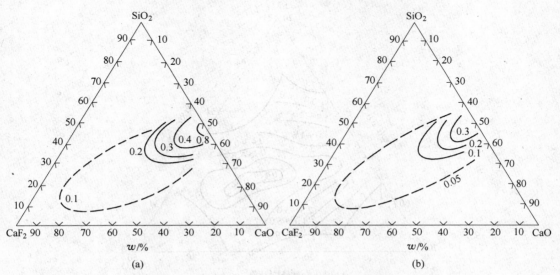

图 1-7　$CaO-SiO_2-CaF_2$ 渣系的黏度和温度的关系（单位：$Pa \cdot s$）

(a) 1400℃；(b) 1600℃

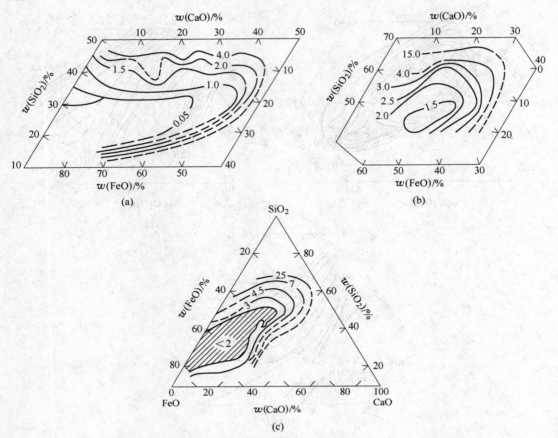

图 1 - 8 CaO - SiO₂ - FeO 渣系的黏度和温度的关系（单位：Pa·s）

（a）1300℃；（b）1350℃；（c）1400℃

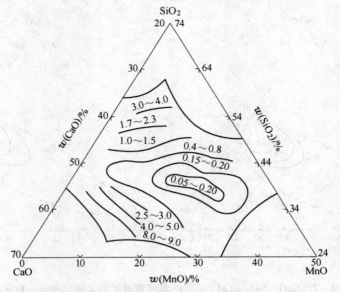

图 1 - 9 CaO - Al₂O₃ - SiO₂ - MnO 渣系（$w(Al_2O_3)=6\%$）的黏度（Pa·s）（1400℃）

表 1-2 酸性电炉炉渣的黏度和成分、温度的关系

渣号	炉渣成分/%					1600℃时的黏度/Pa·s
	SiO_2	CaO	FeO	MnO	Al_2O_3	
1	38.39	1.02	30.41	16.70	13.50	0.09
2	41.22	0.60	32.70	13.97	11.45	0.14
3	43.46	0.74	33.50	11.40	10.90	0.22
4	45.15	1.38	26.79	12.23	12.90	0.27
5	48.47	1.85	24.14	16.04	9.50	0.48
6	51.60	3.30	20.56	17.90	6.80	0.90
7	54.81	9.44	13.58	14.80	7.30	0.59

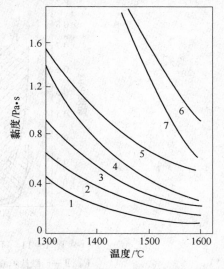

图 1-10 是高炉酸性渣的黏度和碱度、温度的关系图。

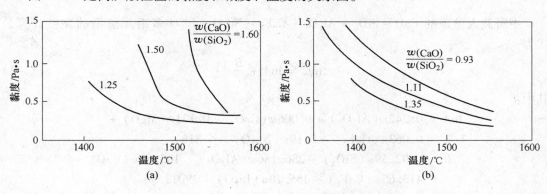

图 1-10 高炉酸性渣的黏度和碱度、温度的关系
(a) $R = 1.60$; (b) $R = 0.93$

图 1-11 是不同渣系保护渣的黏度和温度的关系图。

P. V. Riboud 整理的 $CaO - SiO_2 - Na_2O - CaF_2 - Al_2O_3$ 多组元保护渣的黏度计算经验公式为：

$$\mu = A\exp(B/T) \tag{1-2}$$

其中：

$$A = \exp(-19.84 - 173(x(CaO) + x(MnO) + x(MgO) + x(FeO)) + 5.82x(CaF_2) + 7.02(x(Na_2O) + x(K_2O)) - 35.76x(Al_2O_3))$$

$$B = 31140 - 23896(x(CaO) + x(MnO) + x(MgO) + x(FeO)) - 46356x(CaF_2) - 39159(x(Na_2O) + x(K_2O)) + 68833x(Al_2O_3)$$

式中，μ 为黏度，Pa·s；T 为绝对温度，K；x 为摩尔浓度；A，B 为与组成有关的常数。

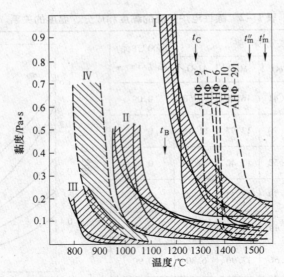

图 1 - 11   不同渣系的黏度和温度的关系

Ⅰ，Ⅱ—硅酸盐炉渣；Ⅲ—氟化物炉渣；Ⅳ—硼化物炉渣；

t_C—形成间隙时凝固钢锭的表面温度；t'_m—在浇铸时钢的最高温度界线；

t''_m—在浇铸时钢的最低温度界线；t_B—覆盖炉渣的上表面温度

中野武人整理的 $CaO - SiO_2 - Al_2O_3 - CaF_2 - Na_2O - Li_2O$ 多组元渣系的黏度计算公式为：

$$\ln\mu = \ln A + \frac{B}{T} \qquad (1-3)$$

其中：

$$\ln A = 0.242w(Al_2O_3) + 0.006w(CaO) - 0.121w(MgO) +$$
$$0.063w(CaF_2) - 0.19w(Na_2O) - 4.816$$
$$B = -92.59w(SiO_2) + 286.186w(Al_2O_3) - 165.63w(CaO) -$$
$$413.65w(CaF_2) - 455.10w(Li_2O) + 29012.56$$

1.2 冶金熔体的导热性

目前，大多数冶金生产过程都在高温下进行，冶金生产中的许多工序，如烧结、炼铁、炼钢和轧钢等都伴随着物料温度的变化，这就使冶金生产过程不可避免地与热量传输相联系。在一定条件下，热量传输甚至成为某些工序的控制因素。因此，有必要了解冶金熔体的导热性。

导热又称热传导，它是指物体内不同温度的各部分之间或不同温度的物体相接触时发生的热量传输现象。导热是常见的热量传输现象，反映导热规律的基本定律是傅里叶定律。傅里叶（J. B. Fourier）在实验研究导热过程的基础上指出：单位时间内通过单位截面积的导热量与温度梯度成正比。其数学表达式见式（1-4）：

$$q = -\lambda \frac{\partial t}{\partial n} \qquad (1-4)$$

式中，比例系数 λ 称为导热系数，单位是 W/(m·℃)。由此可以导出 λ 的表达式为：

$$\lambda = \frac{q}{-\dfrac{\partial t}{\partial n}} \qquad\qquad (1-5)$$

可见，导热系数等于沿导热方向的单位长度上，当温度降低1℃时，单位时间内通过单位面积的导热量。导热系数反映了物质导热能力的大小，它是物质的一个重要的热物性参数。

物质的导热系数不但与物质的种类有关，而且还与物质的结构、密度、成分、温度以及湿度等因素有关。由于影响导热系数的因素很多，因此，各种物质的导热系数一般都由实验测定。

1.2.1　金属熔体的导热性

图1-12列举了某些物质的导热系数与温度的关系；图1-13列举了部分金属的导热系数和温度的关系。由图可知，各种物质的导热系数均随温度而变化。经验表明，在一定温度范围内，大多数材料的导热系数都可以近似看作温度的线性函数，即：

$$\lambda = \lambda_0(1 + bt) \qquad\qquad (1-6)$$

式中，λ_0 为0℃时的导热系数；b 为由实验确定的常数。

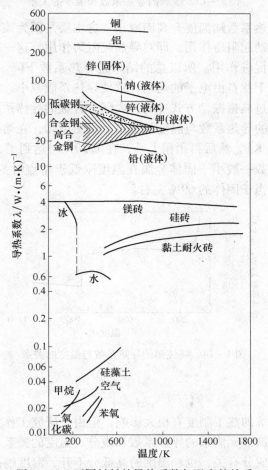

图1-12　不同材料的导热系数与温度的关系

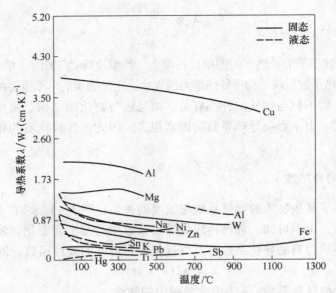

图 1 - 13　金属的导热系数和温度的关系

大多数纯金属的导热系数随温度升高而减小。这主要是因为当温度升高时，晶格振动加剧会对自由电子的运动起阻碍作用，即对导热起阻碍作用。这一阻碍作用大于晶格振动加剧本身对导热产生的促进作用。所以总的结果是导热系数下降。金属中掺入任何杂质，将破坏晶格的完整性，干扰自由电子的运动，致使导热系数减小。

合金的导热主要通过晶格振动方式进行，大部分合金的导热系数随温度升高而增加。

图 1 - 14 是高纯铝的导热系数与温度的关系。由图可知，在熔点时，液态铝的导热系数为 $0.9 \times 10^{-2} \mathrm{W}/(\mathrm{m \cdot K})$，然后再稍稍上升，在 1250K 时达到了 $1 \times 10^{-2} \mathrm{W}/(\mathrm{m \cdot K})$。

液态金属的导热系数一般小于固体金属在温度刚低于熔点时的导热系数。在熔点时，导热系数剧减，平均相当于固体的 69% 左右。

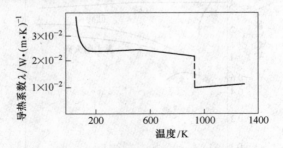

图 1 - 14　高纯铝的导热系数与温度的关系

1.2.2　熔渣的导热性

熔渣的导热性对冶炼的热工制度有很大影响，但由于研究工作有很多困难，这方面的数据发表的不多。硅酸铁二元渣系的导热系数和成分、温度的关系见表 1 - 3。从上述数据看出，熔渣导热系数和成分有关，也和温度的高低分不开，温度越高导热系数越大。

表 1-3 硅酸铁二元渣系的热传导性数值

熔体成分/%		导热系数/W·(m·K)$^{-1}$		
FeO	SiO$_2$	1350℃	1500℃	2000℃
66.7	33.3	5.21	6.46	15.73
57.0	43.0	1.55	2.33	5.67
50.0	50.0	0.771	1.22	3.56

在炼钢操作中，没有搅拌和对流，也没有气泡的多元系炉渣的导热系数为 2.324 ~ 3.486W/(m·K)，在渣层厚度 d 为 100 ~ 150mm 时，其热阻为 $d/\lambda = 0.0346 ~ 0.0515m^2·K/W$。

炉渣在钢液搅拌沸腾时的导热系数和热阻数据，见表 1-4。

表 1-4 炉渣的热传导性数值

炉渣种类	$\lambda/W·(m·K)^{-1}$	$d/\lambda/m^2·K·W^{-1}$
微流动的碱性泡沫渣	4.64 ~ 6.96	0.017 ~ 7.784
活跃的碱性沸腾渣	116 ~ 232	0.001 ~ 0.0016
活跃的酸性沸腾渣	69.6 ~ 116	0.01 ~ 0.017

从上述数据看出，沸腾炉渣的导热性比静止的高 20 ~ 40 倍，在炼钢操作中已注意到并利用了炉渣的这种性质，如在沸腾时供给大的电功率或热功率等。无论在平静的还是在沸腾的情况下，渣的导热性都比金属液低（沸腾的金属液热阻 d/λ 为 0.00043m^2·K/W，比炉渣低 3 ~ 4 倍），炉渣上层温度一般比钢液高 40 ~ 80℃。

表 1-5 列出了不同温度下保护渣层的导热系数（W/(m·K)）。

表 1-5 保护渣的导热系数 （W/(m·K)）

保护渣	温度/℃						
	400	600	800	1000	1100	1200	液体渣
I	0.24	0.25	0.26	0.34	0.40	0.51	1.45
II	0.40	0.41	0.46	0.58	0.71	0.95	1.97
III	0.79	0.82	0.86	0.92	1.05	1.34	2.21

保护渣 I、II、III 的成分组成见表 1-6。

表 1-6 保护渣的成分组成

保护渣	成分 w/%								
	C	SiO$_2$	CaO	Al$_2$O$_3$	MgO	MnO	FeO	Na$_2$O	F
I 原始渣	29.8	22.3	13.0	13.2	1.0	0.7	1.7	9.0	9.3
II 原始渣	9.8	23.6	38.1	10.9	1.3	0.5	0.9	4.6	10.0
III 原始渣	—	26.3	42.4	12.1	1.45	0.56	1.0	5.1	11.1

在确定厚度的渣层中，导热系数按下式计算：

$$\lambda_1 = q(\Delta h_n/\Delta t_n) \tag{1-7}$$

式中，q 为流向渣层的热流密度，W/m^2；Δh_n 为渣层中热电偶之间的距离，m；Δt_n 为沿渣层厚度的温度差。

$$q = \lambda \big/ \big[\Delta h / (t_1 - t_2) \big] \qquad (1-8)$$

式中，λ 为板的导热系数，$W/(m \cdot K)$；Δh 为装在板上的热电偶 t_1 和 t_2 之间的距离，m；t_1，t_2 为热电偶指示的温度。

研究指出，熔渣导热性的好坏直接影响到电弧炉炼钢熔池升温的快慢。在炼钢操作中，没有搅拌和对流，也没有上浮气泡的多元熔渣的导热系数为 $2.324 \sim 3.486 W/(m \cdot K)$，比熔融状态的平静金属的导热系数低 $86\% \sim 91\%$；略有搅拌的泡沫渣的导热系数可达 $4.649 \sim 6.972 W/(m \cdot K)$；当金属熔池处于强烈脱碳期，由于熔池被强烈搅拌，熔渣的导热系数可提高到 $116.2 \sim 102.44 W/(m \cdot K)$，同时金属的导热系数可提高到 $2092 \sim 2325 W/(m \cdot K)$，从而使金属温度迅速上升。

1.3   冶金熔体的扩散性

冶金过程充满了质量传输现象，它发生在不同物质和不同浓度之间，而大多数则发生在两相物质之间，如吸附、氧化、还原、燃烧、气化、渗碳等是在气相与固相之间发生；分馏、吸收、精馏、吹炼等是在气相与液相之间发生；而溶解、浸出、置换等则是在液相与固相之间发生。

传质过程往往是冶金过程的关键性和限制性环节，它决定着整个冶金过程进行的快慢，甚至决定是否能够进行，因而成为直接影响冶金过程的传输现象。质量传输过程与动量传输和热量传输密切相关，三者是有内在的、本质的联系，并建立在动量传输和热量传输的基础上的。质量传输的基本方式有两种，即分子扩散传质和对流流动传质。

扩散系数通常有自扩散系数和互扩散系数。在纯物质中质点的迁移称为自扩散，这时得到的扩散系数称为自扩散系数。在溶液中各组元的质点进行相对的扩散，这时得到的扩散系数称为互扩散系数。通常所说的扩散系数，在没有特别说明时一般指的是互扩散系数。由于测定扩散系数比较困难，各测定值之间差别很大，因此欲比较各种元素的扩散系数的大小是很困难的。

扩散系数与温度的关系为：

$$D = D_0 \exp \big[- E_D / (RT) \big] \qquad (1-9)$$

式中，E_D 为扩散活化能。

1.3.1   金属熔体的扩散性

金属熔体中各种元素的扩散，通常认为它是与反应速度控制环节有关的重要物理性质，而且它也是阐明金属熔体结构的重要性质。测定金属熔体中各种元素的扩散系数，通常用毛细管浸没法、扩散偶法和电化学法等。

扩散系数和黏度都是流体的传输性质，它们进行的机理有相似性，所以扩散活化能 E_D 与黏滞流动活化能 E_μ 几乎是相同的数量级，可以认为金属熔体的自扩散系数 D 与黏度 μ 之间有一定的关系，斯托克斯、爱因斯坦根据流体动力学理论得到了下列著名的关系式：

$$D = \frac{kT}{6\pi r \mu} \qquad (1-10)$$

式中，k 为波茨曼常数；r 为刚体球半径，若把原子看成刚体球时，r 就是原子半径；T 为绝对温度。这样如果测定了某一温度下的黏度值，就可以用上式计算出该温度下的自扩散系数值。

钢中常见元素的扩散系数，如图 1-15 所示。

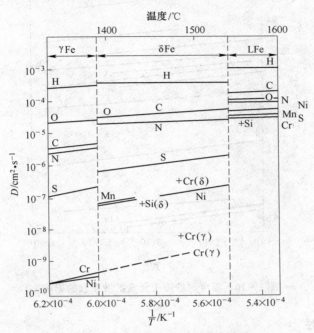

图 1-15　钢中常见元素的扩散系数

脱氧剂在各种含氧的铁液中的扩散系数，见表 1-7。

表 1-7　脱氧剂在各种含氧的铁液中的扩散系数

脱氧剂	$w[O]/\%$	$D/cm^2 \cdot s^{-1}$			$D = D_0 \exp[E/(RT)]$
		1550℃	1600℃	1650℃	
Mn 元素的扩散					
FeMn	0.003 ~ 0.01	8.60×10^{-5}	10.72×10^{-5}	13.70×10^{-5}	$6.5 \times 10^{-2} \exp[-241000/(RT)]$
AlMnSi	0.003 ~ 0.01	7.56×10^{-5}	10.50×10^{-5}	11.88×10^{-5}	$1.8 \times 10^{-3} \exp[-36400/(RT)]$
	0.01 ~ 0.02	7.85×10^{-5}	10.40×10^{-5}		$4 \times 10^{-3} \exp[-13900/(RT)]$
Si 元素的扩散					
FeSi	0.003 ~ 0.01	9.58×10^{-5}	12.35×10^{-5}	13.70×10^{-5}	$3.4 \times 10^{-1} \exp[-29000/(RT)]$
AlMnSi	0.003 ~ 0.01	9.52×10^{-5}	12.61×10^{-5}	14.75×10^{-5}	$5.6 \exp[-40000/(RT)]$
	0.01 ~ 0.02	11.22×10^{-5}	8.62×10^{-5}		$5.8 \times 10^{-3} \exp[-14860/(RT)]$
Al 元素的扩散					
Fe-Al	0.001 ~ 0.01	8.1×10^{-5}	9.3×10^{-5}	12.10×10^{-5}	$11 \exp[-34700/(RT)]$
AlMnSi	0.003 ~ 0.01	8.24×10^{-5}	10.40×10^{-5}	11.00×10^{-5}	$1.6 \times 10^{-2} \exp[-19000/(RT)]$
	0.01 ~ 0.02	4.2×10^{-5}	6.52×10^{-5}		$3.8 \times 10^{-3} \exp[655/(RT)]$

温度对铁液中元素［E］扩散系数的影响，如图 1 - 16 所示。

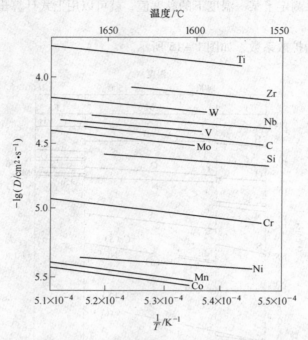

图 1 - 16　温度对铁液中元素扩散系数的影响

1.3.2　熔渣的扩散性

熔渣中组元的扩散一般小于金属液，在熔渣中分子扩散系数和熔渣的黏度成反比，可写成如下的表达式：

$$\mu D = 常数 \tag{1 - 11}$$

式中，μ 为熔渣黏度；D 为熔渣中某组元的扩散系数。

但从实验得到上述准确的关系是有很多困难的。启普曼等人最早用同位素 Ca^{45} 成功地测量了 $CaO - Al_2O_3 - SiO_2$ 系渣 Ca^{2+} 的扩散系数如表 1 - 8 所示。

表 1 - 8　$CaO - Al_2O_3 - SiO_2$ 系渣 Ca^{2+} 的扩散系数

温度/℃	1350	1400	1450	1600
$D_{Ca^{2+}}/cm^2 \cdot s^{-1}$	3.3×10^{-7}	6.8×10^{-7}	3×10^{-6}	10.4×10^{-6}

又对该渣系中 O^{2-}、Ca^{2+}、Al^{3+}、Si^{4+} 的扩散系数也作了不少测定，数值多在 $10^{-6} \sim 10^{-7} cm^2/s$，活化能 E_D 则为 $230.12 \sim 292.88 kJ/mol$。该渣系中硫的扩散系数为：

$$D_{1450} = (0.9 \sim 1.5) \times 10^{-6} cm^2/s$$

对炼钢用的 $CaO - FeO_t - SiO_2$ 系渣中的扩散测定较少。其中 Fe（Fe^{2+} 和 Fe^{3+} 平均值）的有效扩散系数在 1550℃附近为 $10^{-4} \sim 10^{-5} cm^2/s$，比 $CaO - Al_2O_3 - SiO_2$ 系大一、二个数量级。

在含 $CaO\ 43\%$、$Al_2O_3\ 21\%$、$SiO_2\ 35\%$ 和 $FeO\ 1\%$ 的渣中，1500℃时的 Fe^{2+} 离子的扩

散系数为 $(2.1 \sim 5.0) \times 10^{-6} \mathrm{cm}^2/\mathrm{s}$。

以 OH⁻ 形式存在于碱性渣中的氢扩散系数为 $2.5 \times 10^{-6} \mathrm{cm}^2/\mathrm{s}$，实际上渣中氢不是以 OH⁻ 形式扩散，而是 H⁺ 从一个 OH⁻ 到另一个 OH⁻ 的传递过程，此种氢的扩散系数 $D_{\mathrm{H}^+} = (0.9 \sim 1.1) \times 10^{-3} \mathrm{cm}^2/\mathrm{s}$，比其他组元扩散都快。

在一定组成和一定温度下的熔渣中组元的扩散系数可用下述半经验公式描述：

$$D_i r_i^3 = 常数 \qquad\qquad (1-12)$$

式中，D_i 为离子 i 的扩散系数；r_i 为其离子半径。从此式可以看出离子半径大的质点扩散系数较小。

参 考 文 献

[1] 陈家祥. 炼钢常用图表数据手册 [M]. 2 版. 北京：冶金工业出版社，2010.

[2] 黄希祜. 钢铁冶金原理 [M]. 3 版. 北京：冶金工业出版社，2002.

[3] 柯东杰，王祝堂. 当代铝熔体处理技术 [M]. 北京：冶金工业出版社，2010.

[4] 张先棹. 冶金传输原理 [M]. 北京：冶金工业出版社，2004.

[5] 朱光俊. 传输原理 [M]. 北京：冶金工业出版社，2009.

[6] 张建良. Ti 和 Si 对铁液黏度和凝固性质的影响 [J]. 北京科技大学学报，2013，35 (8)：994 ~ 999.

[7] 韩明荣. 冶金原理 [M]. 北京：冶金工业出版社，2008.

2 烧结球团过程的传输现象

烧结球团过程是一个复杂的流体流动、热交换和物理化学变化过程，气体在料层内的流动状况及变化规律，直接关系到物料间传质、传热和物理化学反应过程，对烧结矿和球团矿的产量、质量及能耗都有举足轻重的影响。本章主要介绍烧结生产过程的动量传输、质量传输及热量传输，球团生产过程的传质传热过程等，并对烧结及球团生产过程的传输现象进行实例分析。

2.1 烧结矿生产过程的传输现象

2.1.1 烧结矿生产工艺简介

烧结生产是根据炼铁的要求，将铁矿粉配入一定比例的燃料和熔剂，经过混合制粒，运送至烧结机进行铺料、点火烧结，经过一系列的物理化学反应，得到热烧结矿，然后经过冷却、整粒工序，将成品运往炼铁厂的过程。返矿则重新参加配料、烧结。

铁矿粉烧结过程一般采用抽风烧结的形式，在抽风机的抽风作用下，空气由料层表面进入料层，由料层底部离开料层，使料层自上而下进行烧结，因此抽风烧结过程具有明显的分层性：烧结矿层、燃烧层、预热层、干燥层和过湿层。点火后，各层依次出现，并随时间的推移向下移动，最后依次消失，剩下的全部为烧结矿，如图 2-1 所示。

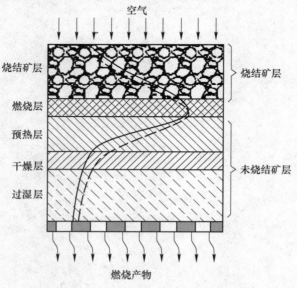

图 2-1 料层各层和温度的变化

实线—物料温度 t_s；虚线—气体温度 t_g

烧结矿层：已经完成烧结，温度在1100℃以下，熔融的高温液相在冷空气的作用下，逐渐结晶或凝固，放出熔化潜热。该层主要存在气固相热交换，空气流经烧结矿层时被预热。

燃烧层：从燃料着火（600～700℃）开始，到燃烧完毕（温度最高可达1350～1500℃）的区域，主要进行软熔、还原、氧化等反应。由于燃烧产物温度高并有液相生成，故该层阻力损失较大。

预热层：将混合料加热到燃料着火温度的区域，温度在150～700℃之间，只存在气固相或固固相间的反应，没有液相生成。

干燥层：借助于来自上层的燃烧产物带进的热量，使该层的混合料水分蒸发，温度在70～150℃之间。

过湿层：自干燥层下来的废气含有大量的水蒸气，遇到冷料时温度降低，当温度低于露点（60～65℃）时，水蒸气变成液态，使料层颗粒黏结成团，透气性变差。

2.1.2 烧结过程动量传输

烧结过程主要存在气固两相流动，固相为散料层，主要由矿石、熔剂和燃料等颗粒组成，气相为自上而下运动（抽风烧结）的气体，沿着相互连通、曲折复杂的通道通过料层。烧结料层的透气性作为衡量混合料空隙度的标志，反映了气体流经烧结料层的难易程度，是烧结过程中的一个非常重要的状态变量。炉料透气性的好坏，直接影响烧结过程的垂直烧结速度和烧结矿产量。

2.1.2.1 烧结料层阻力损失

动量传输的动力是要使气体通过烧结料层必须有一个压力差（Δp）。描述散料层阻力损失的公式主要有沃伊斯公式（见式（2-1））、埃根公式（见式（2-2））、卡曼公式（见式（2-3）和式（2-4））、拉姆辛公式（见式（2-5））四种方法。

沃伊斯（E. W. Voice）在试验的基础上提出式（2-1）：

$$p = \frac{q_v}{A}\left(\frac{h}{\Delta p}\right)^n \tag{2-1}$$

式中，p为料层的透气性指数，即单位压力梯度下单位面积上通过的气体流量；q_v为通风料层的风量，m^3/s；A为抽风面积，m^2；h为料层高度，m；Δp为料层阻力损失，Pa；n为系数，随流动状态的变化而变化，根据烧结原料的种类和粒度组成的不同，可以通过实验确定。

沃伊斯公式计算简便，易于分析各工艺参数的相互关系，现已广泛应用于烧结厂的设计及烧结生产过程的分析，美中不足的是它没有明确透气性指数p的影响因素。

埃根公式（Ergun）可表示通过无反应的等温度散料层的气体速度与气体性质和散料层之间的关系，见式（2-2）：

$$\frac{\Delta p}{h} = \frac{C_1 \mu v (1-\omega)^2}{d_s^2 \omega^3} + \frac{C_2 \rho v^2 (1-\omega)}{d_p \omega^3} \tag{2-2}$$

式中，Δp为压力降，Pa；d_s为单个颗粒的平均直径，m；h为料层厚度，m；μ为气体黏度，$Pa \cdot s$；ρ为气体密度，kg/m^3；ω为空隙度；v为气体流速，m/s；C_1、C_2为系数。

埃根公式参数比较复杂，在生产现场很难实时检测，因此适合于理论计算，而很难实现现场实时在线检测。

D. W. Mitchell 从控制散料层气流的最基本因素出发，使用 Carman's 阻力因素 ψ 及雷诺数 Re 的经验公式推算得出卡曼公式，见式（2-3）和式（2-4）：

层流时，
$$p = \frac{g\omega^3}{5\mu S^2} \qquad\qquad (2-3)$$

紊流时，
$$p = \frac{g^{0.526}\omega^{1.38}}{0.62\mu^{0.053}S^{0.579}\rho^{0.474}} \qquad\qquad (2-4)$$

式中，g 为重力加速度，m/s^2；S 为料粒比表面积，m^2。

由于卡曼公式中的料层空隙度、气体密度、料粒比表面积、气体黏度等参数在现场生产难以实时监控，因此，卡曼公式只能作为因子变化间相互关系的一种理论分析的工具。

L. K. Ramsin 对散料层的阻力损失提出拉姆辛公式，见式（2-5）：
$$\Delta p = ahv^n \qquad\qquad (2-5)$$

式中，a、n 为系数，决定于料粒形状和尺寸，同时受料粒比表面积及空气流速等因素的影响。因此，拉姆辛公式用于烧结实测比较困难。

综上所述，四种计算阻力损失的公式中，沃伊斯公式有明显的优势。

由式（2-1）可见，在抽风面积、料层高度、原燃料一定的情况下，Δp 主要与风量 q_v 和透气性指数 p 有关。由式（2-2）可知，料层的透气性主要取决于料层的空隙度和混合料的颗粒大小，而料层空隙度和混合料粒度的均匀性密切相关，粒度越均匀，空隙度越大，透气性越好。为使烧结作用充分发挥，提高料层的透气性，原料的粒度通常在如下范围内：燃料为 1~3mm，熔剂为 1~3mm，生矿低于 8mm，返矿低于 5mm。对于不可避免会出现的粒度过小的颗粒，通常采用加水造球的办法，使其成为 3~5mm 的小球。

实际上，由于烧结过程中料层的非等温性、料层在抽风后发生压紧抽实等，烧结过程中料层的几何形状和通道的表面特性会发生改变，如软化、熔融和固结等，所以烧结料层各部位的透气性并不相同，甚至相差很大。

烧结矿层因空隙多，透气性好，所以烧结矿层越厚，整个料层的透气性越好。燃烧层因温度高，并有液相存在，所以与其他各层相比，阻力最大、透气性最差。预热层和干燥层的透气性主要取决于干燥后混合料小球强度，若小球保持原状，则对整个料层透气性影响不大，否则会使料层透气性恶化，烧结速度明显减慢。过湿层中因水分过多，破坏了混合料中的小球，造成黏结和堵塞空隙，使料层阻力增加，特别是未经预热的细精矿粉，过湿现象对料层透气性影响非常明显。

除此之外，气流在料层各处分布的均匀性，对烧结生产影响很大。不均匀的气流分布会造成不同的垂直烧结速度，而料层各处的不同垂直烧结速度又会加重气流分布不均匀性。这就会导致料层中有些区域烧得好，有些区域烧得不好，势必产生烧不透的夹生料现象。这不仅会降低烧结矿成品率，而且也降低了返矿品质，容易破坏正常的烧结过程。因此，均匀布料和减少粒度偏析是保证透气性均匀的必要手段。

2.1.2.2　烧结料层的透气性模拟研究

国内外学者通过经验与数值模拟等手段，做了很多透气性模型方面的研究，探讨了烧结混合料性能、制粒参数等与透气性之间的关系。

（1）粒度分布和透气性组合的数学模型：R. Venkataramana 等人建立了一种铁矿石烧

结过程中粒度分布和透气性组合的数学模型，模型包括气体通过烧结料层的速度与料层空隙度的关系方程，只需要给出原料的粒度组成和水分含量，模型不需要采用任何直接测量手段就能够预测出台车上混合料的粒度分布及透气性，而且该模型与烧结模型相结合可定量地描述铁矿石烧结全过程。

（2）神经网络软测量模型：滕金玉等人提出了一种神经网络软测量技术，它利用易测量过程变量（风量、点火温度、台车速度、精矿返粉和混合料水分五个变量）与难以直接测量的待测过程变量之间的数学关系（软测量模型），通过各种数学计算和估计方法，从而实现对烧结过程透气性指数的测量，理论分析和仿真结果表明，神经网络软测量可以很好地描述实际对象的特性。

（3）以透气性为中心的烧结过程状态控制专家系统：中南大学烧结球团研究所范晓慧等开发了以透气性为中心的烧结过程状态控制专家系统，根据垂直烧结速度、烧结终点预报值和主管负压判断透气性的情况，通过调整台车速度、料层厚度、混合料水分、焦粉配比来调整透气性稳定烧结终点。

相关学者通过加强烧结原料准备强化制粒强化烧结操作等技术措施，开展了烧结料层透气性强化的研究，主要包括：加强烧结原料准备，即控制燃料用量和粒度组成、碱度及MgO含量、返矿等；强化制粒，即控制混合料水分、添加黏结剂或添加剂、改善工艺及设备参数等；强化烧结操作，即控制点火温度、优化烧结铺底料、防偏析布料技术等。

2.1.3　烧结过程热量传输

烧结过程中进行着一系列复杂的物理化学变化，而这些变化的前提是一定的温度和必要的热量。烧结过程料层温度变化是物料物理和化学变化的推动力。烧结料层要求的热量和温度由燃料燃烧产生的废气提供，并由传热及蓄热决定。

典型的抽风烧结过程如图 2-2 所示，料层在 x 方向上缓慢地移动，气体垂直于料层表面沿 z 方向流动，在抽风和热量传递作用下，料层各层依次向下迁移，各层的迁移速度和厚度也会发生变化。y 方向热状态的波动，表示烧结的不均匀性，对稳定的烧结过程而言，其变化较小。

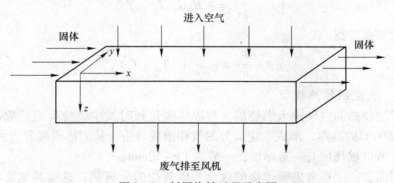

图 2-2　料层烧结过程示意图

为了建立完整的数学模型，将烧结机作为固定床传热进行解析。鉴于实际生产的复杂性，进行如下假设：烧结料层内部主要发生强制对流传热，忽略其他传热方式，气体内部无辐射效应；由于气体流速较快，忽略气相中物质扩散；不考虑料层收缩，局部内固体和气体的物理性质相同；烧结料层由颗粒组成，并且具有相同的直径，不考虑颗粒粒度变化。

如图 2-2 所示，在一个微单元体积 $dV = dxdydz$ 中，dt 时间内，根据以上假设，做不稳定传热分析，得出气相能量平衡方程和固相能量平衡方程如式（2-6）和式（2-7）所示。

气相能量平衡方程：

$$V_{gm}c_g\left(\frac{\partial T_g}{\partial x} + \frac{\partial T_g}{\partial y} + \frac{\partial T_g}{\partial z}\right) + \rho_g\omega c_g\frac{\partial T_g}{\partial t} = -h_{gs}\alpha_s(T_g - T_s) + Q_g \qquad (2-6)$$

固相能量平衡方程：

$$v_s\rho_s(1-\omega)c_s\left(\frac{\partial T_g}{\partial x} + \frac{\partial T_g}{\partial y} + \frac{\partial T_g}{\partial z}\right) + \rho_s c_g\frac{\partial T_s}{\partial t} = -h_{gs}\alpha_s(T_g - T_s) + Q_s \qquad (2-7)$$

式中，V_{gm} 为气体的质量流速，$kg/(m^2 \cdot s)$；c_g 和 c_s 分别为气体和固体的比热容，$J/(kg \cdot K)$；T_g 和 T_s 分别为气体和固体的温度，K；h_{gs} 为气—固相间对流传热系数，$J/(m^2 \cdot s \cdot K)$；α_s 为料层内颗粒的总比表面积，m^2/m^3；ρ_s 为料层密度，kg/m^3；v_s 为固体的流速，m/s；Q_g 为气相中发生的反应热，$kJ/(m^3 \cdot s)$；Q_s 为固相中发生的反应热，$kJ/(m^3 \cdot s)$；ρ_g 为气相密度，kg/m^3。

针对烧结矿层、燃烧层、干燥预热层的不同情况，分别可以建立相应数学模型，利用相关软件进行计算可以得到整个烧结过程的烧结料层在竖向和纵向的温度分布。

2.1.3.1　烧结矿层传热模型

烧结矿层位于料层的最上部，燃料燃烧已经结束，形成多孔的烧结矿。随着燃烧层的下移和冷空气的通过，物料温度逐渐下降，熔融液相被冷却，凝固成多孔结构的烧结矿，厚度约为 40~50mm。

假定该层内没有吸热和放热的化学反应，只有从料层上方进入的空气与热烧结矿发生热交换。其气、固相能量平衡方程如式（2-8）和式（2-9）所示。

气相能量平衡方程：

$$V_{gm}c_g\frac{\partial T_g}{\partial z} = -h_{gs}\alpha_s(T_g - T_s) \qquad (2-8)$$

固相能量平衡方程：

$$\rho_s c_s\frac{\partial T_s}{\partial t} = -h_{gs}\alpha_s(T_g - T_s) \qquad (2-9)$$

2.1.3.2　燃烧层传热模型

被烧结矿层预热的空气进入燃烧层，与固体碳接触时发生燃烧反应，放出大量的热，产生 1300~1500℃ 的高温，形成一定成分的气相组成。由于从固体燃料着火到燃烧完毕需要一定时间，所以燃烧层有一定厚度，一般为 15~50mm。

对燃烧层而言，主要考虑碳燃烧的放热和碳酸盐的分解热，忽略其他反应热。其气、固相能量平衡方程如式（2-10）和式（2-11）所示。

气相能量平衡方程：

$$V_{gm}c_g\frac{\partial T_g}{\partial z} = -h_{gs}\alpha_s(T_g - T_s) \qquad (2-10)$$

固相能量平衡方程：

$$\rho_s c_s \frac{\partial T_s}{\partial t} = - h_{gs}\alpha_s(T_g - T_s) + R_C^* \Delta H_C - R_{M2}^* \Delta H_M \qquad (2-11)$$

式中，R_C^* 为焦粉燃烧速率，$mol/(m^3 \cdot s)$；R_{M2}^* 为碳酸盐分解速率，$mol/(m^3 \cdot s)$；ΔH_C 为焦炭燃烧焓，kJ/mol；ΔH_M 为石灰石分解焓，kJ/mol。

2.1.3.3 干燥、预热层与过湿层传热模型

从预热层下来的废气将烧结料加热，料层中游离水迅速蒸发。由于湿料的导热性好，料温很快升高到 $100℃$ 以上，水分完全蒸发需要到 $120 \sim 150℃$ 左右。

由于升温速度较快，干燥层和预热层难以区分明显，所以有时又统称为干燥预热层，厚度约为 $20 \sim 40mm$。其气、固相能量平衡方程见式（2-12）和式（2-13）。

气相能量平衡方程：

$$V_{gm} c_g \frac{\partial T_g}{\partial z} = - h_{gs}\alpha_s(T_g - T_s) - \alpha_s R_{W1}^* \Delta H_W \qquad (2-12)$$

固相能量平衡方程：

$$\rho_s c_s \frac{\partial T_s}{\partial t} = - h_{gs}\alpha_s(T_g - T_s) + (1 - \alpha_s) R_{W1}^* \Delta H_W \qquad (2-13)$$

式中，ΔH_W 为水的相变热，kJ/kg；R_{W1}^* 为水分干燥速率，$kg/(m^3 \cdot s)$。

大量水汽随着废气流动到过湿层，若温度降到露点以下，则水蒸气凝固下来。其气、固相能量平衡方程见式（2-14）和式（2-15）。

气相能量平衡方程：

$$V_{gm} c_g \frac{\partial T_g}{\partial z} = - h_{gs}\alpha_s(T_g - T_s) \qquad (2-14)$$

固相能量平衡方程：

$$\rho_s c_s \frac{\partial T_s}{\partial t} = - h_{gs}\alpha_s(T_g - T_s) + R_{W2}^* \Delta H_W \qquad (2-15)$$

式中，R_{W2}^* 为水分冷凝速率，$kg/(m^3 \cdot s)$。

2.1.4 烧结过程质量传输

烧结过程的传质主要是由于空气通过料层所发生的化学反应，包括料层水分的蒸发与冷凝、焦炭燃烧消耗氧气释放出二氧化碳、石灰石分解释放二氧化碳等，具体传质过程如图 2-3 所示。

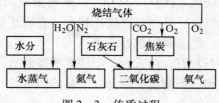

图 2-3 传质过程

2.1.4.1 水分的蒸发与冷凝

水分是影响烧结过程的重要因素之一。烧结混合料中的水除了物料（矿石、熔剂和燃

料）自身带入的，还有烧结混合制粒时加入的水和点火燃料中碳氢化合物燃烧时产生的水。

烧结料的水分蒸发量可按式（2-16）进行估算：

$$Q = tCA(p'_{H_2O} - p_{H_2O})p/p' \qquad (2-16)$$

式中，Q 为蒸发的水量，g；t 为干燥蒸发时间，h；C 为系数，气流速度小于 2m/s 时为 4.40g/m²，当气流速度大于 2m/s 时为 6.93g/m²；A 为表面积，m²；p 为标准大气压，Pa；p' 为实际大气压，Pa；p'_{H_2O} 为饱和蒸汽压，Pa；p_{H_2O} 为实际蒸汽压，Pa。

从式（2-16）可知，蒸发水量 Q 与表面积 A 和废气中蒸气的饱和蒸气压与物料蒸气分压之差有很大关系。

烧结过程中，从点火时起水分就开始受热蒸发，转移到废气中去，废气中的水蒸气的实际分压 p_{H_2O} 不断升高。当含有水蒸气的热废气穿过下层冷料时，由于存在着温度差，废气将大部分热量传给冷料，而自身的温度将大幅度下降，使物料表面饱和蒸汽压 p'_{H_2O} 也不断下降。当实际分压 p_{H_2O} 等于饱和蒸汽压 p'_{H_2O} 时，蒸发停止；当 $p_{H_2O} > p'_{H_2O}$ 时，废气中的水蒸气就开始在冷料表面冷凝。水蒸气开始冷凝的温度称为"露点"。水蒸气冷凝的结果是使下层物料的含水量增加。当物料含水量超过物料原始含水量时称为过湿。

根据不同的烧结料温度和物料特性，冷凝水量一般介于 1% ~ 2% 之间，过湿层厚度为 20 ~ 40mm。烧结过程中水汽的冷凝会发生过湿现象，对烧结料层透气性产生非常不利的影响。这部分过量的水分就有可能使混合料制成的小球遭到破坏，或者冷凝水会充塞粒子间空间，使料层阻力增大，烧结过程进行缓慢，甚至会中断燃烧层，出现"熄火"，引起烧结矿的产量和质量下降。

2.1.4.2　碳燃烧及石灰石分解

烧结过程总进行着一系列复杂的物理化学变化，这些变化的依据是一定的温度和热量需求条件，而创造这种条件的是混合料中固体碳的燃烧。烧结过程所用的固体碳主要是焦粉和无烟煤，他们燃烧所提供的热量占烧结中需要热量的 90% 左右。

一般来说，在较低温度和氧含量较高的条件下，碳的燃烧以生成 CO_2 为主；在较高温度和氧含量较低的条件下，碳的燃烧以生成 CO 为主。烧结废气中，碳的氧化物是以 CO_2 为主，只含少量的 CO。图 2-4 所示为烧结试验过程中测得的废气中 O_2、CO_2 和 CO 体积分数的变化（试验所用燃料量为 7%）。从烧结开始直到烧结终点的前 2min，CO_2 和 CO 逐渐增加，然后迅速降到零，但 CO_2 比 CO 晚 1min 消失。最初废气中 O_2 的体积分数约为 9%，试验结束时又升到与空气中的氧气量一致。

生产和研究中，常用燃烧比 $\varphi(CO)/\varphi(CO_2)$ 来衡量烧结过程碳的化学能利用程度，用废气成分来衡量烧结过程气氛。显然，燃烧比越大，表明还原性气氛越强，能量利用越差；反之，氧化性气氛越强，能量利用越好。

烧结混合料中通常含有石灰石、白云石、菱铁矿等碳酸盐，这些碳酸盐在烧结过程中必须分解后才能最终进入液相，否则就会降低烧结矿的质量。

碳酸盐分解反应的通式可写为：

$$MeCO_3 = MeO + CO_2$$

当碳酸盐的分解压 p_{CO_2} 大于气相中的 CO_2 的分压 p'_{CO_2} 时，即开始分解。升高温度，分

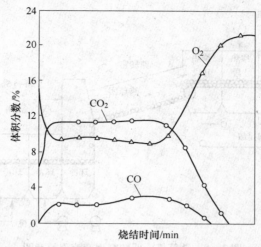

图 2-4　烧结试验过程中测得的废气中 O_2、CO_2 和 CO 体积分数的变化

解压 p_{CO_2} 增大，当 $p_{CO_2} > p'_{CO_2}$ 时，分解速度加快。当碳酸盐分解压大于外界总压时，即 $p_{CO_2} > p_总$，碳酸盐进行剧烈的分解，称为化学沸腾，此时的温度为化学沸腾分解温度。原则上，碳酸盐利用烧结余热层即可完成分解，但实际烧结过程中，由于各种原因，仍有部分石灰石进入高温燃烧层才能分解，主要受烧结温度、石灰石粒度、气相中 CO₂ 的体积分数等因素的影响。温度越高，分解速度越快；粒度越小，分解越彻底。

2.2　球团矿生产过程的传输现象

2.2.1　球团矿生产工艺简介

现代球团矿生产规模庞大、工艺复杂。生产流程主要包括原料的准备、配料、混合、造球、干燥、焙烧、冷却、成品球团矿处理、品质检验及返料加工处理等工序。

按照焙烧方法的不同，球团矿生产方法主要有竖炉法、带式焙烧机法、链箅机-回转窑法。竖炉是最早用来焙烧球团矿的设备，利用炉气与炉料的相向运动完成换热，虽然热效率高，但球层受热不均匀，造成成品球质量不高，且单机生产能力小，难以满足市场需求，因此发展缓慢。目前企业越来越多地采用带式焙烧机和链箅机-回转窑。后者由于生产成本低、生产的球团矿粒度和质量很好，因此，未来的应用范围将越来越广泛。其生产流程如图 2-5 所示。

2.2.2　链箅机干燥及预热过程

生球干燥的作用是降低生球中的水分，以免在高温焙烧时加热过急、水分蒸发过快而破裂、粉化、恶化料层透气性，影响球团矿质量。

当生球处于干燥的热气流（干燥介质）中时，由于生球表面的蒸汽压大于热气流的水汽分压，生球表面的水分开始大量蒸发汽化，造成生球内部与表面之间的湿度差，于是球内的水分不断向生球表面迁移扩散，在表面汽化，干燥介质连续不断地将蒸汽带走，使生

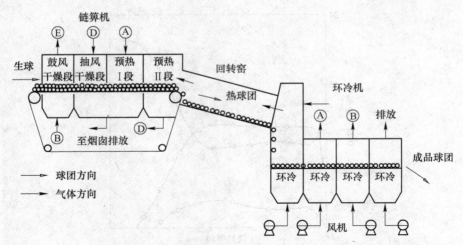

图 2-5   链箅机-回转窑生产流程示意图

球得到干燥。由此可见,生球的干燥过程是由表面汽化和内部扩散这两部分组成的。虽然水分的内在扩散与表面汽化同时进行,但速度却不一定相同,干燥速度受速度较慢的环节控制。

当球团的表面温度低于气流的露点温度时,气流中的水蒸气在球团表面冷凝析出,球团料层因吸收水分而增重,此即为球团料层中的水蒸气冷凝过程。

初始的干燥过程由冷凝和表面汽化控制过程组成,球团矿料层的干燥速率可表示为式(2-17):

$$S_{w1} = -\frac{\partial W_p}{\partial t} = \alpha_s k_m (W_{ge} - W_g) \tag{2-17}$$

式中, W_p 为球团的含湿量,kg/kg; α_s 为球团的比表面积,m^2/m^3; k_m 为对流传质系数,m/s; W_{ge} 为气体在球团表面温度下的饱和含湿量,kg/kg; W_g 为气体的含湿量,kg/kg。

随着干燥过程的进行,球团含湿量下降到临界点 W_{pc} 时,干燥过程进入内部扩散阶段。通常认为干燥速率与球团含湿量成正比,故内部扩散阶段干燥速率可简化为式(2-18):

$$S_{w2} = -\frac{\partial W_p}{\partial t} = \frac{W_p}{W_{pc}} \alpha_s k_m (W_{ge} - W_g) \tag{2-18}$$

式中, W_{pc} 为球团的临界含湿量,一般取球团初始含湿量的 0.7 倍较合适。

链箅机球团料层气相热平衡方程及球团料层固相热平衡方程见式(2-19)和式(2-20):

$$V_{gm} c_g \frac{\partial T_g(x,t)}{\partial x} = h_{gs} A_s [T_p(x,t) - T_g(x,t)] + q_{cd}(x,t) \tag{2-19}$$

$$\rho_s (1 - \omega) c_s \frac{\partial T_p(x,t)}{\partial t} = h_{gs} A_s [T_g(x,t) - T_p(x,t)] - q_{ev}(x,t) + q_{ox}(x,t) \tag{2-20}$$

式中, q_{ox} 为铁矿氧化反应放热速率,$J/(m^3 \cdot s)$; q_{ev} 为水分蒸发反应吸热速率,$J/(m^3 \cdot s)$; q_{cd} 为水分冷凝反应放热速率,$J/(m^3 \cdot s)$; T_g、T_p 分别为气体及球团的温度,K; A_s 为单位体积球团料层传热面积,m^2/m^3。

2.2.3 回转窑传热传质过程

经过干燥后的生球，必须进行焙烧固结，才能达到足够的强度，以满足高炉冶炼的要求。生球的焙烧固结通常在回转窑中进行，生球与天然气和煤粉等混合燃料燃烧产生的高温烟气在窑内相向运动，发生热交换，如图 2 – 6 所示。生球吸收大量热量后，内部温度不断升高，伴随发生高温固结反应。回转窑窑壁在整个传热过程中充当着换热器的作用。

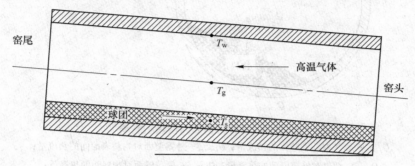

图 2 – 6　回转窑剖面示意图

为建立回转窑轴向传热模型，计算回转窑沿轴向传热状况，假设回转窑生产过程稳定、物料混合良好、物料和气体温度均匀、火焰热量全部通过气体进行传递、无轴向导热、窑体进出端面绝热，采用微元进行能量平衡分析，建立球团、气体和窑壁热平衡方程，见式（2 – 21）~式（2 – 23）。

$$V_{sm}c_s \frac{dT_P}{dz} = h_{g-ep}A_{ep}(T_g - T_P) + h_{cw-cp}A_{cw}(T_w - T_P) + h_{ew-ep}A_{ew}(T_w - T_P) + Q_{raction-pellet}$$

$$(2-21)$$

$$V_{gm}c_g \frac{dT_g}{dz} = h_{g-ew}A_{ew}(T_w - T_g) + h_{g-ep}A_{ep}(T_p - T_g) + Q_{raction-gas} \qquad (2-22)$$

$$h_{g-ew}A_{ew}(T_g - T_w) - h_{cp-cw}A_{cw}(T_w - T_g) - h_{ep-ew}A_{ew}(T_w - T_P) = h_{sh-a}A_{sh}(T_{sh} - T_a)$$

$$(2-23)$$

式中，V_{sm} 为球团质量流速，kg/s；T_w 为回转窑内壁温度，K；T_{sh} 为回转窑外壳温度，K；T_a 为回转窑周围环境温度，K；z 为与回转窑尾轴向距离，m；A_{ep} 为未与回转窑窑壁接触的球团料面的面积，m^2；A_{cw} 为与球团接触的窑内壁的面积，m^2；A_{ew} 为未与球团接触的窑内壁的面积，m^2；A_{sh} 为回转窑外壳面积，m^2；$Q_{raction-pellet}$ 为球团中的反应放热速率，J/s；$Q_{raction-gas}$ 为气体中的反应放热速率，J/s；h_{g-ep} 为气体与球团间的传热系数，J/（m^2 · K · s）；h_{cw-cp} 为被球团覆盖的窑内壁和与之接触的球团料层间的传热系数，J/（m^2 · K · s）；h_{g-ew} 为气体与被球团覆盖的窑内壁间的传热系数，J/（m^2 · K · s）；h_{sh-a} 为窑外壳与周围环境之间的传热系数，J/（m^2 · K · s）。

为了更加直观地了解窑内的传热过程，一般以回转窑横截面为分析元进行传热过程的分析。回转窑横截面上的传热过程可以用五个方面来进行描述：封盖窑壁和料床间的热传导；敞开窑壁和料床间的辐射换热；敞开窑壁和烟气间的对流换热及辐射换热；料床和烟气间的对流换热及辐射换热；窑体外壁表面和周围空气间的对流换热及辐射换热。横截面传热途径及过程如图 2 - 7 所示。

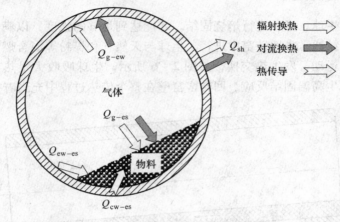

图 2 - 7　回转窑横截面传热示意图

Q_{g-ew}—烟气对外露壁面的热流量；Q_{ew-es}—外露壁面对物料表面间的热流量；

Q_{g-es}—烟气对外露壁面的热流量；Q_{cw-es}—覆盖壁面对物料间的热流量；

Q_{sh}—窑体对环境的热流量

2.2.4　环冷机传热过程

球团矿的冷却速度是决定球团矿强度的重要因素之一。冷却速度过快会增加球团矿的温度应力，降低球团矿质量。试验指出，经过 1000℃ 氧化和 1250℃ 焙烧的某磁铁矿球团，以 5（随炉冷却）~100℃/min（用水冷却）的不同冷却速度冷却到 200℃。其结果是：冷却速度为 70~80℃/min 时，球团矿强度最高，如图 2 - 8（a）所示，当冷却速度超过最适宜值时，由于球团结构中产生逾限应变引起焙烧球团中形成的黏结键破坏，球团矿的抗压强度降低。当球团以 100℃/min 的速度冷却时，球团矿强度与冷却球团矿的最终温度成反比，如图 2 - 8（b）所示。用水冷却时，球团矿抗压强度从单球 2626N 降低到 1558N，同时粉末粒级含量增加 3 倍。工业生产中，为了获得高强度的球团矿，带式焙烧机应以 100℃/min 的速度冷却到尽可能低的温度，进一步冷却应该在自然条件下进行，严禁用水或蒸汽冷却。

除上述这些固结机理之外，有学者又提出一种源自扩散和黏性流动固结的说法。这是因为在研究中发现，磁铁矿生球焙烧时（1100~1300℃），Fe_2O_3 晶粒再结晶的晶粒长大不明显（晶粒尺寸由 13μm 长至 16μm），但是，这时的球团矿强度却从 500N/球提高到 2000~3000N/球。同时在（1140±10）℃焙烧高硅赤铁矿球团时，对固结良好的球团矿进行显微观察，发现原赤铁矿颗粒清楚可辨，颗粒之间结合紧密，有固体扩散现象，颗粒间无同化作用，没有 Fe_2O_3 再结晶键的连接，颗粒之间也只有少量的硅酸盐熔体形成液态连接，故认为这是由于扩散过程和黏性流动过程引起了球团的固结。

环冷机内烧结矿与冷却空气之间的热交换过程比较复杂，主要换热过程如下：

（1）烧结矿颗粒之间存在或不存在接触热阻时的导热过程。

（2）空气的导热过程。

（3）空气与烧结矿颗粒之间的对流换热过程。

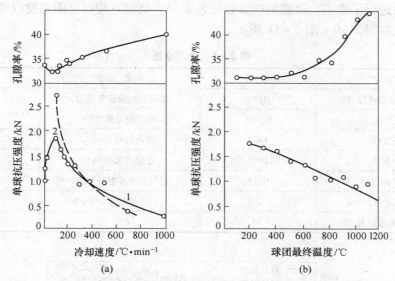

图 2-8 冷却速度（a）和球层中最终冷却温度（b）对球团矿强度的影响
1—实验室试验；2—工业试验

（4）烧结矿颗粒之间、烧结矿颗粒与空隙中空气之间的辐射过程。

环冷机球团冷却过程模型用于计算环冷机球团料层温度分布，见式（2-24）、式（2-25）：

$$V_{sm}c_g \frac{\partial T_g(x,t)}{\partial x} = h_{gs}A_p[T_p(x,t) - T_g(x,t)] \qquad (2-24)$$

$$\rho_s(1-\omega)c_s \frac{\partial T_p(x,t)}{\partial t} = h_{gs}A_p[T_g(x,t) - T_p(x,t)] + q_{ox}(x,t) \qquad (2-25)$$

式中，q_{ox} 为铁矿氧化反应放热速率，J/($m^3 \cdot s$)；T_g、T_p 为气体及球团的温度，K；A_p 为单位体积球团料层传热面积，m^2/m^3。

2.3 烧结球团生产过程传输现象实例分析

烧结球团生产过程涉及传热学、流体力学和物理化学，具有复杂性、非线性、迟滞性和强耦合性等特征。通过建立数学模型对铁矿粉造块的生产过程和终点控制进行模拟，实现高效、节能生产。

2.3.1 带式烧结机

张小辉等以 $360m^2$ 烧结机作为研究对象，利用 Fluent 软件，以局部非热力学平衡理论和组分传输理论为基础，结合烧结过程中各反应的动力学方程，全面考虑烧结过程中的反应及其对传热传质的影响，建立三维非稳态计算模型（传热模型、组分传输模型和反应动力学模型），对烧结生产传热传质过程进行了研究。其中，传热模型采用局部非热力学平衡双能量方程，反应动力学考虑了物料干燥、碳燃烧、石灰石分解、铁氧化物还原等过程。此外，采用多孔介质模型计算气体流过料层时产生的压力降，并用 Ergun 公式对动量方程附加源项进行了修正。主要生产参数见表2-1，烧结过程气、固温度以及主要烟气成分的分布情况如图2-9~图2-11所示。

表 2-1   生产参数

参 数 名 称	取 值	参 数 名 称	取 值
点火、保温阶段负压/Pa	10000	抽风烧结阶段负压/Pa	15000
料层颗粒平均粒径/m	0.004	料层初始温度/K	300
点火温度/K	1473	点火持续时间/s	90
保温温度/K	1083	保温持续时间/s	60
料层空隙度	0.25	料层含水质量分数/%	4.3
临界含水质量分数/%	2	料层含碳质量分数/%	3.8
料层石灰石质量分数/%	10		

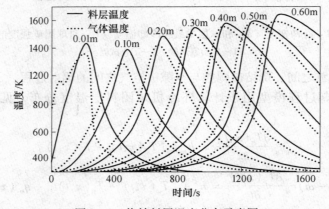

图 2-9   烧结料层温度分布示意图

由图2-9可见，在气体温度达到最高点之前，同一点处的气体温度高于固体温度，此时气体向固体传热，加热料层并使燃料燃烧。随着料层中燃料的快速燃烧，固体温度超过气体温度，此时固体向气体传热，随着燃烧的完成，由上而下的气流对料层进行冷却。由于蓄热作用，烧结速度逐渐加快，并且料层最高温度逐渐增加。

图2-10揭示了从点火到烧结完成整个过程中料层最高温度以及计算域出口处的气体温度的变化趋势。固体温度的测点沿台车高度等距离分布，即在0.6m料层高度上平均分布6个测点，从点火开始每60s取1次值，测量3次，将每1点处测得的固体温度值进行平均，然后取6个点的最大值。气体温度的测点设在位于台车下部的风箱入口处，每个风箱设1个测点，取5次测量平均值作为每1个风箱的气体平均温度。

从图2-10可见，保温段结束之后固体料层最高温度下降约80K，之后又稳定上升，从240s持续到400s左右，这说明进入料层气流的温度突降和流量增加引起了温度的变化。在整个烧结过程中，料层温度最高点位于倒数第2个风箱位置左右，此后料层温度下降，因此，可认为此时整个料层的烧结反应结束，即烧结终点位置。而台车底部的废气温度在1200s之前上升缓慢，在烧结反应接近料层底部时，气体温度才迅速上升。气体和料层温度达到最高点的位置接近，因此，废气温度达到最高点的位置也可作

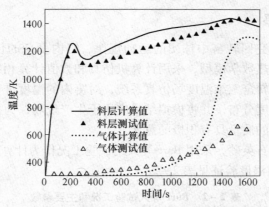

图 2-10 烧结过程中气、固温度变化曲线

为烧结终点位置的判断标准。由于风箱中气流温度是几个台车底部气流的混合温度,故测量值与达到烧结终点时台车底部气流温度相差较大,但是,温度发展趋势与计算结果一致。

图 2-11 为料层底部出口处气体成分体积分数在烧结过程中的变化及与实测量值的比较。测点分布于台车下部的各风箱入口处,与废气温度的测量共用测点。由水蒸气变化的含量可知,在点火启动之后,出口处水蒸气体积分数快速上升,之后在保温阶段完成时达到平稳状态;随着气体及烧结料层温度的不断上升,料层含水量不断减小,出口气体中水蒸气体积分数也逐渐减小,在 1000s 时开始减小,在 1200s 左右料层水分蒸发完毕。由 O_2、CO 和 CO_2 体积分数的变化可知,在点火和保温阶段,从料面到离料面 0.04m 的高度内温度高,在短时间内快速发生上述一系列物理化学反应,而该阶段内抽风负压小,气体流量小,故前 240s 这 3 种气体体积分数变化比较大,O_2 快速减少,而 CO 和 CO_2 快速增加;在保温阶段后,气体成分趋于稳定,在烧结前沿到达离料面约 0.55m 处时,O_2,CO 和 CO_2 的体积分数又逐渐恢复到与入口处的浓度达到一致的水平。

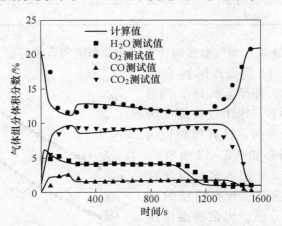

图 2-11 出口处气体组分体积分数

由图 2-10 和图 2-11 中计算值与测试值的对比可知,计算值与测试值吻合较好,说明采用该模型预测烧结过程的气、固温度变化以及烧结废气成分是可靠的。

2.3.2　链箅机 - 回转窑

范晓慧等人通过研究回转窑中球团的运动规律、窑内复杂的传热过程和窑内红外图像，建立回转窑三维传热数学模型，采用计算机仿真和数值计算相结合的方法，设计开发相应的铁矿氧化球团回转窑三维温度场仿真系统，对窑内的温度进行仿真计算，预测回转窑窑内球团、烟气的温度分布，并将模拟结果应用于生产现场，为指导回转窑生产提供理论依据，对提高球团矿的质量具有积极的意义。

试验选用的物料为石英砂，采用 Barr 等人的试验工况作为计算工况，工况和主要的参数见表 2 - 2，窑内轴向温度验证见表 2 - 3。

表 2 - 2　Barr 等人试验工况和主要参数

窑长/m	窑内径/m	窑外径/m	填充率/%	转速/r·s⁻¹	物料进口温度/℃	气体出口温度/℃	燃气流量/L·s⁻¹
5.5	0.406	0.61	12	1.5	50	515	1.94

表 2 - 3　窑内轴向温度验证

序 号	烟气温度/℃		物料温度/℃	
	计算值	检测值	计算值	检测值
1	530.3	514.3	110.9	217.6
2	606.3	603.3	373.9	370.9
3	697.0	682.4	532.1	524.2
4	708.6	707.1	558.4	544.0
5	727.3	731.9	585.2	573.6
6	743.6	751.6	605.1	593.4
7	776.5	791.9	654.6	647.8
8	809.2	815.9	693.6	687.4
9	833.4	840.7	721.9	717.0

由表 2 - 3 可见，物料、烟气温度的计算值与检测值吻合较好。

因此根据现有工况参数，回转窑长 40m，窑内径为 5.77m，外径为 6.1m，测得烟气出口温度为 1050℃，球团进口温度为 800℃。从窑尾处开始分析，计算得到轴向上的球团、烟气温度分布如图 2 - 12 所示。

由图 2 - 12 可知，球团入窑时温度在 800℃ 左右，经过高温烟气和窑内壁的辐射和换热，温度迅速升高，出窑时温度达到 1275℃ 左右，基本达到了球团焙烧的要求。

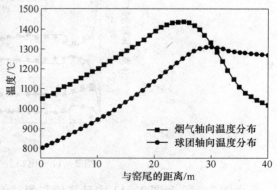

图 2 - 12　烟气、球团轴向温度分布

参 考 文 献

[1] 王悦祥. 烧结矿与球团矿生产 [M]. 北京：冶金工业出版社，2006.

[2] 果世驹. 粉末烧结理论 [M]. 北京：冶金工业出版社，2010.

[3] 张玉柱，艾立群. 钢铁冶金过程的数学解析与模拟 [M]. 北京：冶金工业出版社，1997.

[4] 谭奇兵. 烧结混合料透气性在线检测方法及基础研究 [D]. 湖南：中南大学，2013.

[5] 李文琦. 优化烧结料层透气性和温度场的研究 [D]. 湖南：中南大学，2012.

[6] 龙红明，范晓慧，毛晓明，等. 基于传热的烧结料层温度分布模型 [J]. 中南大学学报（自然科学版），2008，39（3）：436～442.

[7] 彭坤乾. 烧结料层温度场模拟模型和烧结矿质量优化专家系统的研究 [D]. 湖南：中南大学，2011.

[8] 龚一波，黄典冰，杨天钧. 烧结料层温度分布模型解析解及其统一形式 [J]. 北京科技大学学报，2002，24（4）：395～399.

[9] 傅菊英. 烧结球团学 [M]. 湖南：中南工业大学出版社，1996.

[10] 张小辉，张家元，张建智，等. 铁矿石烧结过程传热传质数值模拟 [J]. 中南大学学报（自然科学版），2013，44（2）：805～810.

[11] 陈沥强. 链篦机－回转窑系统的热风流工艺及 FLUENT 仿真 [D]. 江苏：江苏大学，2010.

[12] 潘姝静，宋彦坡，彭小奇，等. 链篦机球团矿干燥过程多场耦合数值模拟 [J]. 钢铁研究，2012，40（6）：11～15.

[13] 李俊. 铁矿氧化球团回转窑三维温度场仿真系统的研究与开发 [D]. 湖南：中南大学，2012.

[14] 田万一. 环冷机分层布料数值仿真及装置研发 [D]. 湖南：中南大学，2012.

[15] 朱德庆. 氧化球团回转窑结圈厚度预测模型研究 [D]. 湖南：中南大学，2011.

[16] 张瑞年. 浅谈烧结节能降耗的技术途径和措施 [J]. 烧结球团，2003，28（3）：18～20.

[17] Chung W I, Pi Y J, Kim J R. Sintering technology development to lower the production cost in ironmaking process at Kwangyang works [C] //Ironmaking conference proceedings，1995.

[18] 孙文东. 降低武钢烧结工序能耗的实践 [J]. 烧结球团，2003，28（3）：47～50.

[19] 贺先新. 浅析武钢厚料层烧结的发展 [J]. 烧结球团，2004，29（3）：1～5.

[20] 刘雪生. 铁矿烧结料层厚薄与经济效果的分析 [J]. 有色金属设计，1999，26（3）：15～19.

[21] 张翎. 降低烧结矿 FeO 含量改善烧结矿冶金性能 [J]. 江苏冶金，1998，(3)：32～37.

[22] 努尔马甘别托夫 K O. 铁矿石烧结中氧化－还原过程的研究 [J]. 烧结球团，1995，20（1）：25～28.

[23] Gupta S S, Venkataramana R. Mathematical model of air flow during iron oresintering Process [C] //Ironmaking Conference Proceedings，2000，59（1）：35～41.

[24] 滕金玉，于洋. 烧结过程透气性指数的神经网络软测量模型的研究 [J]. 沈阳航空工业学院学报，2006，23（1）：55～56.

[25] 范晓慧，王海东，黄天正，等. 以透气性为中心的烧结过程状态控制专家系统 [J]. 烧结球团，1998，23（2）：22～25.

[26] 龙红明. 铁矿粉烧结原理与工艺 [M]. 北京：冶金工业出版社，2010.

[27] 范晓慧，王海东. 烧结过程数学模型与人工智能 [M]. 北京：中南大学出版社，2002.

[28] 范晓慧. 铁矿石造块数学模型与专家系统 [M]. 北京：科学出版社，2013.

3 高炉冶炼过程的传输现象

高炉炼铁是钢铁生产长流程中的一个重要环节，在能源效率方面优于其他炼铁方法，成为现代炼铁的主要方法。高炉是气体、固体和液体三相流共存的反应器，携带热能和化学能的煤气流在与炉料的逆向运动过程中完成了传热、传质和化学反应过程。气体动力学条件是冶炼过程中气相、液相和固相间进行传热、传质的先决和前提条件。因此，控制和调节高炉内煤气流的流动和分布，促使炉料均匀稳定地下降、实现热能和化学能的充分利用成为高炉强化生产的核心问题之一。本章根据高炉冶炼过程中煤气流经块料带、软熔带、滴落和风口前燃烧带等区域的特点分别介绍高炉冶炼过程中的动量和热量传输现象。

3.1 高炉炼铁生产工艺简介

高炉炼铁生产是利用还原剂还原含铁原料，经济、高效地得到温度和成分符合要求的液态生铁的过程。冶炼时从炉顶装入铁矿石、焦炭及其他辅助原料，从位于炉缸上部的风口鼓入热风，并喷吹煤粉等辅助燃料。在高温下燃料中的碳与热风中的氧反应生成煤气并放出热量，携带大量热量的煤气在炉内上升过程中与逆向运动的炉料相遇，发生还原反应，并进行热量交换，铁氧化物被还原为铁，不能被还原的杂质进入高炉渣。高温渣铁分别从渣口、铁口流出，产生的煤气最终从炉顶导出，经净化处理后，作为热风炉、加热炉、焦炉、锅炉等设备的燃料。

高炉炼铁具有庞大的本体和附属系统，其中，冶炼过程在高炉本体内进行，附属系统主要包括炉后供料系统、炉顶装料系统、送风系统、燃料喷吹系统、煤气净化系统和渣铁处理系统。各个系统相互联系，又相互制约，只有完美配合才能形成巨大的生产能力。

高炉本体是一个密闭的竖炉，是冶炼生铁的主体设备，由耐火材料砌筑而成，外有钢板炉壳加固密封，内嵌冷却设备保护。现代高炉内部工作空间自上而下分为炉喉、炉身、炉腰、炉腹和炉缸五段，各段容积之和称为高炉的有效容积，反映了高炉所具备的生产能力。

高炉正常运行时，炉内下降的料柱受逆流而上的高温煤气流的作用，不断被加热、分解、还原、软化、熔融、滴落，炉料的存在形态因而发生变化，通常根据其形态变化自上而下分为块料带、软熔带、滴落带、燃烧带、渣铁聚集区 5 个区域，如图 3 - 1 所示。

块料带：温度低于 1100 ~ 1200℃，炉料（主要为矿石和

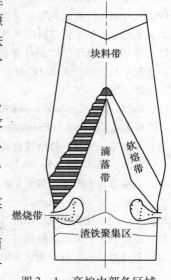

图 3 - 1　高炉内部各区域
分布示意图

焦炭)以固态形式存在,呈有规律的分层分布,随料柱的缓慢下降,层厚逐渐减薄,料面渐趋于水平,以气－固相反应为主;该区的工作状态是决定单位生铁燃料消耗量的关键,通常根据炉况调整装料制度实现煤气在该区的合理再分布,以充分利用煤气的化学能和热能,从而降低冶炼成本。

软熔带:炉料从开始软化到滴落过程中形成的区域,其中矿料熔结成软熔层,与固体焦炭层呈交替分布,多个软熔层和焦炭层构成完整的软熔带,主要发生固－液－气间的多相反应。软熔带起着煤气分配器的作用,其形状和位置对煤气流的分布和利用有重要的影响。而原料的软化、熔融和滴落性能与炉料的分布等决定着软熔带的形状和位置。根据高炉解剖实测和模型实验研究表明:高炉内软熔带纵剖面可呈"$\vee$"形,"$\wedge$"形和"W"形三种典型的形状。软熔带位置较高时,占据空间高度较大,焦炭夹层较多,允许冶炼强化,但能耗较高;软熔带位置较低时,占据空间高度小,则块料带相应扩大,使间接还原区扩大,有利于改善煤气的利用。

滴落带:渣铁全部熔化滴落,穿过焦炭层到达炉缸的区域。温度达到 1300～1400℃后,渣、铁全部熔化为液态向下滴落,此时焦炭仍然为固态,起到料柱骨架的作用。大量上升的煤气和滴落的渣、铁共用焦炭的空隙向上或向下运动,相遇时发生还原、渗碳等反应,因此,该区域是高温物理化学反应进行的主要区域。

燃烧带:是风口前燃料燃烧的区域。温度为 1100～1300℃的热风以 100～200m/s 的速度从风口鼓入高炉,带动燃烧的焦炭做回旋运动,形成"鸟巢"状的回旋区。在回旋区内,焦炭燃烧产生大量热量和气体还原剂,同时释放出炉料下降的空间,因此,燃烧带是高炉热能和气体还原剂的发源地,决定了煤气流的初始分布。

渣铁聚集区:滴落的渣、铁通过焦炭的空隙,最终到达炉缸,依据密度的不同在炉缸中呈现分层状态,炉渣因密度小而漂浮于铁水之上,渣铁层相对静止,只有在周期性出渣、出铁时,才会产生较大的扰动,此区域主要进行的是脱硫反应和渣铁间的耦合反应。

3.2 高炉动量传输

高炉内存在着气、固、液三相流动,即高速向上运动的煤气流,自上而下运动的固体炉料流和液态渣铁流,其中,高炉上部块料带内存在着气、固两相运动,而软熔带和滴落带则存在着气、固、液三相共存的运动。以动量传输为特征的三相流力学过程是高炉冶炼的基础过程,决定了高炉冶炼是否稳定顺行、煤气的热能和化学能能否充分利用。煤气在炉内的分布形态在很大程度上决定着煤气的利用,而煤气的稳定分布则在很大程度上决定着炉况的顺行。通常煤气流在炉内进行三次分布:在风口前向上、向中心扩散,燃烧带的大小决定着该区域煤气的分布,即初始分布;煤气流在炉缸与炉顶压力差的推动下向上运动经过滴落带后,横向穿过软熔带焦炭夹层,形成二次分布;煤气穿过软熔带后,沿固体散料的空隙曲折向上通过块料带,此为第三次分布。

3.2.1 煤气流经固体散料层

块料带煤气流分布取决于炉料透气性,与散料层的性质有密切关系,如料层的空隙度、颗粒的形状、粒度组成和比表面积等。空隙度与散料颗粒的排列状态有关,与其粒度组成也有关。如图 3-2 所示，两种粒级混合料层中，粒径差别越大，空隙度越小，大小散料粒径比达到约 66.6% 时，空隙度降到最低，而粒径比较均匀时（不论粒径大小），空隙度最大。在三种粒级混合料层中，最小粒径与最大粒径的含量比对空隙度影响最大，且符合图 3-2 的规律，中间粒径散料含量的增加可使空隙度增大，如图 3-3 所示。

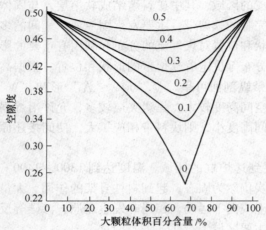

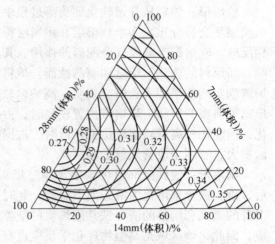

图 3-2　料层空隙度、粒度组成的关系　　　图 3-3　三种粒度球形混合料的空隙度变化

高炉炉料粒度组成复杂，形状不规则，且沿高度或径向方向不断发生变化，因此，空隙度很难测定。一般认为，高炉内的散料层空隙度在 0.35~0.45 之间，目前多在模拟的基础上通过实测和统计计算得出，见式（3-1）~式（3-3）。

烧结矿：　　　$\omega = 0.530 - 0.0019 \times (6.75 - \delta)(0.50 \leq \delta \leq 4.00)$ 　　　（3-1）

球团矿：　　　$\omega = 0.366 - 0.0132 \times (6.25 - \delta)(1.50 \leq \delta \leq 5.25)$ 　　　（3-2）

块矿：　　　　$\omega = 0.440 - 0.0080 \times (7.00 - \delta)(1.30 \leq \delta \leq 4.75)$ 　　　（3-3）

式中，$\delta = \dfrac{1.146}{\lg d_{70} - \lg d_5}$，$d_{70}$ 和 d_5 分别为筛下物占 70% 和 5% 时的最大粒度（mm）。

此外，颗粒的形状越接近球形，其比表面积越小，气流通过时所受到的摩擦越小，因而气流通过的阻力损失越小。不过，在一定的高炉冶炼条件下，炉料的形状系数可视为定值，比表面积随粒度的变化而变化。

3.2.1.1　散料层阻力损失公式及应用

高炉内煤气穿过块状带的运动常被假定为气体沿着彼此平行、形状不规则、截面不稳定、互不相通的管束的运动。通过应用流体力学中气体通过管道的阻力损失一般公式和类似高炉炉料的散料研究测得的修正阻力系数，得到高炉块状带内阻力损失变化规律的半经验表达式，最常用的为扎沃隆科夫公式和埃根公式（Ergun）。由于高炉煤气流速高达 10~20m/s，计算得出的雷诺数较大（$Re \approx 1000~3000$），所以属于紊流运动。

不过，扎沃隆科夫认为该区域内的煤气流运动为不稳定紊流，即处于层流向紊流转变的过渡区；而埃根则认为煤气流运动处于紊流区，从而造成两者表达式有差别。现在高炉工作者普遍认为现代高炉块状带内的煤气运动属于紊流状态，所以常采用埃根公式来表达煤气在块状带内阻力损失变化的规律，见式（3-4）：

$$\frac{\Delta p}{H} = \frac{150\mu v_0(1-\omega)^2}{\phi^2 d_s^2 \omega^3} + \frac{1.75\rho_g v_0^2(1-\omega)}{\phi d_s \omega^3} \qquad (3-4)$$

式中，Δp 为散料层的压降，N/m^2；H 为散料层的高度，m；μ 为煤气的黏度，$Pa \cdot s$；v_0 为煤气的空炉流速，m/s；ρ_g 为煤气密度，kg/m^3；ϕ 为颗粒的形状系数；ω 为散料层的空隙度；d_s 为颗粒直径，m。

式中右边第一项反映在层流区黏性力所引起的阻力损失，第二项反映在紊流区动能引起的阻力损失。

因此，在高炉条件下可将式（3-4）中的黏性阻力项忽略，则式（3-4）变为式（3-5）：

$$\frac{\Delta p}{H} = \frac{1.75(1-\omega)}{\phi d_s \omega^3}\rho_g v_0^2 \qquad (3-5)$$

由式（3-5）可以看出，$\frac{1-\omega}{\phi d_s \omega^3}$ 项与炉料的特性有关，而 $\rho_g v_0^2$ 与煤气的特性有关，所以，高炉内块料带的压力损失主要与炉料的空隙度、粒度组成，以及煤气的流速有关。

显然，增大矿石粒径可以减小阻力损失，但是从还原和换热的角度考虑，粒径不宜过大。而且粒度均匀性越好，空隙度越大，反之空隙度变小，尤其是同时入炉的大小颗粒粒径比达到 2/3 左右时。因此，应在炉料入炉前进行整粒、分级，并注意改善高温性能，减少还原粉化率。

高炉块料带料柱由矿石层和焦炭层间隔组成，它们的透气阻力差别很大，而且由于炉身的截面积从下往上逐渐缩小，料面又按炉料堆角向中心倾斜，因此，炉料在高炉横截面上形成的粒度偏析和炉料种类偏析对煤气流的分布影响很大，可通过分级入炉实现不同粒级炉料在径向方向的按需分布，从而调整煤气流分布。批重较大时，高炉横截面上矿焦比分布相对均匀，矿焦界面层的数量较少，对降低阻力损失有利。

高炉料柱的透气性一直是炼铁工作者所关心的问题，它表征了煤气通过料柱时的阻力大小，直接影响着炉料顺行、炉内煤气流分布和煤气利用率。空隙度是煤气能否顺利通过料柱的决定因素，空隙度大，则阻力小，炉料透气性好。将式（3-5）变形为式（3-6）：

$$\frac{v_0^2}{\Delta p} = \frac{\phi d_s}{1.75H\rho_g} \cdot \frac{\omega^3}{1-\omega} \qquad (3-6)$$

在高炉正常生产过程中，风量与煤气量成正比，煤气量的多少影响着流速的大小，所以，$v_0 \propto q_v$（风量）。料线 H、密度 ρ_g 可视为常数，炉料无显著变化时，ϕ 和 d_s 也可视为常数，因此，$\frac{\phi d_s}{1.75H\rho_g}$ 可归纳为常数 K，则式（3-6）可改写为式（3-7）：

$$\frac{q_v^2}{\Delta p} = K\left(\frac{\omega^3}{1-\omega}\right) \qquad (3-7)$$

对于既定高炉而言，当其原料和装料制度不变时，K 为常数，所以 $\frac{q_v^2}{\Delta p}$ 是空隙度 ω 的函数，反映了料柱内的透气性，因此，生产中常用 $\frac{q_v^2}{\Delta p}$ 作为透气性指数，煤气流速较低时，也

可用 $\dfrac{q_v}{\Delta p}$ 作为透气性指数。由于 ω 小于 1，ω^3 是一个很小的数值，所以 ω 微小的变化会引起透气性指数的大幅度变化，故 $\dfrac{q_v^2}{\Delta p}$ 能非常灵敏地反映炉料的透气性，如图 3 - 4 所示。

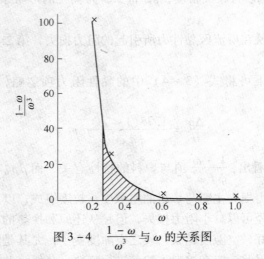

图 3 - 4　　$\dfrac{1-\omega}{\omega^3}$ 与 ω 的关系图

此外，一座高炉的燃料比确定后，炉内气固相的数量比随之确定，此时，产量与顺行情况下的风量成正比，而风量决定着炉内煤气量，煤气量的多少直接影响着炉料的顺利下降，即压力损失的大小。因此，可以通过埃根公式定性分析高炉顺行情况下的产量极限。

3.2.1.2　流态化现象及分析

在高炉上部块料带内，煤气向上穿过料层时与炉料颗粒相摩擦，将动量传递给炉料。低流速阶段，气流速度增大导致煤气压力降随之升高，当颗粒受到的气流浮力等于颗粒的重量时，产生悬料，空隙度减小或不随流速增大而增大，从而阻力损失急剧增加。流速增大到一定值后，炉料开始松动，散料体积膨胀，空隙度增大，散料颗粒重新排列，进而颗粒间失去接触而悬浮，料层极不稳定，气流会穿过料层形成局部通道而逸出，阻力损失降低，形成区域性流化现象，即"管道行程"。当气流增大到流态化开始的速度时，散料被气流带走，形成了"气力输送"现象。

由于高炉使用多种炉料，且这些炉料的密度差别很大，通常密度小的炉料先开始流化，破坏料面形状而影响布料，如向炉内布矿石时，因落点近边缘而使气流向中心偏转、集聚，并使中心焦炭流化上浮，阻挡矿石流入中心，造成中心少矿、无矿分布。此外，炉料在径向方向分布的不均匀性也是导致流态化的原因之一，粉料集中的地方透气性差，阻力大。

一般采用韦恩（Wenn）的实验式计算求得炉喉部分矿石最小流态化开始速度 v_{mf}，见式（3 - 8）。但是矿石装入高炉后，会出现低温还原粉化现象，导致粒度变小，所以出现流态化时的实际煤气流速，要比计算值 v_{mf} 小。

$$v_{mf} = \frac{\mu_g}{d_s \rho_g}\Big[\sqrt{33.72 + 0.0408 d_s^3 \rho_g (\rho_s - \rho_g)\frac{g_c}{\mu_g^2}} - 33.7\Big] \qquad (3-8)$$

式中，d 为颗粒直径；ρ 为密度；μ 为黏度；g_c 为重力换算系数；下角标 s 和 g 分别代表颗粒和煤气。

　　项中庸根据宝钢1号、2号和3号高炉1999～2005年的年平均操作数据,计算得到炉喉部分气流速度 v 和矿石流态化最小速度 v_{mf} 之比(即 v/v_{mf}),宝钢3座高炉和日本京滨1号(4907m³)和2号高炉(4052m³)的 v/v_{mf} 比与利用系数的关系见图3-5。由图3-5可见,宝钢的 v/v_{mf} 数据规律性强,在远离流态化的区域,随利用系数的增大, v/v_{mf} 比值呈平稳上升趋势,说明高炉炉况稳定、顺行,局部发生炉料吹出和管道的可能性小,利于达到高产、低耗。相比之下,日本京滨高炉的 v/v_{mf} 数据比较分散,反映出京滨高炉操作的波动比较大。

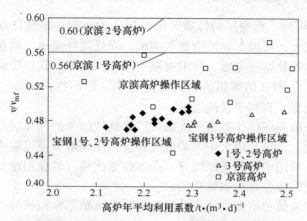

图3-5　宝钢高炉 v/v_{mf} 与年平均利用系数的关系图

3.2.2　煤气流经软熔带

　　当煤气向上运动到软熔带时,由于软熔带内矿石层已开始软化熔融,体积不断收缩,空隙度急剧减少,煤气只能通过空隙较多的焦炭层(俗称焦窗),气流通道约减少1/2。因此,煤气流在这里的运动是横向的,煤气运动的方向和数量取决于软熔带的位置、形状、焦炭夹层厚度和焦炭强度。三种典型的软熔带中,"Ⅴ"形软熔带发展的是边缘气流,炉料的下降阻力较小,但是煤气利用差,且对炉墙的冲刷严重;"Λ"形软熔带发展的是中心气流,中心活跃,但是炉墙对炉料下降有较大的阻力;"W"形软熔带发展的是中心和边缘两道气流,可以兼顾煤气的利用和高炉的顺行,但是强化高炉煤气利用的潜力有限,且由于既有内圆向外圆的煤气流动,又有外圆向内圆的煤气流动,二者会产生冲突,不利于煤气的分布。从软熔带内侧到外侧很短的距离内产生很大的压力降,从而潜伏着液泛和悬料的危险。

　　为了定量描述软熔层的阻力损失变化,将原Ergun公式修正如下:

$$\frac{\Delta p}{H} = f_b \frac{1}{d_s}\left(\frac{\rho_g v^2}{2\phi}\right)\left(\frac{1-\omega_b}{\omega_b^3}\right) \tag{3-9}$$

式中, ω_b 为软熔层中的空隙度, $\omega_b = 1 - \dfrac{\rho_b}{\rho_s}$ (ρ_b、ρ_s 分别为软熔时与软熔前的矿石层密度); f_b 为软熔层的阻力系数, $f_b = 3.5 + 44\delta^{1.44}$ (δ 为软熔时矿石层的收缩率, $\delta = 1 - \dfrac{H}{H_s}$, H 和 H_s 分别为软熔时和软熔前矿石层的厚度); $\overline{d_s}$ 为散料颗粒的平均直径。

当 $\delta = 0$ 时，$f_b = 3.5$，式（3-9）为原 Ergun 公式；当 $\delta = 0.4$ 时，$f_b = 15.3$，变为原来的四倍多，与现实情况吻合。

模拟试验表明，流经软熔带的阻力损失与软熔层宽度、焦炭层高度和层数以及空隙度等因素均有关系，如式（3-10）所示：

$$\frac{\Delta p}{H} = K\rho v^2 \frac{B^{0.183}}{n^{0.46} h_k^{0.93} \omega_k^{3.74}} \tag{3-10}$$

式中，K 为常数；B 为软熔层宽度；h_k 为焦炭层高度；n 为软熔层数；ω_k 为焦炭的空隙度；H 为软熔带的总高度。

由式（3-10）可知，焦炭层的性质对阻力损失大小起决定性作用。焦炭层数、厚度增加，焦炭空隙度变大，可增大软熔带透气面积，降低煤气流速，减少阻力损失；改善矿石的软熔特性，可缩短软熔层宽度，使阻力损失减小。此外，软熔带的阻力与其形状也有很大关系：通常"∧"形软熔带阻力损失要比"W"形小些；同是"∧"形，相对高度较大的，焦炭夹层较多，有利于气流通过。

生产实践中，采取高压操作和富氧鼓风可以降低软熔带的气体流速，减小压差。富氧不但可以减少煤气量，而且会增大炉内的温度梯度，使软熔带宽度缩小，减少软熔带内的高阻损区域。此外，采用中低温还原性好、高温性能优越（软化温度高、软熔区间窄）的矿石对改善软熔带透气性也是相当重要的。

于海彬等对高炉软熔带附近气体流动过程进行二维稳态模拟研究，得到了软熔带对煤气流动的影响。假定煤气为不可压缩流，在软熔带以上，炉料和焦炭的粒度和空隙度均匀，软熔层不透气。控制方程选用连续性方程、动量方程和 $k-\varepsilon$ 双方程模型，利用差分法进行离散，建立差分方程，进而建立高炉软熔带数学模型。

在恒温、未考虑化学反应的情况下，高炉煤气运动模拟见图3-6~图3-8。在风口燃烧带生成的高温煤气快速向上冲向软熔带，气流因此受到极大的阻碍，造成软熔带下方产生回流（见图3-6），由于软熔矿石层透气性很差，大部分气流会绕过透气性差的矿石层，从焦炭层中流过（见图3-7）。煤气流经软熔带后，上部炉料透气性逐步变好，且上部空间越来越小，煤气流速不断增加，煤气又逐步向中心发展（见图3-8）。图3-9清晰地反映了这种情形。

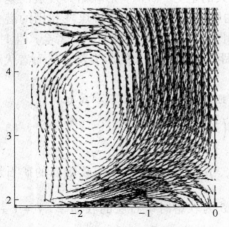

图3-6　软熔带下部煤气流动状况

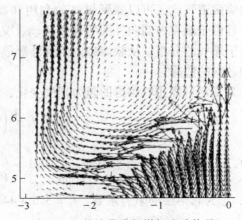

图3-7　软熔带中部煤气流动状况

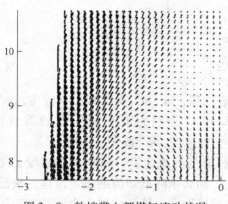

图 3-8 软熔带上部煤气流动状况　　图 3-9 软熔带附近煤气流动流线图

3.2.3 煤气流经滴落带

滴落带是熔化了的渣铁通过焦炭的空隙向下滴落的区域，矿石已经软熔，唯有焦炭仍然保持固态。煤气能否顺利通过此区域，主要受焦炭和液态渣铁两方面的影响。焦炭粒度均匀、高温机械强度（焦炭的反应后强度、反应性）好、粉末少，则炉缸充填床内的空隙度大、煤气阻力小；液态渣铁成滴状在焦炭颗粒间的空隙中滴落、流动和滞留，此时焦炭空隙度 ω_k 尤为重要，因为煤气实际通过的空隙度 ω 是焦炭空隙度 ω_k 扣除滴落渣铁占有的空隙 ω_t。如果焦炭反应性好，意味着焦炭在高温下容易发生反应，反应后强度变差，使煤气阻力增加。此外，渣量少、流动性好，ω_t 小，煤气阻力损失小。

实际上，高炉滴落带是一个三维动态、高温、充满化学反应且三相共存的逆流填充床，不定因素很多，很难做到全面分析。一般通过在埃根方程中增加渣铁滞留率 h_t 对其进行修正，来分析滴落带的阻力损失，见式（3-11）：

$$\frac{\Delta p}{H} = k_1 \frac{(1-\omega+h_t)^2}{\overline{d_w}^2} \mu v + k_2 \frac{1-\omega+h_t}{\overline{d_w}(\omega-h_t)^3} \rho_g v^2 \qquad (3-11)$$

式中，h_t 为焦炭柱中渣铁滞留率；$\overline{d_w}$ 为焦炭平均粒度 d_k 与渣铁液滴平均直径 d_1 两者的调和直径；k_1 和 k_2 为透气阻力系数。

当渣量过大、流动性不好或者煤气流速加快时，渣铁液滴与气流的摩擦力增加，滞留率增大，煤气阻力损失变大，严重时甚至出现渣铁液滴被上升气流反吹向上的现象，形成液泛。此时，煤气阻力急剧升高，导致顺行的破坏和高炉行程失常。当初渣中 FeO 含量过多时，会在滴落带与焦炭作用生成大量 CO，以气泡的形态存在于渣中，使炉渣易于上浮，更容易发生液泛现象。因此，改善矿石的还原性，使矿石在进入滴落带以前充分被还原，尽量降低初渣中的 FeO，不仅是节焦降耗的主要措施，也是减小滴落带煤气阻力、保证高炉顺行的重要条件。

液泛现象是限制高炉强化的因素之一，是导致下部悬料的主要原因。所以，改善高炉下部气体力学条件，提高料层的透气性和透液性，防止液泛发生至关重要。研究表明，液泛的发生与液体流量、煤气流量和流速、液体和气体的密度和黏度等有关，将上述诸因素归纳为液泛因子 $f \cdot f$ 和流量比 $f \cdot r$ 两组无量纲数群来判定产生液泛的条件，液泛因子公式见式（3-12），流量比公式见式（3-13）：

$$f \cdot f = \frac{v^2 a}{g \omega^3} \frac{\rho_g}{\rho_1} \mu_1^{0.2} \qquad (3-12)$$

$$f \cdot r = \frac{L}{G} \left(\frac{\rho_g}{\rho_1} \right)^{0.5} \qquad (3-13)$$

式中，v 为煤气的实际流速，m/s；a 为焦炭的比表面积，m^2/m^3；ω 为料层空隙度，m^3/m^3；ρ_g 和 ρ_1 分别为气体和熔体的密度，kg/m^3；L 和 G 分别为液态和气体的质量速度，$kg/(m^2 \cdot s)$；μ_1 为液体的黏度，$MPa \cdot s$；g 为重力加速度，$9.8 m/s^2$。

由式（3-12）和式（3-13）可知，可通过降低气流速度、减小炉渣黏度、提高死料柱的空隙度来减小液泛因子，而要降低流量比，则必须降低炉渣的质量流速。液泛因子和流量比的关系如图 3-10 所示，液泛线以下为可操作区，液泛线以上为液泛发生区，即高炉不可操作区。

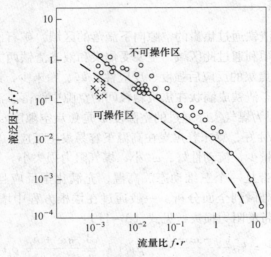

图 3-10　高炉内的液泛极限图

应用数学方法对生产高炉的数据进行回归分析，得出不产生液泛的条件是 $(f \cdot f)^2 \cdot (f \cdot r) < 10^{-3}$，产生液泛时的风量是高炉的极限风量。近 20 余年来，在试验高炉和高炉模拟装置上做了大量研究，结果表明，高炉上不会产生典型的液泛，因为焦炭的密度远低于炉渣的密度。但是会有部分炉渣被上升煤气托住而滞留在滴落带的焦柱中，出现所谓亚液泛现象。防止这种现象出现的措施是增大焦炭的空隙度，降低炉渣的数量和黏度，降低煤气的数量和流速等。

斯坦迪（Standish）在更接近高炉的实际条件下的试验研究表明，高炉下部发生流态化比发生液泛的可能性更大，如图 3-11 所示。图 3-11 横坐标为无量纲滞留量 $\sqrt[3]{\frac{\mu_1}{\rho_1 g^2}} \frac{v(1-\omega)}{d_s \omega^3} \left(\cos \frac{\theta}{2} \right)^2$，纵坐标为无量纲充填床密度 $\rho_g (1-\omega) / \rho_1$，显示了高炉下部发生液泛、流态化和两者同时发生的范围及界限。由图 3-11 可知，焦炭层中的炉渣滞留量是引起液泛与流态化的重要因素，在床层密度和滞留量小的区域，易发生流态化，随二者的持续增大，液泛发生的可能性大大增加。而滞留量和压力损失与气流速度有密切关系，如图 3-12 所示。气体流速低时，液体滞留量几乎不变，但当流速超过 a—a′ 时，滞留量急剧增加，且增速随煤气流速的增加而变大（直线斜率逐渐变大），到 b—b′ 时趋于无穷大，因此称 b—b′ 点为液泛点，a—a′ 则称为阻塞点。一旦超过液泛点，通过料层的液体量就会少于达到该处的液体量，造成滞留量急剧增加，高炉顺行出现异常。

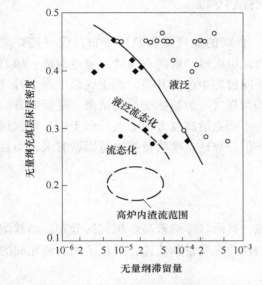

图 3-11 充填层中液泛与流态化的识别图
○—液泛；●—流态化；◆—液泛与流态化共存

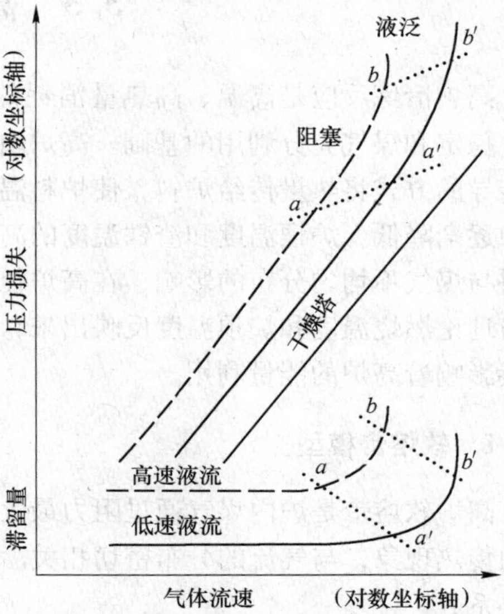

图 3-12 滞留量和压力损失随煤气流速变化的示意图

项中庸等通过对宝钢高炉下部气体动力学现象进行分析，计算了高炉炉缸横断面部分煤气流速 v（以炉腹煤气量作为炉缸部分煤气量）和液泛开始速度 v_{mf}，v/v_{mf} 与高炉年平均利用系数的关系见图 3-13。由图 3-13 可知，宝钢高炉强化程度很高，煤气流速高位运行，1 号和 2 号高炉的 v/v_{mf} 比值已达到 0.9，接近日本京滨 2 号高炉所规定的强化极限，3 号高炉趋近京滨 1 号高炉的极限，还有强化的潜力，这主要归因于宝钢渣量少和炉腹煤气

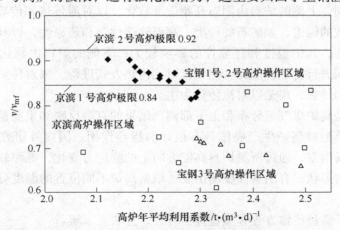

图 3-13 宝钢高炉 v/v_{mf} 与年平均利用系数的关系图（符号表征含义见图 3-5）

量小。此外，随着利用系数的提高，v/v_{mf}值呈下降趋势，炉内煤气流速远离了液泛区域，炉况稳定，高炉顺行。相比之下，日本京滨高炉的数据比较分散，说明操作波动比较大，且v/v_{mf}值随利用系数的提高而呈上升趋势，与宝钢高炉形成鲜明对比。当v/v_{mf}达到0.98时，京滨高炉出渣量减少，炉内滞留的炉渣增多，风压波动增大，炉况不稳定。

3.3　高炉热量传输

高炉冶炼反应是高温、高热量消耗的反应，合理的煤气流和温度分布是保证高炉顺行、稳定和煤气充分利用的基础。高炉内煤气自风口区经炉腹向上流动，通过对流、辐射和传导的方式将热量传给炉料，使炉料温度在下降过程中逐渐升高，而煤气温度在上升过程中逐渐降低。炉顶温度和渣铁温度的高低，即为煤气与炉料热交换的结果。受径向方向炉料与煤气不均匀分布的影响，在高炉径向方向不同点沿高度方向温度分布千差万别，最终由理论燃烧温度和炉顶温度反映出来，二者不但与焦比、喷吹量等冶炼因素有关，而且直接影响着高炉的能量利用。

3.3.1　软熔带模型

高炉软熔带是炉内煤气通过阻力最大的区域，其形状影响着高炉煤气的分布，而软熔带的传热现象，与气流的分布密切相关。气体的性质、质量和流速，决定了固、液相间的传热系数。

高炉内温度分布对软熔带的形状和位置具有决定性的作用，软熔带在炉内的分布与高炉炉温十分相似，炉温高，高温区上移，则矿石软熔开始较早，因此，凡是影响高炉内温度分布的因素，都将影响软熔带在炉内的形状和位置。

气流在通过软熔带的同时，进行着传热和传质过程。软熔带的形状和位置直接影响着块料带和滴落带的体积，因而影响上、下部炉料与煤气之间的传热与传质过程的进行和炉料下降的均匀性。一般认为，滴落带的高度是衡量高炉下部热状态的一个重要指标。因为Si的还原主要发生在这一区域，该区域的高度决定了Si还原数量的多少。软熔带上下侧传热方式并不相同，上侧的炉料由固态开始逐渐软化，以对流传热和传导传热为主，因而凡是影响传热系数的因素，如矿石的种类、高温软熔性能和还原性，以及炉内温度分布等都会影响传热过程，其中温度和还原性的影响较大；下侧的炉料由软化状态逐渐变成液态，开始与气流间进行传热，因此，主要以对流传热方式进行，辐射传热得到加强，气流通过软熔带焦窗的传热，也是以对流传热为主。

软熔带模型是高炉煤气流分布和上下部调剂结果的直观反映和重要监视手段，正确推定和应用软熔带模型对高炉生产操作具有很好的指导作用。国内外研究者提出了很多模型，有的从压力场出发，通过所测炉身高度方向上的静压力变化，推测软熔带顶部和根部的位置及软熔带的形状；有的从温度场出发，根据高炉不同位置的温度分布确定软熔带的位置和形状。

彭兴东建立了质量传输方程和热量传输方程，并联立求解。

高炉内的质量平衡方程和物质体系传热方程分别见式（3-14）和式（3-15）：

$$-\mathrm{div}(-E_{ij}\mathrm{grad}C_{ji}) - \mathrm{div}(G_jC_{ji}) + \delta_j\sum_{n=1}^{k}(\beta_kR_k) = \frac{\partial C_{ji}}{\partial t} \qquad (3-14)$$

$$\int_V\left[-\mathrm{div}q + h_{gs}\alpha(T_g - T_s) + \mathrm{div}(c_sT_sG_s) + q' - \frac{\partial(\rho_sc_sT_s)}{\partial t}\right]\mathrm{d}V = 0 \qquad (3-15)$$

炉料和煤气的传热微分方程分别见式（3-16）和式（3-17）：

$$K_{sz}^e\frac{\partial^2T_s}{\partial z^2} - c_sG_{sz}\frac{\partial T_s}{\partial z} + c_sT_s\sum_{k=1}^{N}\beta_kR_k + h_{gs}\alpha(T_g - T_s) + \eta_s\sum_{k=1}^{N}R_k(-\Delta H_k) = 0 \qquad (3-16)$$

$$K_{gz}^e\frac{\partial^2T_g}{\partial z^2} - c_gG_{gz}\frac{\partial T_g}{\partial z} + c_gT_g\sum_{k=1}^{N}\beta_kR_k + h_{gs}\alpha(T_g - T_s) + \eta_g\sum_{k=1}^{N}R_k(-\Delta H_k) = 0 \qquad (3-17)$$

式中，j 代表气相 g，固相 s，液相 l；C_{ji} 为 i 物质在 j 相内的浓度；δ_j 分别为 $\delta_g = 1$，$\delta_s = \delta_l = -1$；G_j 为 j 相的质量通量；R_k 为单位体积化学反应速率；E_{ij} 为 j 相混合扩散相；α 为单位体积炉料比表面积；h_{gs} 为炉料与煤气之间的对流换热系数；T_j 为 j 相的温度；K_{gz}^e 为煤气的有效导热系数；K_{sz}^e 为炉料的有效导热系数；c_g 为煤气的热容；η_j 为存在传质伴随传热时 j 相得到的部分反应热；ΔH_k 为伴随反应的焓变化；β_k 为进行 k 级化学反应的积累项；q 为热流向量；q' 为单位时间化学反应生成热；c_s 为固体料流热容。

采用有限差分法对式（3-16）和式（3-17）进行处理，得出炉料与煤气温度的差分方程，确定煤气和炉料的导热系数和热容，散料的比表面积以及形状系数等参数后，对此差分方程进行求解，联合式（3-14），确定炉料与煤气的温度分布，进而确定软熔带的形状和位置。

采用软熔带数学模型对宝钢集团一钢公司（一钢）2500m³ 高炉生产过程中的软熔带形态进行了离线计算，分析了软熔带位置与操作参数的关系。图 3-14 为不同日期软熔带的形状图。

由图 3-14 可以看出，一钢 2500m³ 高炉的软熔带形状大致为"∧"形和"W"形。但中心和高炉中心有所偏离，在高炉径向方向分布不太均匀。图 3-14(a) 和图 3-14(b) 中软熔带的根部和顶部位置相对较高，说明块状带体积较小，不利于气固相的热量交换和还原反应的进行，因而煤气利用率较低，炉顶煤气温度较高。不过该高炉利用系数达到了 2.45 以上，且比较稳定，铁水 [Si] 含量在 0.4% 以下，说明软熔带的形状和位置是基本合理的。

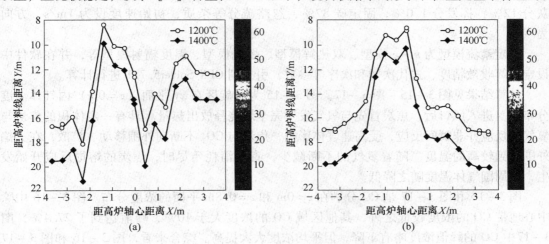

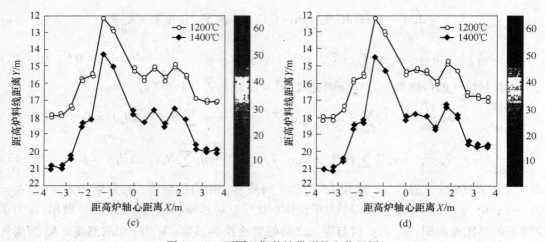

图 3 – 14   不同日期软熔带形状和位置图

（a）2003 – 07 – 20；（b）2003 – 08 – 25；（c）2004 – 01 – 30；（d）2004 – 02 – 04

3.3.2 风口燃烧带模型

　　风口燃烧带是焦炭做回旋运动并燃烧的区域，燃料燃烧生成了初始煤气，同时也产生了高温热量，是高炉冶炼所需热能和化学能的主要来源。风口燃烧带内的传热传质过程，不但会影响风口燃烧温度和煤气的分布，而且还会影响炉缸内渣铁的温度和生铁质量。因此它是高炉冶炼过程顺利进行和高炉强化的关键。

　　鼓风动能是影响燃烧带形状和大小的主要因素，而风口风速是鼓风动能的重要标志，凡是与风口风速有关的参数，如风量、风温、风压、富氧量等，都会影响鼓风动能的大小，进而影响到燃烧带。

　　郭术义等利用 CFX 软件，以莱钢 $750m^3$ 高炉为研究对象，全面考虑了回旋区内焦炭颗粒的输运过程、热解过程、燃烧过程以及气体与气体之间的化学反应过程、三维复杂紊流过程、物理传热过程等，对回旋区进行了数值模拟。

　　取 x 轴为风口轴向，xy 平面为水平面。取焦炭颗粒直径为 10mm，温度为 1627℃，灰分 12%，挥发分 1.0%，固定碳 87%，忽略硫分等杂质，初始速度设为 1m/s，方向为 $-z$。

　　设定紊流模型为 $k-\varepsilon$ 模型、双热解模型、燃烧模型、温度辐射模型等，并在软件中设定计算收敛精度、迭代次数和次序等参数，引入到 CFX Solver5.7.1 进行计算。

　　计算结果见图 3 – 15 ~ 图 3 – 17。图 3 – 15 为回旋区在 xy 平面（$z=0m$）内气体温度分布图。进入风口后，焦炭首先与氧气发生完全燃烧释放出热量。具有一定体积的焦炭与氧气的反应并非瞬间反应，受高速气体影响，焦炭与 CO_2 不断向外围移动、扩散，在火焰外围达到较高的温度。随着氧气的不断减少，直至消耗殆尽时，焦炭的熔损反应开始发生，使周围气体温度随之降低。

　　图 3 – 16 和图 3 – 17 是 CO 分别在 $z=0m$ 和 $z=0.8m$ 平面的浓度分布。图 3 – 16 中除中心地带 CO 的浓度较低之外，其他区域 CO 的浓度大于 10%，峰值达到了 27.4%，图 3 – 17 中 CO 的峰值浓度略有下降，但平均浓度大大提高。综合来看，图 3 – 16 和图 3 – 17

中 CO 主要集中于高炉的边缘，因此，可以判定煤气流在上行的过程中，中心气流弱，而边缘气流强。大量高炉操作实践证明了该推断基本正确。

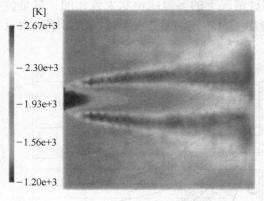

图 3 – 15　$z = 0\mathrm{m}$ 平面内气体温度图

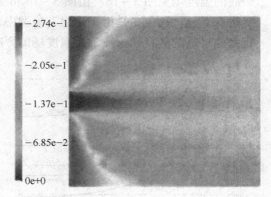

图 3 – 16　$z = 0\mathrm{m}$ 平面内 CO 组分分布图

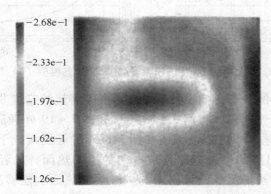

图 3 – 17　$z = 0.8\mathrm{m}$ 平面内 CO 组分分布图

3.3.3　炉缸炉底模型

影响大型高炉使用寿命的因素有两个：一个是炉缸、炉底容易烧穿；另一个是炉腹、炉腰及炉身下部寿命短。导致炉缸、炉底烧穿的原因主要是铁水对炉缸和炉底的冲刷、氧化及化学侵蚀。如果能在高炉炉缸和炉底冻结一层渣铁壳，将铁水与炉缸、炉底隔离，便可阻止铁水对炉缸和炉底的冲刷、氧化及化学侵蚀。生产实践表明，采用具有良好导热能力的炭砖和合理的冷却相结合，能够形成理想的 1150℃ 等温线，即铁水凝固线，而炉缸炉底工作表面形成稳定的渣铁凝结层则是长期稳定工作的可靠保证。

程树森等应用传热学理论建立了炉缸和炉底温度场的数学模型，将 1150℃ 及 870℃ 等温线推离炉缸和炉底的炭砖热面，提高了炉底和炉缸的寿命。

在传统数学模型的基础上，考虑了凝固潜热，并将炉缸和炉底视为非稳态导热，传热控制微分方程为：

$$\frac{\partial}{\partial t}(\rho H) = \frac{1}{r} \cdot \frac{\partial}{\partial r}\left(\lambda r \frac{\partial T}{\partial r}\right) + \frac{\partial}{\partial z}\left(\lambda \frac{\partial T}{\partial z}\right) \qquad (3 - 18)$$

初始边界条件：炉壳与大气、冷却水与冷却管壁面是对流换热，出铁口对称面绝热，炉缸内铁水温度为1500℃。

　　柱坐标系下未考虑凝固潜热时的二维稳态模型和非稳态模型计算的全炭砖高炉炉缸、炉底的温度场见图3-18。由图3-18可见，两种情况下的等温线形状大致相同，只是位置略有差异。这主要是由于在稳态模型中，只考虑了材质导热系数对温度场的影响，而没有考虑材质的热容和密度等对温度场的影响。

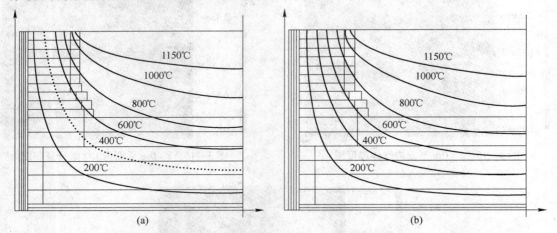

图3-18　未考虑凝固潜热的二维稳态模型（a）和非稳态模型（b）计算的高炉等温线

　　凝固潜热对温度场的分布影响很大，考虑了凝固潜热的二维非稳态模型计算的结果如图3-19所示。为便于比较，将图3-18（b）和图3-19处理后得出图3-20。从图3-19和图3-20可以看出，考虑凝固潜热后，1150℃等温线位于炭砖内部，比未考虑凝固潜热的1150℃等温线的位置更靠近炉缸和炉底的热面，二者有明显差别。通过分析可知，未考虑凝固潜热情况下设计出来的炉缸炉底热面上能够凝结一层渣铁凝固层，但这与事实相违背。事实上，渣铁在凝固过程中确实有潜热释放，所以在设计炉缸炉底时，应该考虑凝固潜热，结果会更接近实际状况，但是这将意味着在其热面上不能形成一层渣铁凝固层。

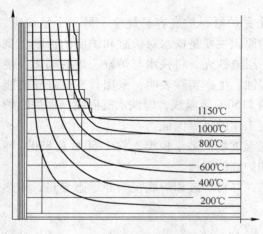

图3-19　考虑凝固潜热的二维非稳态模型
计算的高炉等温线

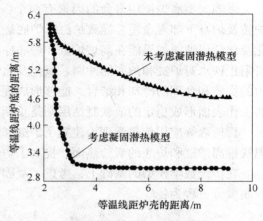

图3-20　凝固潜热对高炉1150℃
等温线的影响

以上研究是基于采用高导热炭砖的炉缸炉底结构（炉底炭砖材质相同）进行的，长寿理念是利用炭砖的高导热性，快速吸收并传递铁水热量，使其降温结壳，将高温等温线大部分控制在低导热系数的渣铁壳内，使炭砖能处于安全的工作温度，以达到保护炉缸炉底的目的。但是，炭砖的强导热能力使热量很容易导进炉缸炉底，而在渣铁壳形成之前，炉底冷却系统及填料的热阻使冷却水从炉缸炉底带走热量的能力小于铁水向炭砖传入热量的能力，因而炉底持续升温，影响其寿命。此外，炉底炭砖较小的温度梯度，使冷却水和炭砖间的对流换热较大，造成炉底热量损失过多。赵宏博等通过对炉缸厚2.4m、导热系数40W/(m·K)的全炭砖炉缸炉底的温度场进行计算分析，结果如图3-21(a)所示。

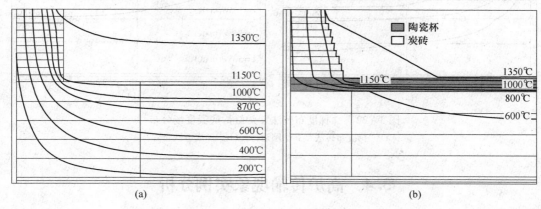

图3-21　炉缸炉底温度场分布
(a) 全炭砖炉底；(b) 陶瓷杯复合炉底

陶瓷杯复合炉缸炉底的设计理念和"传热法"思想完全相反，属于"隔热法"，是利用陶瓷杯的低导热性、很强的抗铁水侵蚀能力和耐高温特性把铁水和炭砖隔离起来，阻止过多的热量传入炭砖中，使炭砖处于安全工作温度。虽然陶瓷杯耐热度很高，但长期直接面对高温铁水的冲刷，由于其他热力学、化学破坏等因素，也不可避免被侵蚀。如图3-21(b)所示即为陶瓷垫厚0.4m、炉底炭砖总厚度2.4m、炭砖导热系数40W/(m·K)的陶瓷杯复合炉缸炉底的温度场分布，第二条等温线即1150℃铁水凝固线。

为取长补短，实现高炉炉缸炉底长寿，采用炉底梯度布砖，即自上而下第一层砖的导热系数最小，最后一层砖的导热系数最大，而在最下层砖和最上层砖之间，要适当地减小各层砖的导热系数，这样在形成渣铁壳之前炉底的温度才不会太高并能发挥冷却系统的作用，使进入炭砖的热量才能尽快地传至炉底，进而被冷却水带走。对于靠近冷却系统的最后一层砖，要选用最高导热性的炭砖，以保证在有渣铁壳时最大程度地发挥冷却水的"扬冷"作用。

赵宏博等通过对炉底总厚度2.2m、砌筑不同材质炭砖的炉缸炉底进行模拟计算分析发现，投产后即可很容易把1150℃侵蚀线推出炭砖热面形成渣铁壳，同时炉底温度也保持在一个较低的范围，如图3-22(a)所示。800℃以上高温线都集中在自焙烧炭砖里，既可以保证自焙烧炭砖焙烧完全，又可以大幅度降低炉底其他各层炭砖的温度，使其处于安全工作温度下；同时因炉底靠近冷却系统的炭砖温度较低，也不会有大的热量损失。而且在渣铁壳形成后，温度场分布也有利于渣铁壳的稳定存在，如图3-22（b）所示，1150℃凝固线基本在渣铁壳表面，渣铁壳厚100mm，870℃炭砖脆化线被推出炭砖的热面，炉底最上层炭砖的最高温度低于600℃。

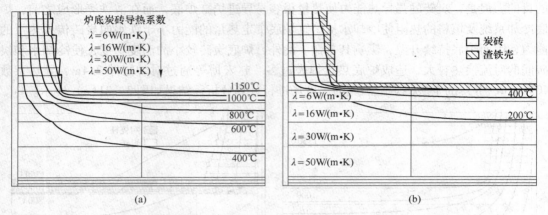

图3-22　"梯度布砖法"炉缸炉底温度场分布
（a）"梯度布砖法"高炉刚运行；（b）形成渣铁壳后

3.4　高炉传输现象实例分析

　　高炉炉内传输现象可以归纳成气固、气液的对流、传热和化学反应三个方面，均与高炉内的煤气流动有关。煤气与炉料在相向运动过程中完成传热、传质，传输的结果决定着高炉炼铁状况和生产技术指标。如果煤气的流量与料柱透气性不相适应，会导致悬料、流态化和液泛现象等，接近这些界限会造成高炉失常。由于高炉的密闭性和复杂性给气流分布的研究带来了很大困难，操作人员无法直接观察到炉内状况，只能凭借仪器间接观察，并通过经验来操作高炉，因此，利用传输理论对高炉冶炼过程进行模拟无疑为一种有效的方式。

3.4.1　气体流动与传热的研究

　　黎想等以国内某钢厂1950m³高炉作为研究对象，应用商业软件Fluent 6.2分别建立了二维和一维数学模型，炉体几何参数见表3-1，炉料及气体参数见表3-2。煤气的理论燃烧温度为2127℃，鼓风速率为200m/s。二维模型进行了速度压力耦合，并采用$k-\varepsilon$双方程求解，方程离散采用二阶差分格式，各计算量相对误差控制在10^{-3}精度范围内。二维流场、压力场及温度场如图3-23所示，回旋区及焦窗局部流场见图3-24。

表3-1　高炉炉型尺寸

直径/m			高度/m				
炉喉	炉腰	炉缸	炉喉	炉腰	炉身	炉腹	炉缸液面上部净高
8.4	13	11	1.7	2	17.7	3	2

表3-2　炉料和煤气参数

	密度/kg·m⁻³	空隙度	粒径/mm	形状系数	热容/J·(kg·K)⁻¹	黏度/Pa·s	导热系数/W·(m·K)⁻¹
焦炭	990	0.5	39	0.72	808(100℃) 1465(1000℃)	—	—
矿石	3520	0.42	10	0.77	670(100℃) 840(500℃)		
煤气	0.8	—			1100	3×10⁻⁵	0.025

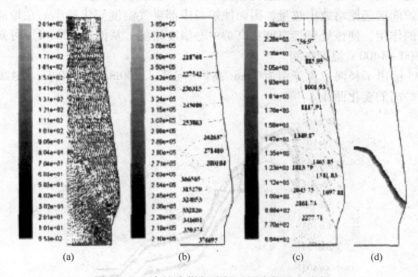

图3-23　高炉内煤气流场、压力场及温度场
(a) 流场 (m/s)；(b) 压力场 (Pa)；(c) 温度场 (K)；(d) 软熔带位置

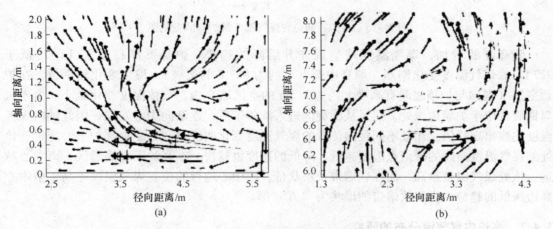

图3-24　回旋区及焦窗局部流场示意图
(a) 回旋区；(b) 焦窗局部

从图 3 - 23(a) 和图 3 - 24(b) 可见，煤气上升到软熔带位置时，成水平方向通过"焦窗"，流速较大，而流过软熔矿石层的煤气量较少，速度较小。通过软熔带后，煤气进入透气性分布相对均匀的块料带，煤气流重新分布，即煤气流径向分布随料层透气性的分布而变化，块状带内煤气流速在径向方向基本不变，可清楚看出块状带对煤气流的"整流"作用，均匀的炉料分布导致了径向均匀分布的煤气流。

从图 3 - 23(b) 和图 3 - 24(a) 可看出，煤气压力在回旋区及软熔带附近变化最为剧烈，前者主要是动压损失，而后者主要是静压损失，因此，煤气流从风口穿过回旋区边界进入料柱需要较大的动能。

从图 3 - 23(c) 可看出，在高温区域和料表面等温线分布较密，这说明煤气温度在这两个区域变化较快。炉身下部的温度变化是由于高炉直接还原大量吸热造成的。在炉身中部，由于高炉间接还原略放出热量，因而使炉身中部煤气温度变化较小。在炉墙附近，由于冷却设备的作用，使该处煤气温度比高炉中心温度略低。从图 3 - 23(d) 可知，软熔带大约处在 1300 ~ 1400℃ 温度区间。

图 3 - 25 给出了径向位置分别为 0mm (高炉中心)、1300mm、2600mm 和 4200mm 处的煤气温度沿炉高的变化曲线。

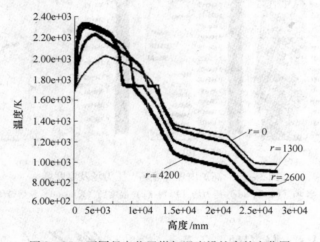

图 3 - 25   不同径向位置煤气温度沿炉高的变化图

随高度的增加，煤气温度均呈现先升后降的趋势。炉身下部高温区（t_g 不低于 927℃），煤气温度变化剧烈，炉身中部（t_g 约为 827℃ 的区域），温度变化较平缓，在炉顶空区（料面与炉顶之间有高度大约为 2.5m 的空区域）内，气体温度变化微小。由于风口回旋区位于炉墙边缘处，热风从回旋区进入滴落带后，逐渐向中心发展，因此轴向煤气温度曲线出现峰值。比较不同径向位置的煤气温度变化曲线可知，距离高炉中心越近，该处的煤气温度曲线的峰值点温度越低，降低的速度也越快。在高炉下部高温区，离中心越远，该处煤气温度越高，而在软熔带及块状带，距中心越近的位置煤气温度越高，呈中心高边缘低的趋势，说明软熔带的形状为"∧"形。

3.4.2 高炉内煤气流分布的研究

朱清天等以 1800m³ 高炉为研究对象，建立了物理模型和数学模型。图 3 - 26 为高炉煤气流模拟的三维物理模型。数学模型包括煤气流在多孔介质的流动模型和炉料与煤气间的传热模型。

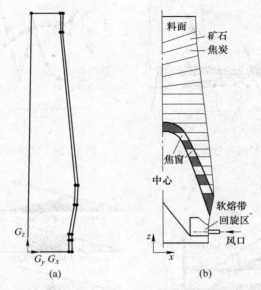

图 3-26　高炉煤气模型示意图
(a) 物理模型；(b) 模型区域划分

模型假设焦炭与矿石层倾角相等，在料柱表面倾角为 30°，随炉料下降，料层成为水平，如图 3-26(b) 所示。模型中焦炭和矿石的主要物性参数见表 3-2。矿石和焦炭初始温度为 30℃，炉料下降速度为 0.00180~0.00075m/s。

模型中分别取不同标高处煤气流速径向分布曲线，如图 3-27 所示。$z=1.2$m 为风口中心线，$z=5.8$m 处，炉身内部单一料层，$z=20$m，此高度中心为矿石层，则该水平面交替经过矿石与焦炭层。

由图 3-27 可见，$z=1.2$m 标高处的煤气流速在径向方向变化很大，中心与边缘回旋区的煤气流速过渡使用断点，表示流速的突变。$z=5.8$m 标高处单一料层的煤气流速基本相等，这充分显示了均匀料层对煤气流的"整流"作用。$z=20$m 标高煤气流速曲线的波动，说明在矿石层的速度相对较大，且矿石层与焦炭层内煤气的流速不等。而料表面处的煤气流速在径向方向上，从中心到边缘逐渐减小，可见料面倾角的存在，较低的中心料面促进了中心煤气流的发展。块状带 $z=18$m 标高处，矿石层内的煤气以较大的速度流向中心，这是由于料层倾角存在，在矿石层煤气垂直料层流向中心，减小压损。因而在该横截面上，煤气有快速向中心流动的趋势。而在焦炭层，空隙度大、流速小、透气性好，煤气流偏向炉墙，因而存在较小的向边缘流动的速度分量。

为分析下部调剂对煤气流的影响，该作者模拟了堵风口时煤气流的分布情况。图 3-28 为软熔带和炉顶煤气流速在径向方向的分布曲线，比较两条曲线证实，风口及软熔带对上部煤气的分布影响很小，用炉顶煤气分布无法反映下部情况。

图 3-29 为不同标高下煤气流矢量分布，从图 3-29(a) 可清楚看出，在 $z=3.5$m 以下区域，煤气流分布受风口回旋区影响很大，此区域内边缘煤气流很少，且有一定量的煤

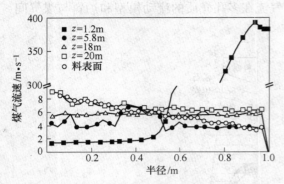
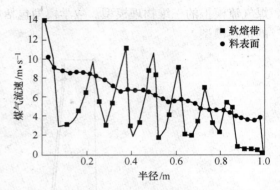

图 3-27 煤气流速在径向的分布曲线　　　　　图 3-28 堵风口后煤气流速径向分布曲线

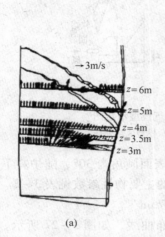
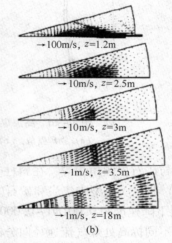

(a)　　　　　　　　　　(b)

图 3-29 堵风口后不同标高煤气流速矢量分布图

(a) 三维矢量图；(b) 流速在横截面上的投影图

气流向边缘。煤气在上升过程中逐渐按透气性分布，初始煤气流对上部影响较小，但对下部煤气流的分布影响很大，减弱了炉腹边缘煤气流的分布。从图 3-29(b) 可知，风口数减少，回旋区增大，在相同标高下，煤气流分布受到较大的影响，但这种影响随煤气上升而逐渐减小。高炉下部边缘煤气流分布很少，导致煤气向边缘运动的趋势增大，说明下部调剂对改变下部煤气流分布的显著作用。

3.4.3 高炉多相流耦合模型

为更准确揭示炉内状态和耦合机理，史岩彬等利用 CFD 建立了多维多相高炉模型，对气、颗粒（焦炭和矿）、液（热熔金属）及粉（煤粉）4 种相态的耦合过程进行了研究分析。

高炉模型为二维轴对称形式，气-颗粒相间曳力项利用 Ergun 方程，液-固相间对流传热系数求解利用了与液态金属相关表达式，气-固、气-粉、液-粉间对流传热系数利用 Ranz-Marshall 公式计算，化学反应和相变发生质量传递，由简单质量平衡方法评价。

假设气和粉相在零料线处速度梯度为零，在炉料以上没有固、液相及热源。液相速度和体积分数在炉料以上设为零。固相只能竖直运动，且在炉料表面速度为零。气体看作理想气体，固相密度、形状、导热系数和黏度为常数，由矿、焦颗粒直径及矿焦比情况决定，粉相密度、形状、成分和导热系数为常数。

模型利用控制容积法求解，气、颗粒相连续性方程及动量方程由 SIMPLE 方法求解，液、粉相连续性方程求解其各自的相态容积分数。程序代码主要由 C 语言及 Matlab 编写，迭代计算直到软熔带形状和位置误差在 0.1% 波动为止。所需实际数据由某中型高炉的生产现场采集得到。温度场模拟结果如图 3 – 30 所示，速度矢量计算结果如图 3 – 31 所示。

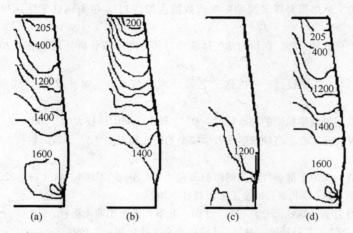

图 3 – 30　不同相态等温线分布图（℃）
（a）气相；（b）固相；（c）液相；（d）粉相

由图 3 – 30 可见，气、粉相温度基本一致，在回旋区后部温度最高，穿过软熔带后温度急剧下降，上升至炉身上部后，降温速度变缓。固相温度与气相温度差距不大，随着焦炭从软熔带下降至回旋区，温度逐渐升高。液相的温度也在不断下降中逐渐升高。

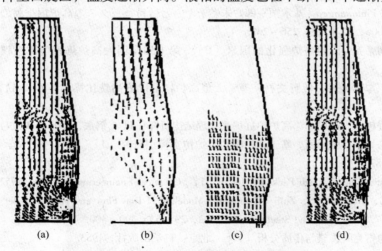

图 3 – 31　不同相态速度矢量计算结果图
（a）气相；（b）固相；（c）液相；（d）粉相

由图 3 – 31 可见，软熔带内阻损大，气相在软熔带下部受到阻碍而偏向轴线，倾斜的布料面和靠近轴线的颗粒相都利于气流沿轴线流动。粉相的流动和气流速度场基本一致，显示出强耦合性。在下部，固相呈漏斗状流向回旋区。固相拖力在炉墙和死料区表面比较明显，液相受气流影响很小。

参 考 文 献

[1] 程树森，杨天钧，左海滨，等. 长寿高炉炉缸和炉底温度场数学模型及数值模拟 [J]. 钢铁研究学报，2004，16 (1)：6～10.

[2] 于海斌，陈义胜. 软熔带对煤气流动影响的数值模拟 [J]. 包头钢铁学院院报，2006，25 (1)：1～4.

[3] 黎想，冯妍卉，张欣欣，等. 高炉内部气体流动与传热的模拟分析 [J]. 工业炉，2009，31 (2)：1～7.

[4] 项中庸，王筱留. 高炉设计——炼铁工艺设计理论与实践 [M]. 2 版. 北京：冶金工业出版社，2014.

[5] 彭兴东. 高炉软熔带数学模型的初步研究 [D]. 鞍山：鞍山科技大学，2005.

[6] 彭兴东，金永龙，张军红. 高炉软熔带数学模型的研究和应用 [J]. 鞍山科技大学学报，2004，27 (5)：332～334.

[7] 朱清天，程树森. 高炉上部煤气流调剂影响研究 [J]. 钢铁，2008，43 (2)：22～25.

[8] 梁中渝. 炼铁学 [M]. 北京：冶金工业出版社，2009.

[9] 王筱留. 钢铁冶金学（炼铁部分）[M]. 3 版. 北京：冶金工业出版社，2013.

[10] 成兰伯. 高炉炼铁工艺及计算 [M]. 北京：冶金工业出版社，1991.

[11] 陈达士. 最新高炉炼铁新工艺、新技术实用手册 [M]. 北京：冶金工业出版社，2010.

[12] 日本钢铁基础共同研究会高炉内反应分部编辑. 高炉内现象及其解析 [M]. 鞍山钢铁公司钢铁研究所，译. 北京：冶金工业出版社，1985.

[13] 徐万仁，顾祥林，李肇毅. 软熔带模型在宝钢 2 号高炉上的应用 [J]. 钢铁，2002，37 (8)：14～17.

[14] 埜上洋，S. Pintowantoro，八木顺一郎. 未燃チヤ一と微粉コ一クスの高炉内挙動の同時解析[J]. 鉄と鋼，2006，92 (12)：256～261.

[15] 项中庸，陶荣尧. 限制高炉强化的因素 [C]. 第七届全国大高炉炼铁学术会议论文集，2006，126～137.

[16] 中島龍一，岸本纯幸，飯野文吾，等. 大型高炉における高銑比操業 [J]. 鉄と鋼，1990，76 (9)：1458.

[17] 赵宏博，程树森，赵民革. 高炉炉缸炉底合理结构研究 [J]. 钢铁，2006，41 (9)：18～22.

[18] 史岩彬，陈举华，张丽丽. 基于多相流的高炉仿真模型研究 [J]. 武汉理工大学学报，2005，27 (7)：84～87.

[19] Ergun S. Fluid Flow Through Packed Columns [J]. Chemical Engineering Progress，1952，48：89～94.

[20] Panjkovic V, Truelove J S, Zulli P. Numerical Modeling of Iron Flow and Heat Transfer in Blast Furnace Hearth [J]. Ironmaking and Steelmaking，2002，29 (5)：390～400.

[21] 埃克特，德雷克. 传热与传质分析 [M]. 北京：科学出版社，1983.

[22] Ranz W E, Marshall W R. Evaporation from Drops，Parts Ⅰ [J]. Chemical Engineering Progress，1952，48 (3)：141～146.

[23] Ranz W E, Marshall W R. Evaporation from Drops，Parts Ⅱ [J]. Chemical Engineering Progress，1952，48 (4)：173～180.

[24] 郭术义，孙志强. 利用 CFX 对高炉回旋区的模拟研究 [J]. 计算机仿真，2008，25 (4)：301~304.

[25] 朱光俊. 传输原理 [M]. 北京：冶金工业出版社，2009.

[26] 熊玮，毕学工. 高炉液泛现象研究方法的分析 [J]. 钢铁研究，2002，(5)：59~62.

[27] 张俊杰. 宝钢炼铁生产工艺 [M]. 哈尔滨：黑龙江科学技术出版社，北京：冶金工业出版社，1996.

[28] 项中庸. 强化高炉冶炼的气体动力学研究 [J]. 钢铁技术，2008，(5)：6~18.

铁水预处理过程的传输现象

铁水预处理是 20 世纪 50 年代以来迅速发展起来的一项重要的钢铁冶炼工艺技术。人们通过实践发现，要求单一的冶金设备完成多项冶金任务是不合理的，也是不经济的。这就要求我们把各项冶金任务分散到一些专门的设备中去完成，由此诞生了铁水预处理和二次精炼。炼钢过程中的各种冶金反应，多数是在高温下进行的多相反应，通常化学反应本身进行得较快，而向反应区传递物质的速率则较缓慢。因此，各种铁水预处理技术都十分关注工艺过程中物质和能量的传递规律，以尽可能好的动力学条件来改善冶金反应速率。

4.1　铁水预处理工艺简介

铁水预处理是指铁水在兑入炼钢炉之前，为除去某些有害元素的处理过程。该过程主要是使铁水中硫、硅、磷含量降低到所要求的范围，可简化炼钢过程，提高钢的质量。铁水预处理按需要可以分别在炼铁工序、炼钢工序中进行，如在铁水沟、盛铁水的容器（铁水包、鱼雷罐）或转炉中进行。

硫是钢中有害元素之一，钢中含硫量高易引起热脆，且降低钢的强度、横向力学性能和深冲性能。由于转炉炼钢脱硫效果不好（一般脱硫率为 30% ~ 40%），人们便尝试在铁水兑入转炉前进行铁水预脱硫处理，处理工艺方法约数十种之多。目前常用的方法有喷吹法和 KR 搅拌法。继铁水预脱硫之后，为适应冶炼纯净钢（特别是低磷钢和超低磷钢）的需要，人们尝试进行铁水预脱磷。但脱磷之前必须先脱硅才能有足够的物化条件脱磷，并可减少转炉炼钢的石灰消耗和渣量。因此有了铁水"三脱"的说法。

由于铁水预处理在技术上的合理性和经济性，逐渐演变为当今用作扩大原材料来源、提高钢材质量、扩大生产品种和提高技术经济指标的必要生产手段。并随着炉外处理技术的日益成熟，铁水预处理工序已成为现代化钢铁厂的重要组成部分。

4.2　铁水预处理过程的动量传输

大量的冶金过程都是由装置内的流体流动、传热、传质、化学反应以及相变等相关现象耦合而形成的。一旦反应系确定后，研究工作就主要集中在如何设定体系中的流动、传热和传质条件以促进化学反应或其他加工过程的完成上。在众多的实际问题中，热流体流动过程起着关键的作用。例如，铁水预处理脱硫，利用机械搅拌或喷吹惰性气体强化传输，可形成快速反应的环境；在确定的热力学和化学动力学（脱硫粉剂和温度等）条件下，传输动力学（喷吹参数和包内混合等）条件直接决定着脱硫的效率。因此，为最大限度地提高脱硫效率，深入系统地研究铁水包内的动量传输现象意义重大。下面将详细分析铁水预脱硫最典型的两种工艺（KR法和喷吹法）的动量传输现象。

4.2.1 KR法脱硫过程铁水的流动

KR法是目前最成熟的铁水脱硫方法之一。如图4-1所示，KR法是将耐火材料制成的十字形搅拌器，经烘烤后浸入铁水包液面下一定深处，旋转搅动铁水，使铁水产生漩涡，然后向铁水漩涡区投入定量的脱硫剂，使脱硫剂和铁水中的硫在不断搅拌的过程中发生脱硫反应，从而达到铁水脱硫的目的。它具有脱硫效率高、脱硫剂耗量少、金属损耗低等特点。KR法也是目前国内外唯一得到推广应用的铁水机械搅拌脱硫方法，其搅拌方式是否合理在很大程度上决定了脱硫反应的效果。

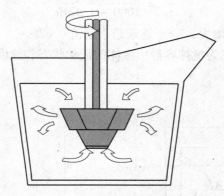

图4-1　KR法铁水预脱硫示意图

4.2.1.1　KR法搅拌流动状态

根据资料报道，搅拌 Re（雷诺数）是搅拌罐内液体流动状态的量度参数，当 $Re > 1000$ 时，液体为完全紊流的流动状态，流型为周向流叠加弱循环流，液体表面为中心部位呈回转抛物面，周围为回转双曲面的凹面（如图4-2中的曲线 $BAOAB$）。回转抛物面对应的搅拌罐中央区域为不良混合区，液体以近似于搅拌桨的角速度进行回转（强制涡流区），液体周向速度 v_r 与距搅拌轴中心的径向距离 r 成正比，与刚体运动规律相同，故又常称为固体回转部，即：

$$r \leqslant r_c , \quad v_r = r\omega \tag{4-1}$$

式中，ω 为搅拌桨旋转角速度；r_c 为固体回转部半径，这部分液体的自由表面是呈回转抛物面的等压面，即：

$$\frac{dZ}{dr} = \frac{mr\omega^2}{mg} \tag{4-2}$$

对式（4-2）积分求得液面回转抛物面方程为：

$$r \leqslant r_c , \quad Z_1 = Z_0 + \frac{\omega^2 r^2}{2g} \tag{4-3}$$

如图4-2中曲线 AOA 所示，在刚体回转部以外的区域，液体的流速与距搅拌轴中心距离 r 近似呈反比（自由涡流区），即：

$$r \geqslant r_c , \quad v_r r = 常数 \tag{4-4}$$

通过流体微分方程整理，获得自由涡流区的液面形状双曲线方程，即：

$$r \leqslant r_{\mathrm{c}}, \quad Z_2 = Z_0 + \frac{\omega^2 r_{\mathrm{c}}^2}{2g}\left(2 - \frac{r_{\mathrm{c}}^2}{r^2}\right) \tag{4-5}$$

在自由涡流区，由于周向流离心力的作用，液体产生由叶片排出的径向流，径向流遇到罐壁后改成轴向流，再返回搅拌叶，形成上下循环流动；此外，由离心力计算公式 $F = mv_r^2/r$ 可见，在自由涡流区离心力沿搅拌叶径向逐渐减小，在搅拌罐直径足够大时，远离搅拌器的液体基本不受搅拌作用。在搅拌容器壁附近，由于罐壁的黏附作用，液体周向速度急剧下降到 0。强制涡流区的回转流动半径 r_{c} 值与搅拌器叶轮半径 r_1 之比与 Re 间的关系式可近似表示为：

$$\frac{r_{\mathrm{c}}}{r_1} = \frac{Re}{1000 + 1.43Re} \tag{4-6}$$

由此可见，随着 Re 的增大，r_{c}/r_1 逐渐趋于定值 0.625。

图 4-2 和图 4-3 分别为搅拌容器中液体的流动状态和速度分布情况。

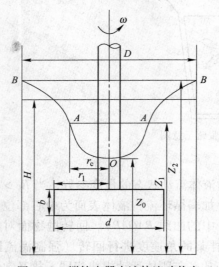 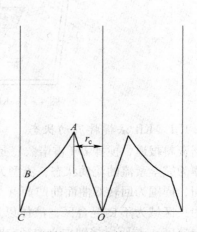

图 4-2　搅拌容器中液体流动状态　　　　　图 4-3　搅拌容器中液体流动的速度分布

根据上述分析，强制涡流区由于没有液体微元之间的相对运动，为不良混合区；在自由涡流区由于循环运动引起了液体微元之间的相对运动，起到了液体混合的作用。此外，合适的搅拌器叶轮半径与搅拌罐半径之比是决定自由涡流区循环流动的关键因素。因此，扩展自由涡流区大小、提高循环流动强度是改善 KR 搅拌脱硫混合效果的主要手段。

4.2.1.2　KR 法铁水流动研究实例

为进一步改善 KR 搅拌脱硫过程中的脱硫动力学条件，研究其传输动力学理论，大量的国内外学者普遍采用水模实验的方式模拟 KR 铁水流动特点，研究其流动特性。

水模实验第一步便是模型设计，为了保证水模实验结果能够放大到原型，要求模型与原型之间的几何相似与动力相似。对于几何相似，要求模型与原型间各对应的线性尺寸成比例。对于动力相似，根据搅拌混合理论分析，有 4 种力对搅拌混合效果影响显著，即惯性力（搅拌动力）、黏性力、重力、表面张力，由于惯性力来自搅拌器，起到促进搅拌混合的作用，而其余 3 个力则是阻碍混合，为此，习惯用惯性力与后 3 个力的比值来度量搅拌强度，即有如下 3 个特征数：

$$Re = \frac{惯性力}{黏性力} = \frac{d^2 n\rho}{\mu} \qquad (4-7)$$

$$Fr = \frac{惯性力}{重力} = \frac{n^2 d}{g} \qquad (4-8)$$

$$We = \frac{惯性力}{表面张力} = \frac{d^3 n\rho}{\sigma} \qquad (4-9)$$

式中，d 为搅拌器叶轮直径；n 为搅拌器转速。

水模实验中通常采用加入电解质示踪剂的方法进行搅拌混合效果测定，如向容器液面加入电解质，采用电导仪测量电解质在容器中均匀混合的时间，以此表示搅拌混合程度；也有采用向容器中加入轻质漂浮颗粒，通过搅拌条件下漂浮颗粒运动轨迹与分散状态的对比，判断搅拌混合效果。

通过实验测试和理论计算，人们发现在一定转速范围内，有相应的 Re 值，然而强制涡流区的回转流动半径 r_c 几乎为一常数，r_c/r_1 近似于 0.70，则搅拌桨的有效搅拌面积 $S_{效} = (1 - r_c/r_1) \times 100\% = 30\%$。也就是说传统的 KR 法搅拌有效面积较小，搅拌效果有待进一步改善。因此，大量学者利用水模实验研究了 KR 搅拌脱硫动力学条件的改善。研究发现提高转速与合适的搅拌器插入深度能够起到改善 KR 搅拌脱硫动力学条件的作用，搅拌器叶轮直径与叶片形状是影响搅拌分散混合效果的重要因素，搅拌器扩径和外凸曲面叶片具有改善搅拌混合效果的作用，脉冲搅拌工艺具有改善搅拌分散混合效果的优良性能。

4.2.2 喷吹法脱硫过程镁颗粒的运动

喷吹法是利用惰性气体（N_2 或 Ar）作为载体将脱硫粉剂经喷枪吹入铁水深处，载气同时起到搅拌铁水的作用，使喷吹气体、脱硫剂与铁水三者之间充分接触，在上浮过程中将硫除去。为了完成这一过程，要求从喷粉罐送出的气粉流均匀、稳定、喷枪出口不发生堵塞、脱硫剂粉粒有足够的速度进入铁水、在反应过程中不发生喷溅，最终取得高的脱硫率，使处理后的铁水含硫量能满足低硫钢生产的需要。图 4-4 是典型的喷吹法脱硫预处理工艺示意图。

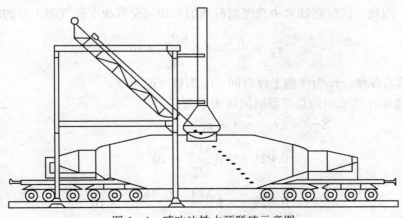

图 4-4 喷吹法铁水预脱硫示意图

在喷吹法中,利用气体作为载体输送粉剂的过程是气-固两相流动中的气动输送形式,即气流速度超过料块的自由沉降速度,使料块被气流带走。当气粉流从喷枪喷出后便形成射流,而只有足够大动能的粉剂颗粒,才能克服气-液界面能 E_t 而进入铁水,为此消耗的能量必须从粉剂颗粒的动能中获得。据 D. Apelian 等人的研究,气-液界面能为:

$$E_t = -\left(\frac{2}{3}\right)\pi d_s^2 \sigma_{Fe} \cos\theta \qquad (4-10)$$

式中, σ_{Fe} 为表面张力; d_s 为固体状态粉剂直径; θ 为入射角度。

粉剂颗粒穿透气-液界面的动能变化为:

$$\Delta E = \frac{1}{12}\pi \rho_{Mg} d_s^3 (v^2 - v_0^2) \qquad (4-11)$$

式中, v_0 为喷口速度; ρ_{Mg} 为粉剂密度。

当粉剂颗粒穿透气-液界面, $v = 0$ 时的界面条件见式(4-12):

$$d_s v_0^2 = -8\frac{\sigma_{Fe}\cos\theta}{\rho_{Mg}} \qquad (4-12)$$

以铁水中喷吹钝化镁颗粒的生产实际为例,取 $\sigma_{Fe} = 1.6N/m$, $\theta = 100°$, $\rho_{Mg} = 1738kg/m^3$,带入式(4-12)可得钝化镁颗粒的喷吹速度与颗粒直径的简便关系式:

$$d_s = 1.28v_0^{-2} \qquad (4-13)$$

由式(4-13)可见,喷吹速度是镁颗粒直径的函数,与直径成反比关系。当喷吹脱硫剂颗粒直径为 0.5mm 时,镁颗粒需要的最低喷枪出口速度为 90m/s,颗粒直径越小,所需要的喷吹速度越大,当颗粒直径小于 0.1mm 时,其所需要的临界速度难以满足,此时大量颗粒被载气带出,脱硫剂的消耗会明显增加。

另外,在所有脱硫剂中,镁脱硫剂是很特殊的一种,其特点是进入铁水后,存在熔化、汽化、溶解、上浮的过程,在该过程中镁颗粒和铁水之间可以实现气-液反应和液-液反应,但镁脱硫剂不像渣-铁之间可以进行反复持续的反应。因此,镁在铁水中的总停留时间成为影响镁脱硫效果的决定性因素,镁粒在铁水中的总停留时间包括熔化、汽化、上浮 3 个环节的时间。以铁水温度 1623K,镁粒直径 2mm 为例,浸入铁水中的固态镁粒大约经历 $2 \times 10^{-3}s$ 的时间,被铁水加热到 922K 开始熔化。经约 $9 \times 10^{-3}s$ 完全熔化后,又经约 $14 \times 10^{-2}s$ 的时间被加热到 1380K,液态镁气化,也即从固态镁直至气化的总时间不过 $2.5 \times 10^{-2}s$。因此,镁粒在铁水中总停留时间的长短完全取决于镁气泡上浮的时间,即:

$$\tau_{gf} = \frac{h}{v_g} = 9.6\frac{hP_{Mg}^{\frac{1}{6}}}{d_{Mg}^{\frac{1}{2}}} \times 10^2 \qquad (4-14)$$

式中, h 为喷吹深度; τ_{gf} 为气泡上浮时间; v_g 为镁气泡速度。

因此,镁粒在铁水中的总停留时间可表示为:

$$\Sigma\tau_t = (\tau_s + \tau_1) + \tau_{gf}$$

$$= 0.025 + 9.6\frac{hP_{Mg}^{\frac{1}{6}}}{d_{Mg}^{\frac{1}{2}}} \times 10^2$$

$$= 0.025 + 9.6\frac{h(1 + 0.7h)^{1.6}}{d_{Mg}^{\frac{1}{2}}} \times 10^2 \qquad (4-15)$$

式中，τ_s 和 τ_1 分别为固体镁的停留时间和气态镁的停留时间。

可见，镁粒在铁水中的停留时间与镁粒直径成反比，与喷吹深度成正比。因此要提高镁脱硫效果以及镁脱硫剂的利用率，就要在喷枪寿命允许和不对罐底耐材冲刷的前提下，尽可能地加大喷枪的插入深度。

4.3　铁水预处理过程的热量传输

铁水预处理环节连接着高炉生产和转炉生产环节。对于炼铁而言，为弥补铁水运输和预处理中过大的铁水温降，需提高高炉出铁温度，这不仅会加大炼铁时焦炭和喷煤的消耗，也会增加高炉废弃的气、固、液的排放；对于炼钢而言，铁水温降越大，入炉铁水温度也随之降低，将影响转炉的废钢加入量，影响炼钢的吹氧操作等。因此，研究铁水预处理环节的热量传输现象，减少铁水温降，既是炼钢工艺和铁水运输工艺的要求，也是降低炼铁和炼钢能耗的要求，同时也是钢铁业的节能降耗和节能减排的要求。

4.3.1　预处理过程的温降模型

鱼雷罐和铁水罐是现代炼钢厂转运铁水及进行铁水预处理的重要设备。大量的学者对预处理和铁水转运过程的铁水温降进行了系统的研究。其基本方法是在对铁水输送和预处理过程中的散热机理进行深入研究的基础上，根据铁水的质量和能量平衡，建立描述铁水输送过程中铁水温度变化的数学模型，然后通过计算机分析，研究各种因素对铁水温降的影响，以及减少铁水温降的可行性措施。

在高炉出铁→铁水预处理→转炉兑铁的过程中，铁水的温降主要由这几部分构成：（1）高炉出铁温降；（2）鱼雷罐衬和铁水罐衬传热温降；（3）输送和等待温降；（4）扒渣温降；（5）铁水预处理温降；（6）兑铁温降，等。其数学模型如下：

（1）罐衬传热。罐衬传热属于非稳态导热问题，为了简化计算，一般将砖衬传热模型做二维处理，即把鱼雷罐或铁水罐等效成水平圆柱体，并且忽略长度方向上的传热，其控制方程为：

$$c_p\rho\frac{\partial t}{\partial \tau} = \frac{l}{r}\frac{\partial}{\partial r}\Big[r\lambda(t)\frac{\partial t}{\partial r}\Big] + \frac{l}{r^2}\frac{\partial}{\partial \theta}\Big[\lambda(t)\frac{\partial t}{\partial \theta}\Big] \qquad (4-16)$$

式中，t 为 τ 时刻罐衬某点的温度，℃；$\lambda(t)$ 为罐衬的导热系数，W/（m·℃）；c_p 为罐衬的比热容，kJ/（kg·℃）；ρ 为罐衬的密度，kg/m³；r、θ 为柱坐标变量，分别为 m，rad。

根据鱼雷罐或铁水罐的对称性，选择鱼雷罐（铁水罐）的 1/4 作为计算区域，以鱼雷罐（铁水罐）中心为坐标原点。

（2）高炉出铁温降：

$$\frac{c_{Fe}M_{Fe}}{\tau_{tap}}\Big[\tau\frac{dt_{Fe}}{d\tau} - (t_{orig} - t_{Fe})\Big] = -Q_{tap}(\tau) \qquad (4-17)$$

式中，c_{Fe} 为铁水的比热容，kJ/（kg·℃）；M_{Fe} 为实际受铁量，kg；τ_{tap} 为出铁时间，s；τ 为时间变量，s；t_{orig} 为出铁温度，℃；t_{Fe} 为铁水在罐中 τ 时刻的温度，℃；$Q_{tap}(\tau)$ 为出铁期间铁水所损失的热流量，kJ/s。

（3）输送和等待过程温降：

$$c_{\text{Fe}} M_{\text{Fe}} \frac{dt_{\text{Fe}}}{d\tau} = -\left[q_{\text{hole}}(\tau) A_{\text{hole}} + q_{\text{out}}(\tau) A_{\text{out}} + Q_{\text{acum}}(\tau) \right] \tag{4-18}$$

式中，q_{hole}，q_{out} 分别为罐口部和外表面的散热通量，$kJ/(m^2 \cdot s)$；Q_{acum} 为罐衬的蓄热量，kJ/s；A_{hole}，A_{out} 分别为罐口部和外部的面积，m^2。

（4）扒渣温降：

$$c_{\text{Fe}} M_{\text{Fe}} \frac{dt_{\text{Fe}}}{d\tau} = -\left[q_{\text{hole}}(\tau, \delta_{\text{slag}}) A_{\text{hole}} + q_{\text{out}}(\tau) A_{\text{out}} + Q_{\text{acum}}(\tau) \right] \tag{4-19}$$

式中，δ_{slag} 为渣层厚度（其本身在扒渣过程中为时间的函数）；其余符号意义与运输过程温降模型相同。

（5）预处理温降：

$$c_{\text{Fe}} M_{\text{Fe}} \frac{dt_{\text{Fe}}}{d\tau} = -Q_{\text{ychl}} \tag{4-20}$$

式中，等号右边为预处理过程中铁水损失的总热流量，随预处理工艺不同而变化。

在单脱硫情况下有：

$$Q_{\text{ychl}} = q_{\text{out}}(\tau) A_{\text{out}} + Q_{\text{acum}}(\tau) + Q_{\text{Des}} \tag{4-21}$$

同时脱硫脱磷情况下有：

$$Q_{\text{ychl}} = q_{\text{out}}(\tau) A_{\text{out}} + Q_{\text{acum}}(\tau) + Q_{\text{Des}} + Q_{\text{DeP}} \tag{4-22}$$

式中，Q_{ychl} 为预处理过程中铁水所损失的热流量，kJ/s；Q_{Des} 为铁水预处理过程中因脱硫造成的综合热流量变化，kJ/s；Q_{DeP} 为铁水预处理过程中因脱磷造成的综合热流量变化，kJ/s；其余各项意义和确定方法均与运输过程温降模型相同。

（6）兑铁温降。兑铁过程与高炉出铁过程很相似，可以借用高炉出铁过程的铁水温降模型对其进行近似的描述。

上述方法结合相应的初始条件和边界条件，用有限元数值方法便可求得任一时刻鱼雷罐（铁水罐）罐衬的温度场和铁水平均温度。

4.3.2　铁水温降影响分析实例

根据上述传热模型，可对铁水转运及铁水预处理过程的铁水温降进行分析。吴懋林等以该法研究了宝钢320t 鱼雷罐车在铁水输送过程中的温降，发现铁水量、罐口有无加盖、罐砖衬厚度、使用次数、有无隔热层、空罐时间和重罐时间等对其有重要影响。各因素计算结果如图4-5 所示。

由此可见，随着铁水量的增加，铁水输送过程中的温降将减小，而且减小的幅度随着铁水量的增加而减缓。由于满载时有扒渣、预处理等操作工序，罐口加盖不方便，实际生产中只进行空罐加盖。空罐加盖对于下一罐铁水的温降有明显的影响，这是因为空罐加盖后减少了罐衬通过罐口的热辐射和自然对流换热，提高了罐衬的温度。随着鱼雷使用次数的增加，罐衬变薄，铁水温降逐渐变大。另外空罐时间对铁水温降也有较大影响。所以，合理调度、减少空罐时间对铁水温度的提高有实际意义。

除此之外，该环节的铁水温降还与铁水供应的不同方式密切相关，目前常见的铁水供应方式主要有：混铁炉供应铁水、鱼雷罐车供应铁水和"一罐制"三种，其各自流程如图

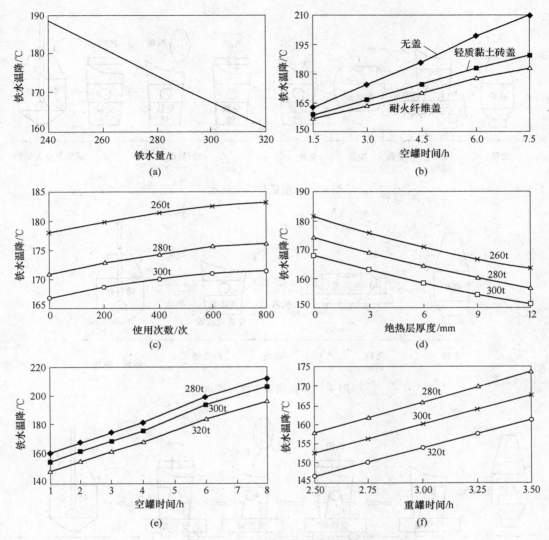

图 4-5　各因素对铁水温降的影响

（a）铁水量对铁水温降的影响；（b）空罐罐口加盖对铁水温降的影响；
（c）鱼雷罐使用次数对铁水温降的影响；（d）绝热层厚度对铁水温降的影响；
（e）空罐时间对铁水温度的影响；（f）重罐时间对铁水温降的影响

4-6~图4-8所示。其中混铁炉供应铁水流程最复杂，铁水倒入、倒出次数最多，从温降模型及现场数据可知，兑铁过程的铁水温降最大，带来大量温度损失；但由于有混铁炉，其体积庞大，保温良好，一般会暂存铁水7~8h，从而起到了很好的缓冲和均匀铁水成分及温度的作用。目前随着高炉的大型化和炼铁操作的精确化，混铁炉供应铁水已不被新建钢铁企业采纳，只有传统的中小转炉流程，如鞍钢老区、济钢等仍在采用。

鱼雷罐车供应铁水的方式比混铁炉供应要少倒一次铁水，有利于减少铁水温降，且鱼雷罐车受铁口有盖，在运输过程中热损失较小，特别是高炉距离炼钢车间较远时，用鱼雷罐车更为有利。该模式是目前传统大中型高炉→转炉流程较为普遍采用的模式，如宝钢、首钢等。

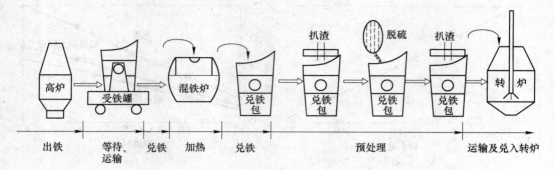

图 4-6　混铁炉供应铁水

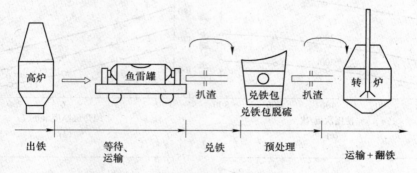

图 4-7　鱼雷罐车供应铁水

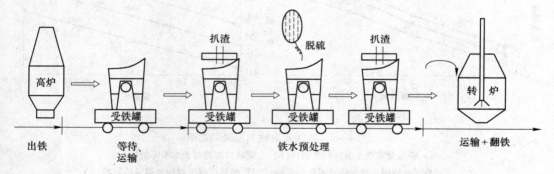

图 4-8　"一罐制"供应铁水

　　"一罐制"供应铁水的方式是在受铁罐受铁之后,不经过任何中间倒包过程直接运输到转炉跨,兑入转炉冶炼。兑铁次数最少,能最大幅度减少铁水温度损失,节能降耗,是未来界面模式的发展方向。但"一罐制"没有缓冲过程,罐体保温性能不如鱼雷罐车,因此只适用于高炉→转炉距离较近,生产组织能力较强的现代化钢铁企业,国内目前已有新钢、沙钢、莱钢、唐钢、重钢、首钢曹妃甸等采用了"一罐制"。

参 考 文 献

[1] 张宏志. 铁水预处理中镁基脱硫剂的混合行为研究 [D]. 沈阳:东北大学,2009.
[2] 欧阳德刚,朱善合,李明晖,等. KR 搅拌脱硫传输动力学水模实验研究及进展 [J]. 钢铁研究,2011,39 (5):49~53,62.

[3] 叶裕中. 模型研究 KR 法的搅拌混合特性 [J]. 钢铁研究学报, 1992, 4 (1): 23~31.

[4] 程新德, 孙江龙, 周家健, 等. KR 法铁水脱硫的流动数值模拟分析 [J]. 武汉科技大学学报, 2015, 38 (5): 330~335.

[5] 张召, 宁培峰, 李志杰, 等. KR 法脱硫转速对搅拌能及流场的影响 [J]. 河北冶金, 2015 (1): 20~24, 44.

[6] 吴懋林. 鱼雷罐铁水温降分析 [J]. 钢铁, 2002, 37 (4): 12~15.

[7] 唐鑫, 徐楚韶. 铁水温降的数学模型研究 [J]. 四川冶金, 1993 (4): 35~40.

[8] 李亚军. 钢铁企业高炉—转炉区段铁水温降研究 [D]. 沈阳: 东北大学, 2008.

5 转炉炼钢过程的传输现象

氧气转炉炼钢法是当前国内外最主要的炼钢方法，此炼钢过程主要通过向熔池铁水供氧而去除铁水中的杂质元素，通过向熔池供气来强化搅拌，从而实现快速炼钢的目的。因此，研究转炉炼钢过程的传输现象，特别是气体射流的状态以及其与熔池的相互作用对熔池内部传质和传热的影响，对于促进炼钢过程和相关反应至关重要。

5.1 转炉炼钢工艺简介

转炉炼钢工艺是以铁水、废钢、铁合金为主要原料，在转炉中通过吹氧、造渣、加合金、搅拌等手段完成包括脱碳、脱磷、脱硫、脱氧，去除有害气体和夹杂，提高温度，调整成分等任务，从而获得合格钢液的过程。转炉因其在生产过程中可按需求发生 ±360° 旋转，而被称为转炉。按其耐火材料可分为酸性和碱性，按气体吹入炉内的部位分为顶吹、底吹和顶底复吹。碱性氧气顶吹（见图 5 – 1）和顶底复吹转炉由于其生产速度快、产量大，单炉产量高、成本低、投资少，为目前使用最普遍的炼钢设备。

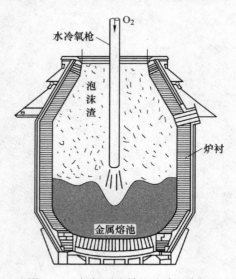

图 5 – 1　氧气顶吹转炉吹炼示意图

5.2 转炉炼钢过程的动量传输

5.2.1 顶吹供氧的射流

供氧是转炉炼钢的重要操作，在吹炼过程中起主导作用。射流的作用是向熔池输送氧气，促进熔池运动和反应，加快熔池内部的传质和传热。

5.2.1.1 射流的状态

射流的运动状态，主要研究射流的中心速度衰减和射流径向扩张变化。从氧枪喷头出口喷出的射流属于超音速紊流射流，喷头出口处的氧气密度与介质气体密度之比对氧气射流的中心速度衰减和径向扩张有强烈影响。

A 单孔喷头

（1）超音速射流结构。超音速射流的结构可分为三个区段，如图 5-2 所示。从喷嘴出口处到一定长度内，射流各点均保持出口速度不变，这一区段称为势能核心区。从势能核心区继续向前流动，由于边界上发生传动和传质，使轴线速度衰减，到某一距离，轴线上的速度降为音速。连接该点与诸面上的声速点，构成射流的超音速核心区。区域之外为亚音速区，此时流股横截面不断扩大，同时流速不断降低，即流股发生衰减现象。

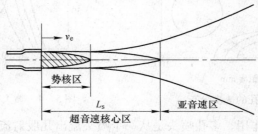

图 5-2 超音速射流的结构

（2）超音速核心区长度。超音速核心区长度可以直观描述超音速射流的速度衰减规律，是确定氧枪操作高度的依据之一。在生产中希望达到铁水液面的氧气流股具有超音速和音速射流，使其具有一定的冲击动能。

J. Laufer 根据射流在完全展开流动区紊流的动量和能量交换的假设，分析得到超音速核心区长度 L_S 与马赫数 Ma_e 的关系式为：

$$L_S = 6.8 Ma_e \rho_R^{1/2} + \frac{X_0}{d_e} \tag{5-1}$$

式中，X_0/d_e 取自 Kapner 的试验结果；ρ_R 为出口气流密度与周围介质密度之比；X_0 为经验常数；d_e 为出口直径。

吴凤林等的试验结果表明：

$$\frac{L_S}{d_e} = 19.33 Ma_e - 17.348 Ma_e^2 + 6.55 Ma_e^3 \tag{5-2}$$

蔡志鹏等人得到的超音速核心区长度与马赫数的关系式如下：

$$\frac{L_S}{d_e} = 5 + 1.878 Ma_e^{2.81} \tag{5-3}$$

一般来说，出口马赫数越大，超音速核心区长度越长，并受环境温度和出口条件（如压力）的影响。

B 多孔喷头

多孔喷头的设计思想是增大流量，分散氧流，增加流股与熔池液面的接触面积，使气体逸出均匀，吹炼更平稳。然而多孔喷头与单孔喷头的射流状态有重要差别，在总的喷出量相同的情况下，多孔喷头的速度衰减要快些，射程要短些，几股射流之间还存在相互影响。

（1）多孔喷头速度分布。多孔喷头中的单孔轴线速度衰减规律与单孔喷头的衰减规律是相似的，只是速度衰减更快些。多孔喷头的速度分布是非对称的，它受喷孔布置的影响。若喷头中心有孔时，其流股速度的最大值在氧枪中心线上；若喷头中心没有孔时，其流股速度的最大值不在中心线上，其流速分布情况如图5-3和图5-4所示。

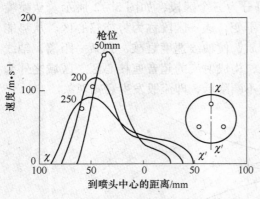

图5-3　喷头无中心孔的速度分布

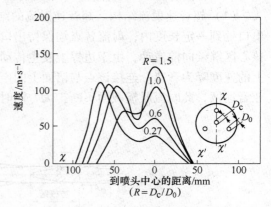

图5-4　喷头有中心孔的速度分布

（2）射流间的相互作用。多孔喷头是从一个喷头流出几股射流，而每一股射流都要从其周围吸入空气。由于各射流围成的中心区域较外围空间小得多，因而使中心区域的压力下降，介质流速增大，从而倾向于各射流互相牵引。其结果使各单独射流的特性参数变为非轴对称性，在靠近喷头中心线一侧速度明显偏高，压力明显偏低，如图5-5和图5-6所示。

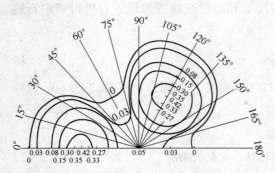

图5-5　三孔喷头射流的截面压力分布（10^5Pa）

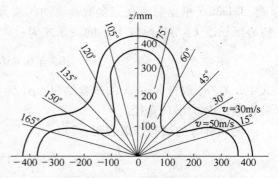

图5-6　四孔喷头射流的界面速度分布
z—某截面射流到喷头中心线的距离；v—射流流速

　　喷头上各喷孔间的距离或夹角减小，都会造成流股间相互牵引力的增加。一股射流从喷孔喷出后，有一段距离保持射流的刚性，但同时也吸入周围的介质，由于中心区域压力降低，推动了各个流股向中心靠拢。若喷孔夹角越小，流股靠拢的趋势越明显。当各个流股接触时，开始混合，这种混合从中心区边缘向各流股中发展，最后形成多流股汇合。因此为达到分散氧流的目的，喷孔之间的夹角应合适。国外研究结果表明：喷孔夹角应在15°～18°之间，这样既能保证流股有一定的冲击力，又能保护炉衬，改善冶金效果和减少喷溅。众多的研究结果表明，喷孔夹角与喷孔数有关，通常采用的是：三孔喷头夹角为9°~12°，四孔喷头夹角为12°~15°，四孔以上喷头夹角为15°~20°。

另外，增加各喷孔之间的距离与增加喷孔夹角具有同样使射流分开的作用，而且增大各喷孔之间的距离不会降低射流的冲击力。三孔喷头典型的间距为一个喷孔的出口直径（即喷头中心线与各喷孔中心线之间的距离为一个喷孔的出口直径）。

多孔喷头形成的多个流股喷出后，在行进中与周围气流掺混，横截面增大，当各流股外边界互相接触后彼此掺混，从而使流股的行进方向发生偏移，朝着喷头中心轴线一方移动。其偏移程度与喷孔夹角有关，喷孔夹角越小，偏移喷孔几何轴线越严重，如图5-7所示。

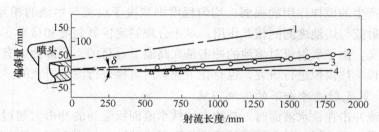

图5-7　三孔喷头某孔流股偏移情况

1—氧枪喷头轴线；2—8°流股轴线；3—9°流股轴线；
4—喷孔几何轴线；δ—流股中心线与喷孔中心线夹角

5.2.1.2　转炉炉膛内的射流特征

转炉炉膛是一个复杂的高温多相体系，喷吹入炉内的氧气射流离开喷头后，由于炉内周围环境的变化，射流的性质也发生了很大的变化。开吹时，射流与熔池之间的炉内空间充满了热气体，主要是熔池内排出的CO和空气所组成。吹炼中期，形成泡沫渣，氧枪淹没在熔渣中吹炼。因此，炉膛内的氧气射流与静止条件下的自由射流存在很大的差异，它是一种具有反向流（CO气流）的、非等温的、超音速的、轴对称的紊流射流。

氧气顶吹转炉炉膛内的氧气射流特征大致如下：

（1）在超音速射流的边界层里，除了发生氧与周围介质之间的传质和传动外，还要抽引炉膛内的烟尘、渣滴和金属滴，有时还会受到炉内喷溅的影响，使射流的流速降低并减小其扩张角。

（2）转炉内存在着自下而上流动的以CO为主的反向流，它会使氧射流的衰减加快，这种影响在强烈脱碳期最大，而以一次反应区的阻碍作用最强。

（3）氧射流自喷嘴喷出时温度很低，而周围介质温度则高达1600℃甚至更高，在两者发生传质的过程中，射流被加热。同时，进入射流中的CO和金属滴在射流中要燃烧放热，使射流黑度增大，接受更多的辐射热。氧气射流因被加热而膨胀，使射程和扩张角增大。

（4）氧枪出口处的氧气射流，其密度显著大于周围介质的密度，从而使射流的射程增大。这种密度差将随远离喷孔而迅速减小。

（5）采用多孔喷头时，射流截面及射流与介质的接触面积增大，传输过程加剧，在总喷出量一定时，与单孔喷头相比，速度衰减和动能衰减都较快，射程较短。另外，每股射流内侧与介质之间的传输过程弱于外侧，因而内侧的衰减较慢，射流横截面上的速度分布不均匀，内侧速度偏高，射流轴心速度相应内移。

综上所述，氧气射流在转炉炉膛内的流动规律与自由射流既有相同的地方，也有重要的不同。目前还无法定量描述各种因素对射流性质的影响。因此，对氧气转炉内的氧射流的特点和规律还有待做进一步的探讨。

5.2.2　顶吹氧射流与熔池的相互作用

在氧气转炉炼钢过程中，氧气射流通过高温炉气冲击在熔池表面或穿入熔池，引起熔池运动，起机械搅拌作用。搅拌作用强且均匀，则化学反应快，冶炼过程平稳，冶炼效率高。而射流所产生的搅拌作用的强弱、均匀程度则取决于射流与熔池的相互作用的情况。所以研究氧气射流与熔池之间的相互作用，对于合理制定供氧制度和指导实际生产冶炼具有很重要的意义。由于氧射流对熔池的冲击是在高温下进行的，实际测定有不少困难，目前通常用冷模拟、热模拟进行研究，也有在工业炉内直接进行测定研究的。

5.2.2.1　氧气射流冲击下的熔池凹坑

当氧气射流冲击在铁水液面时，被冲击的铁水液面所受到的冲击力超过了冲击区以外熔池表面所承受的压力时，就会把金属液排开而形成凹坑，如图 5 - 8。凹坑的形状和深度取决于氧气射流到达液面时的界面形状和速度分布，而与液面相遇的射流参数不仅取决于射流的衰减规律，还与射流的出口直径、氧枪高低等有关。

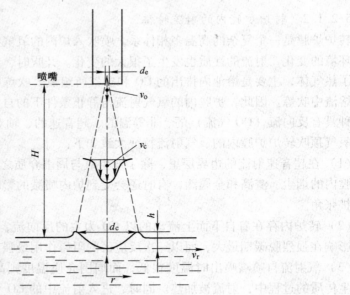

图 5 - 8　氧气射流与凹坑形状

H—枪位；d_e—出口直径；v_o—出口速度；v_c—中心速度；
d_c—凹坑直径；h—凹坑深度；v_r—水平速度分量

（1）冲击深度。氧射流对熔池的冲击深度又称穿透深度。它是指从水平液面到凹坑最低点的距离。冲击深度是凹坑的重要标志，也是确定转炉装入量和操作工艺的重要依据。
国内外不少冶金工作者，根据冷、热模型的研究结果，得出了许多计算氧气射流冲击深度的经验公式，其中 Fllin 公式应用得比较广泛，它主要用来计算单孔氧枪对熔池的冲击深度：

$$h = 346.7 \frac{p_0 d_t}{\sqrt{H}} + 3.81 \qquad (5-4)$$

式中，h 为冲击深度，cm；p_0 为滞止氧压，MPa；d_t 为喷头喉口直径，cm；H 为枪位，cm。

对于多孔喷头，式（5-4）应作相应修正。

（2）凹坑表面积。在冶炼过程中，一般把氧气射流与熔池接触时的流股截面积称为冲击面积，但这个冲击面积并不是氧射流与金属液真正接触的面积，能较好代表氧射流与金属液接触面积的应是凹坑表面积。凹坑的形状和大小在吹炼过程中的变化是无规律的，凹坑表面积的计算比较困难，目前尚无精确计算公式。

影响冲击面积的主要因素是操作枪位和滞止压力，而炉气温度对凹坑形状也有影响，如图 5-9 所示。可见随着炉气温度的增加，凹坑冲击深度有所增加。

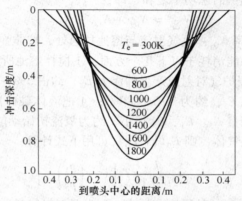

图 5-9　炉气温度 T_e 对凹坑形状的影响

（$p_0 = 0.8$ MPa；$H = 1.6$ m；$d_t = 5$ cm）

（3）冲击区的温度。氧气射流作用下的金属熔池冲击区即凹坑区，也称火点区，是熔池中温度最高区，其温度可达 2200~2600℃，界面处的温度梯度高达 200℃/mm。冲击区的温度决定于氧化反应放出热量的多少以及因熔池搅动而引起的传热速度。供氧增加，元素氧化放热增多，冲击区温度升高；加强脱碳和增强熔池搅拌，使热交换过程加速，冲击区温度降低。在吹炼过程中，熔池中的温度分布是很不均匀的。特别是在吹炼后期，靠近炉壁及炉底的钢液温度比熔池中部低 30~100℃。

5.2.2.2　熔池的运动

在氧气射流的作用下，熔池将受到搅拌，产生上涨、飞溅、环流和振荡等几种运动，氧射流和液面相遇时的射流参数不同，熔池的运动状态也不同。图 5-10 为使用单孔喷枪和多孔喷枪时熔池的运动情况。

（1）熔池搅拌的能量。在氧气顶吹转炉中，引起熔池运动的能量主要有以下几种：一种是氧射流的动能直接传给熔池；另一种是在氧射流作用下发生的碳氧反应生成的 CO 气泡提供的浮力；还有一种是由于温度差和浓度差引起的少量对流运动。因此，熔池搅拌运

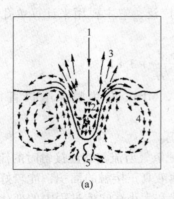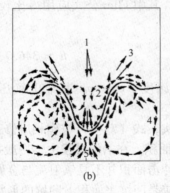

(a)   (b)

图 5 - 10   使用不同喷枪时的熔池运动情况
(a) 单孔喷枪；(b) 多孔喷枪
1—氧射流；2—氧流流股；3—喷溅；4—钢水的运动；5—停滞区

动的总功率是这些能量提供的总功率之和，即：

$$N_{\Sigma} = N_{O_2} + N_{CO} + N_{T \cdot C} \tag{5-5}$$

1）氧射流提供的功率 N_{O_2}：氧气射流与熔池相遇处，按非弹性体的碰撞进行研究。在一般情况下，氧射流的动能消耗于以下几个方面：①搅拌熔池所消耗的能量 E_1，约为初始动能的 20% 左右；②克服炉气对射流产生的浮力 E_2，约占 5% ~ 10%；③射流冲击液体时非刚性碰撞时的能量消耗 E_3，约为 70% ~ 80%；④把液体破碎成液滴时的表面生成能量 E_4；⑤供给反射流股的能量 E_5。E_4、E_5 很小，约为氧流初始动能 E_0 的 3%。

假定把氧气看成理想气体，则 E_0（kJ/kg）可用下式计算：

$$E_0 = \frac{k}{k-1} RT_0 \Big[1 - \Big(\frac{p_1}{p_0} \Big)^{\frac{k-1}{k}} \Big] \tag{5-6}$$

式中，T_0、p_0 分别为氧气进口处的温度和压力；R 为氧气气体常数，$0.26 kJ/(kg \cdot K)$；p_1 为氧气出口处的压力；k 为氧气绝热指数，取 1.4。

由于氧气射流用于搅拌熔池的能量只有初始动能的 20%，故 N_{O_2}（kW/t）计算式为：

$$N_{O_2} = 0.2 E_0 W_{O_2} \tag{5-7}$$

式中，W_{O_2} 为每吨金属消耗的氧的质量流量，$kg/(s \cdot t)$。

2）CO 气泡提供的搅拌功率 N_{CO}：氧射流进入熔池将发生碳氧反应产生大量 CO 气泡。一般认为，CO 气泡搅拌熔池的能量等于气泡上浮过程中浮力所做的膨胀功，可用下式计算：

$$N_{CO} = \big[p_e V T \ln(1 + h' \rho_m / p_0) \big] / 273 \tag{5-8}$$

式中，V 为标态下单位时间内生成的 CO 气泡体积；T、ρ_m 分别为金属液的温度和密度；p_e 为炉内液面压力；p_0 为供氧压力；h' 为气泡生成处金属液层厚度，可近似为 $h/2$，h 为熔池深度。

有研究者通过测算和比较 N_{O_2} 与 N_{CO} 后指出：在顶吹氧气转炉吹炼过程中，用于熔池搅拌的能量主要来自碳氧反应产生的 CO 气体，氧射流的贡献并不大。因此，顶吹转炉的缺点是吹炼前期和末期熔池搅拌不足，熔池内成分和温度分布不均匀，因为此时产生 CO 气泡数量有限。

（2）熔池的运动形式。当氧射流动能较大，即高氧压或低枪位"硬吹"时，射流的运动情况如图5-11（a）所示。此时，射流的冲击深度大，射流的边缘部分会发生反射和液体的飞溅，射流的主要部分则深深地穿透在熔池中。在这种情况下，射流卷吸周围的液体，并把它破碎成小液滴，小液滴被氧射流带动向下运动，射流里的氧和能量传给小液滴，小液滴在熔池里运动成为氧和能量的传递者。射流在穿透熔池的运动中，虽然大部分气体溶于液体，但仍有部分气体被液体反作用力破碎成气泡，这些被氧化的液滴和气泡继续向下运动，参与熔池的循环运动。研究表明，在氧枪下面的射流中心区液体向下运动，射流产生的凹坑周围由于气泡上浮使液体向上运动，而靠近炉壁区液体向下运动，使整个熔池处于强烈的搅拌状态。

当氧射流动能较小，即吹炼前期采用低氧压或高枪位"软吹"时，射流的运动情况如图5-11（b）所示。此时，射流的冲击深度浅，射流将液面冲击成表面光滑的浅凹坑，氧流股沿着凹坑表面反射并流散开来，反射流股仅仅是以摩擦的作用引起液体的运动，熔池中靠近凹坑的液体向上运动，远离凹坑的液体向下运动，熔池搅拌不强烈。

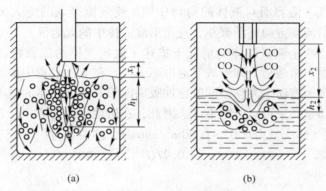

图5-11 熔池运动示意图
（a）硬吹；（b）软吹
x—枪位；h—冲击深度

5.2.2.3 枪位的确定

在实际生产中，确定合适的枪位要考虑两个因素：一要有一定的冲击面积；二在保证炉底不被损坏的条件下，有一定的冲击深度。

枪位低即"硬吹"，氧流对熔池的冲击力大，冲击深度深，氧气-熔渣-金属乳化充分，炉内的化学反应速度快，特别是脱碳速度加快，大量的CO气泡排出，熔池得到充分的搅动，同时降低了熔渣的（FeO）含量，长时间的"硬吹"炉渣容易"返干"。

枪位高即"软吹"，氧流对熔池的冲击力减小，冲击深度变浅，反射流股的数量增多，冲击面积加大，加强了对熔池液面的搅动；而熔池内部搅动减弱。脱碳速度减缓，因而熔渣中的（FeO）含量有所增加。

枪位过高或者氧压很低的吹炼，氧流的动能低到根本不能吹开熔池液面，只是从表面掠过，这叫"吊吹"。吊吹会使渣中（FeO）积聚，易产生爆发性喷溅，应严禁"吊吹"。

合理调整枪位，可以调节熔池液面和内部的搅拌作用。如果短时间内高、低枪位交替操作，还有利于消除炉液面上可能出现的"死角"，消除渣料成坨，加快成渣。

5.2.3 底吹气体对熔池的作用

氧气顶吹转炉在实际生产中最突出的问题是熔池搅拌不均匀，喷溅严重。复合吹炼法能够利用底吹气流克服顶吹氧流对熔池搅拌能力不足（特别在碳低时）的弱点，可使炉内反应接近平衡，铁损失减少；同时，又保留了顶吹法容易控制造渣过程的优点。目前，顶底复吹转炉炼钢技术在世界上得到广泛应用，近年来，我国新建的转炉车间基本都采用顶底复合吹炼转炉。

5.2.3.1 浸没式射流的行为特征

从底部喷入炉内的气体，一般属于亚音速气流。气体喷入熔池的液相内，除在喷孔处可能存在一段连续流股外，喷入的气体将形成大小不一的气泡，气泡在上浮过程中将发生分裂、聚集等情况而改变气泡的体积和数量。特克多根描述了垂直浸没式射流的特征，提出如图 5 – 12 所示的定性图案。他认为：在喷孔上方较低的区域内，由于气流对液滴的分裂作用和不稳定的气 – 液界面对液体的剪切作用，使气流带入的绝大多数动能都消耗掉了，射流中的液滴沿流动方向逐渐聚集，直至形成液体中的气泡区。

肖泽强等人在底吹小流量气体的情况下描述了底吹气体的流股特征，如图 5 – 13 所示。他认为：气流进入熔池后立即形成气泡群而上浮，在上浮过程中形成紊流扰动，全部气泡的浮力都驱动金属液向上流动，同时也抽吸周围的液体。液体的运动主要依靠气泡群的浮力，而喷吹的动量几乎可以忽略不计。因此，在熔池内垂直方向上的液体速度 v_z（m/s）与流量有关，在气体流量为 $0.05 \sim 0.30\text{m}^3/\text{min}$ 时，其关系为：

$$v_z = 0.97Q^{0.238} \tag{5-9}$$

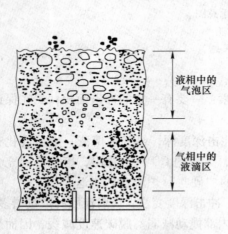

图 5 – 12 浸没式射流碎裂特征

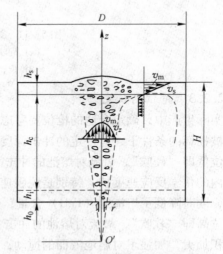

图 5 – 13 气体喷吹搅拌时的流股特征

D—熔池直径；H—距熔池底的高度；h_i—钢液初始气泡段；

h_c—中心钢液气泡段；h_s—钢渣气泡段

5.2.3.2 底吹气体对熔池的搅拌

从底部吹入溶池的气体对熔池产生搅拌作用。气体对熔池所做的功有：

（1）气体在喷嘴附近由于温度升高引起体积膨胀而做的膨胀功 W_1：

$$W_1 = \int_{V_e}^{V_1} p \mathrm{d}V = \int_{T_e}^{T_1} nR \mathrm{d}T = nR(T_1 - T_e) \tag{5-10}$$

式中　V_e，V_1——分别为出口温度和熔池温度下的气体体积；

　　　　p——出口气体压力；

　　T_e，T_1——分别为出口温度和熔池温度；

　　　　n——单位时间吹入气体摩尔数；

　　　　R——气体常数。

（2）气泡在上浮过程中所做的浮力功 W_2：

$$W_2 = \int_0^H V_g \rho_1 g \mathrm{d}h = -\int_{P_1}^{P_2} \frac{nRT_1}{p} \mathrm{d}p = nRT_1 \ln \frac{p_1}{p_2} \tag{5-11}$$

5.2.4　复合吹炼气体对熔池的搅拌

在转炉复吹供气时，顶吹氧枪承担向熔池供氧的任务，而底吹气体则发挥搅拌熔池的作用。在转炉复合吹炼中，熔池的搅拌能由顶吹和底吹气体共同提供。不同研究者得到的搅拌能计算公式略有不同，Nakanishi 等人的研究结果如下：

$$\varepsilon_T = \frac{0.0453 Q_T D v^2 \cos^2 \theta}{mH} \tag{5-12}$$

$$\varepsilon_B = \frac{28.5 T Q_B}{m} \lg\left(1 + \frac{h}{1.48}\right) \tag{5-13}$$

综合考虑供氧后生成的 CO 气体引起的体积增加，故复合吹炼时引入系数 2，即：

$$\varepsilon_{TB} = 2(\varepsilon_T + \varepsilon_B) \tag{5-14}$$

式中　ε_T，ε_B，ε_{TB}——分别为顶吹、底吹和复合吹炼的搅拌能，W/t；

　　Q_T，Q_B——顶吹和底吹的气体流量，$\mathrm{m^3/min}$；

　　　　m——熔池液体质量，t；

　　　　h——熔池深度，m；

　　D，H——氧枪喷孔直径和氧枪高度，m；

　　　　θ——氧枪喷孔夹角，（°）；

　　　　v——氧枪喷头出口处的氧气流速，m/s；

　　　　T——熔池温度，K。

Tomokatsu 等人的研究认为，顶吹气体提供的能量一部分消耗于熔池液面变形和喷溅等，而用于搅拌熔池的能量只有顶吹能量的 10%。其计算公式为：

$$\varepsilon_T = \frac{0.623 \times 10^{-5} Q_T^3 M \cos \theta}{V n^2 d^3 H} \tag{5-15}$$

$$\varepsilon_B = \frac{6.18 Q_B T}{V} \left[\ln\left(1 + \frac{\rho h}{p \times 10^{-5}}\right) + \left(1 - \frac{T_g}{T}\right)\right] \tag{5-16}$$

$$\varepsilon_{BT} = 0.1 \varepsilon_T + \varepsilon_B \tag{5-17}$$

式中　ε_T，ε_B，ε_{BT}——分别为顶吹、底吹和复合吹炼的搅拌能，$\mathrm{W/m^3}$；

　　　　M——气体的摩尔质量；

V——熔池内液体体积，m^3；

n，d——氧枪的喷孔数和喷孔直径，m；

p——氧气压力，Pa；

T_g——氧气温度，K；

ρ——熔体密度，kg/m^3。

5.3 转炉炼钢过程的热量传输

5.3.1 转炉炉体温度场

转炉由内至外分为工作层、填充层、永久层和炉壳几部分，有的还有绝热层等。转炉正常冶炼时内部温度为1600℃左右，热量通过工作层、填充层、永久层传递到炉壳上，形成炉体温度场。炉体温度场分布对炉壳的蠕变变形和使用寿命影响很大。通常在一个炉役期，炉壳的温度变化过程大体上可以分为开炉时的加热烘炉的升温和进入正常冶炼后的稳定两个阶段。

新的炉衬砌筑完成后，在正常冶炼之前必须进行加热烘炉，使耐火砖之间紧密烧结后形成一个整体方可用于冶炼。烘炉是按照一定的加热升温制度进行的。由于炉体内部的温度不断上升变化，所以在加热烘炉过程中，转炉炉体的温度变化是一个瞬时传热过程。值得注意的是，如果烘炉升温曲线选择不当，则会在炉身内形成较大的温度梯度，这样较容易在炉衬内部形成过大的热应力，致使冶炼时炉衬早期剥落和开裂。烘炉结束，炼钢生产开始后炉壳温度逐渐升高，约经过 80~120h 的生产，炉衬温度分布趋于稳定。转炉在正常工作时的一个冶炼周期通常约为 50min，每一炉可分为四个工况，即空炉、装铁水和废钢、吹炼、出钢。其中空炉占 10min，装铁水和废钢占 15min，吹炼占 20min，出钢占 5min，如图 5-14 所示。

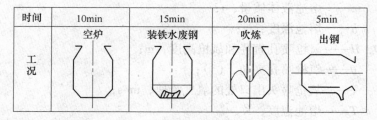

时间	10min	15min	20min	5min
工况	空炉	装铁水废钢	吹炼	出钢

图 5-14 每炉的作业工况

在冶炼过程中，炉膛内部温度会因炉料的有无等因素有所变化，但由于这些操作持续时间短，炉体热惯性大。因此对于炉衬和炉壳的温度水平都不会造成太大影响，炉衬和炉壳的温度波动变化很小，对应炉体的温度场可以看作是稳定的。因此，在冶炼过程中，基本可以认为炉体是个稳态温度场。

要对转炉炉体进行温度场分析，必须先建立数学模型，为此做以下假设：（1）转炉炉体沿圆周方向的传热可忽略；（2）炉衬砖之间及炉衬砖与炉壳之间的接触热阻可忽略不计；（3）砖缝对传热的影响可以忽略；（4）转炉吹炼过程中，工作层炉衬热面温度等于炉内钢水温度。

根据以上假设，转炉炉体传热问题可简化为二维问题，其稳态导热微分方程为：

$$\frac{1}{r} \cdot \frac{\partial}{\partial r}\left[r\lambda(t)\frac{\partial t}{\partial r}\right] + \frac{\partial}{\partial z}\left[\lambda(t)\frac{\partial t}{\partial z}\right] = 0 \tag{5-18}$$

图 5-15 为转炉结构示意图。在工作层热面 S_1 处，取第一类边界条件，炉壳外表面 S_2 处取第三类边界条件。边界条件的数学描述如下：

$$S_1 处, \qquad\qquad t = t_s \tag{5-19}$$

$$S_2 处, \qquad -\lambda(t)\frac{\partial t}{\partial n} = \alpha_c(t - t_f) + \alpha_r(t - t_f) \tag{5-20}$$

$$r = 0, \frac{\partial t}{\partial r} = 0 \tag{5-21}$$

$$z = H, -\lambda(t)\frac{\partial t}{\partial n} = \alpha_c(t - t_f) + \alpha_r(t - t_f) \tag{5-22}$$

式中，r、z 为空间坐标，m；t 为温度，℃；$\lambda(t)$ 是导热系数，W/(m·℃)；t_s 和 t_f 分别为钢水温度和环境温度，℃；α_c 和 α_r 分别为对流和辐射换热系数，W/(m²·℃)；H 为模型总高度，m；n 为表面法线方向。

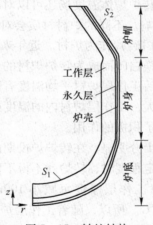

图 5-15 转炉结构

5.3.2 转炉炉体温度场分布实例

可利用有限元法对上述模型进行求解，得到炉体温度场分布。并可以此分析转炉生产全过程的温度分布及变化规律。温度场分析对转炉的某些工艺参数有着决定性作用，可以推算出工作层的侵蚀程度，从而决定是否需要喷补和停炉；可以计算停炉冶炼后，空炉的冷却时间，以决定最佳的换衬时间，可以为改善炉壳受热变形现象提供理论依据，等等。因此其对于指导转炉设计和现场生产都有着重大的意义。

汪顺兴等模拟了宝钢 300t 转炉炉体温度场的分布。结果表明（见图 5-16）：球形炉底的温度范围在 278～335℃ 之间，是整个炉壳温度最低的部分。在炉底和下炉锥的过渡处，由于几何形状的过渡，该处的温度也有一个突变，炉壳温度分布曲线出现较大的斜率。炉身中间由于托圈的存在，对炉壳的散热起到阻止作用，外表面温度最高可以达到 425℃，最上端由于大法兰所具有的散热效果，温度又有所降低。另外炉壳内外表面的温度差也随着炉壳的不同部位而发生变化。其中，炉底中间部位和炉身中部内外表面的温度差较大。温度差是造成和产生炉壳温度应力的因素，因此，在可能的情况下，要使炉壳温度均匀，温度差值要小。

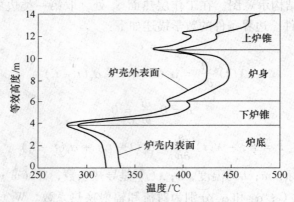

图 5-16 炉壳内外表面温度沿等效高度分布

除此之外，通过计算和模拟转炉炉体温度场还可以对以下规律进行分析：

（1）炉衬对炉体温度场的影响。不同的炉衬材质会对炉体温度场产生影响，早期炼钢转炉主要采用镁质白云石砖（镁白砖）作为炉衬。近年来，由于镁碳砖抗渣性、热震稳定性和不易剥落等优点逐渐取代了镁白砖而成为转炉炉衬的主要材料。模拟改动前后的温度场分布，可以发现，采用镁碳砖后工作层炉衬平均温度有所升高，炉壳外表面温度也有所升高。但由于镁碳砖导热系数较大，工作层炉衬内的温度梯度明显减小，这对于降低炉衬的热应力，提高其使用寿命起到了积极的作用。

炉衬厚度对温度场的影响也十分明显。在转炉炉役期内随着炉龄的不断增长，工作层炉衬厚度逐渐减小，当减小到一定程度时，转炉就不得不停止生产，重新砌筑炉衬。崔宏伟等人通过模拟温度场发现炉衬工作层厚度每减小 100mm，炉衬工作层温度平均升高 40℃，炉壳表面温度平均升高 20℃。所以，随着工作层炉衬厚度的减小，转炉的工作条件逐渐恶化，炉壳所承受的热负荷不断增加。

朱光俊等人通过计算发现在炉衬中增设石棉板绝热层对于降低炉壳温度十分有利，并根据重钢 80t 转炉的实际情况，确定石棉板的厚度为 30mm 左右时，炉壳温度可控制在 360℃以下，可防止炉壳变形。

（2）钢水温度对炉壳温度的影响。近年来，随着连铸比的提高，转炉出钢温度越来越高，这对转炉炉壳温度会产生怎样的影响呢？吴懋林等人计算发现炉壳温度随钢水温度的升高而逐渐升高，但升高的幅度不大。在工作层厚度为 810mm 时，钢水温度每升高 10℃，炉壳温度平均升高 1.2℃。故钢水温度对炉壳温度的影响并不大，这主要是因为炉衬材料的导热系数随温度的升高不断降低，它对炉壳温度的影响部分抵消了钢水温度升高对炉壳温度的影响。

（3）冷却对炉体温度的影响。目前部分钢厂采用空气喷吹的方式来降低转炉炉壳表面温度，提高转炉寿命，实践证明这是一种有效的方式。在设计冷却系统时，可以根据目标炉壳温度，通过计算得到需要的换热系数，据此选择合适的冷却参数。

5.4 转炉炼钢过程的质量传输

在炼钢过程中，伴随着各种各样的冶金反应。而各反应物的传质往往是众多反应全过程的限制环节。因此转炉炼钢过程中的质量传输现象对于冶金反应的进行至关重要。

5.4.1 转炉脱碳过程的传质

要分析转炉脱碳过程的冶金机理，需建立描述转炉脱碳过程的动力学模型，并确定模型的相关参数。而模型建立的关键就在于正确计算并比较钢液中［C］和［O］的传质速度，找到转炉冶炼脱碳过程的限制环节，并通过一系列热力学计算得到进入钢液的氧在各元素间的分配比例，从而得到转炉中脱碳反应的速度方程。

转炉中发生的脱碳反应为：

$$[C] + [O] \longrightarrow (CO) \tag{5-23}$$

其反应步骤如下：

（1）从氧枪喷出的氧吸附于冲击坑气－液界面，并同钢水中的 Fe 反应，将 Fe 氧化成 FeO 和 Fe_2O_3。

（2）铁的氧化产物 Fe_2O_3 迁移到渣－金界面，同金属 Fe 发生反应生成 FeO。

（3）生成的 FeO 按分配定律部分浸入金属相，部分留在渣相，留在渣相的 FeO 参与渣－金界面反应，进入金属相的 FeO 以铁原子和氧原子形式存在。

（4）进入金属相的氧和金属中的碳向 CO 气泡－金属界面迁移。

（5）迁移到 CO 气泡－金属界面的［C］和［O］发生反应生成气态 CO。

（6）CO 气泡长大，上浮，先后通过金属相、渣相，进入炉气。

在上述所列的步骤中，包括物质在气相、熔池和渣层中的迁移现象，也包括气泡的排出以及化学反应过程，通过比较各环节的进行速度，可知物质在熔池中的迁移速度最小，即金属中［C］或［O］的迁移为脱碳反应全过程的限制环节。由于氧气射流的力学作用和熔体的流动，使转炉内的脱碳反应区域主要分为三个部分：冲击坑气－液界面、在金属中乳化的 FeO 渣滴相界面和在熔渣中乳化的金属液滴相界面。由于乳化渣滴和乳化液滴的比表面积远远大于冲击坑界面积，所以在计算反应接触面积时可以忽略冲击坑界面积的影响。

吹炼过程氧和碳的传质速度为：

$$R_{[O]} = (A_{ES} + A_{Em})k_{[O]}\rho_m(C_{[O]} - C_{[O]}^*) \tag{5-24}$$

$$R_{[C]} = (A_{ES} + A_{Em})k_{[C]}\rho_m(C_{[C]} - C_{[C]}^*) \tag{5-25}$$

式中，$R_{[i]}$ 为钢液中 i 元素的传质速度，mol/s；A_{ES} 为乳化渣滴的面积，m^2；A_{Em} 为乳化液滴的面积，m^2；$k_{[i]}$ 为钢液中 i 元素的传质系数，m/s；ρ_m 为钢液的密度，kg/m^3；$C_{[i]}$、$C_{[i]}^*$ 为 i 物质的本体浓度和界面浓度，mol/kg。

其中，熔池内［C］和［O］的传质系数可由基于渗透理论的传质系数模型计算得出，即：

$$k_{[i]} = 2\sqrt{\frac{D_{[i]}}{\pi \cdot t_e}} \tag{5-26}$$

钢液体积元与界面的平均接触时间 t_e 为 10^{-5} s，［C］和［O］在熔池中的扩散系数 $D_{[C]}$ 和 $D_{[O]}$ 分别为 2.2×10^{-8} m/s 和 1.9×10^{-8} m/s。另外，A_{ES} 和 A_{Em} 可由相界面上的相互作用力关系求得，详见参考文献［4］，此处不再赘述。由此可计算出不同条件下氧和碳的传质速度。

在吹炼初期，由于碳的浓度较高，计算可得 $R_{[O]} < R_{[C]}$ ，这时脱碳反应的限制环节为氧的传质，若想加速脱碳可强化供氧；随着吹炼的进行，碳的浓度逐渐降低，使 $R_{[O]} > R_{[C]}$ ，这时脱碳反应的限制环节转为金属中碳的传质速度，若想加速脱碳可加强搅拌以促进碳的扩散和传质。

5.4.2　金属液滴与相间传质

由于氧气射流对熔池的强烈冲击以及脱碳反应造成的熔池搅拌，使一部分铁液被击碎而弥散在熔渣之中，形成金属液滴。弥散在熔渣中的金属液滴与熔渣充分接触，大大增加了金属与熔渣的反应界面积，从而使反应速度显著提高。据资料报道，渣中金属液滴数量在炼钢过程中最高可达 $30\% \sim 40\%$。由此可见，金属液滴与熔渣之间的反应在整个钢渣反应过程中占有很大的比例。因此，研究金属液滴内的传质以及液滴与连续相间的传质对于分析金属液滴与熔渣的反应速率，对指导转炉冶炼过程都尤为重要。

5.4.2.1　液滴内的传质

当金属液滴半径比较小且不存在内循环时，液滴可视为刚性球，液滴内的传质靠分子扩散来实现。考虑一个半径为 r_0 的球形液滴，如果液滴内没有化学反应，且扩散组元在液滴内的浓度分布为球对称，则液滴内的扩散过程可以用 Fick 第二定律来描述：

$$\frac{\partial C_A}{\partial \tau} = D_m \frac{1}{r^2} \times \frac{\partial}{\partial r}\left(r^2 \frac{\partial C_A}{\partial r} \right) \tag{5-27}$$

式中，D_m 为组元 A 在液滴内的扩散系数。式（5-27）的初始条件和边界条件为：

$$\begin{cases} \tau = 0 & 0 < r < r_0 & C_A = C_{A0} \\ \tau > 0 & r = r_0 & C_A = C_{Ai} \\ \tau > 0 & r = 0 & \mathrm{d}_{C_A}/\mathrm{d}\tau = 0 \end{cases} \tag{5-28}$$

式中，C_{A0} 和 C_{Ai} 分别表示组元 A 在液滴内的初始浓度和在界面上的浓度。采用拉普拉斯变换对式（5-27）进行求解，可以得到组元 A 在液滴界面处（$r = r_0$）的浓度梯度为：

$$\left[\frac{\partial C_A}{\partial r}\right]_{r=r_0} = (C_{Ai} - C_{A0})\left[\frac{1}{r_0} + \frac{1}{\sqrt{\pi D_m \tau}}\left(1 + 2\sum_{n=1}^{\infty} e^{-(n^2 r_0^2)/D_m \tau}\right)\right] \tag{5-29}$$

于是在任一时刻 τ，液滴界面积上的传质通量为：

$$J_A = (-D_m)\left[\frac{\partial C_A}{\partial r}\right]_{r=r_0} = D_m(C_{Ai} - C_{A0})\left[\frac{1}{r_0} + \frac{1}{\sqrt{\pi D_m \tau}}\left(1 + 2\sum_{n=1}^{\infty} e^{-(n^2 r_0^2)/D_m \tau}\right)\right]$$

$$\tag{5-30}$$

相应的传质系数 k_m 为：

$$k_m = D_m\left[\frac{1}{r_0} + \frac{1}{\sqrt{\pi D_m \tau}}\left(1 + 2\sum_{n=1}^{\infty} e^{-(n^2 r_0^2)/D_m \tau}\right)\right] \tag{5-31}$$

当液滴半径很小且液滴在连续相中的停留时间较长时，式（5-31）可以简化为：

$$k_m \approx \frac{D_m}{r_0} \qquad\qquad (5-32)$$

当液滴半径较大时，在液滴中将出现紊流漩涡运动。在这种情况下计算液滴内部的传质速率时，必须同时考虑分子扩散和对流传质。如果不计液滴外连续相的传质阻力，则液滴内的传质系数可用式（5-33）进行估算：

$$k_m = \frac{0.00375 v_\infty}{1 + \mu_m/\mu_s} \qquad\qquad (5-33)$$

式中，μ_m 和 μ_s 分别为分散相（金属液滴）和连续相（渣相）的黏度。

5.4.2.2 液滴和连续相间的传质

液滴和连续相之间的传质系数与液滴的大小有关，分别讨论如下：

（1）当液滴直径很小时，可以将液滴看成刚性球体，液滴周围连续相的传质系数可用式（5-34）进行计算：

$$Sh = 2 + \beta Re^{1/2} Sc^{1/3} \qquad\qquad (5-34)$$

式中，β 为经验常数，变动于 $0.63 \sim 0.70$ 之间；Sh、Re 和 Sc 分别为连续相的舍伍德数、雷诺数和施密特数，定义如下：

$$\begin{cases} Sh = k_s d_m / D_s \\ Re = d_m v_t \rho_s / \mu_s \\ Sc = \mu_s / (\rho_s D_s) \end{cases} \qquad\qquad (5-35)$$

式中，D_s 为组元在连续相中的扩散系数；d_m 为液滴直径（$d_m = 2r_0$）。

（2）当液滴直径增大时，液滴在分散相中运动时会出现内循环，液滴的内循环会减小液滴外连续相的边界层厚度，从而使连续相的传质系数增大。此时，可采用式（5-36）估算连续相的传质系数：

$$Sh = 1.13 Pe^{1/2} = 1.13 Re^{1/2} Sc^{1/2} \qquad\qquad (5-36)$$

式中，$Pe(Pe = Re \cdot Sc)$ 为连续相的贝克来数。

5.4.3 转炉熔池传质效果分析实例

徐栋等采用冷态模型，利用示踪方法对熔池的传质效果进行了研究。根据相似原理，保证实验室模型与原型运动规律相似，必须保证模型与原型几何相似和动力学相似，且原型与模型处于同一自模化区。本实验中模型与原型的几何相似比取为 1:10。实验采用水模拟钢液，空气模拟氧气。由于熔池流动主要受气体惯性力与钢液重力的影响，因此选择修正弗劳德数 Fr' 作为定性参数。根据修正弗劳德数 Fr' 相等：

$$\frac{\rho_{g1} v_1^2}{(\rho_{11} - \rho_{g1}) g d_1} = \frac{\rho_{g2} v_2^2}{(\rho_{12} - \rho_{g2}) g d_2} \qquad\qquad (5-37)$$

模型与原型气体流量之间的关系式为：

$$q_{v_1} = \left(\frac{d_1}{d_2}\right)^{\frac{5}{2}} \left[\frac{\rho_{g1}(\rho_{11} \cdot \rho_{g1})}{\rho_{g1}(\rho_{12} \cdot \rho_{g2})}\right]^{\frac{1}{2}} q_{v_2} \qquad\qquad (5-38)$$

式中，v_1、v_2 分别为模型与原型气流速度；ρ_{g1}，ρ_{g2} 分别为模型与原型气体密度；ρ_{11}、ρ_{12} 分别为模型与原型中的液体密度；d_1、d_2 分别为模型与原型特征尺寸；g 为重力加速度；q_{v_1}、q_{v_2} 分别为模型与原型的气体流量。

根据氧枪原型，设计不同喷孔倾角的氧枪。为了研究炉型对熔池流动的影响，设计浅型熔池进行对比研究，其炉容量与原型相当。原型与模型几何参数和物性参数见表 5 - 1 和表 5 - 2。实验选用的示踪剂为 KCl，选用不同氧枪喷头、枪位和熔池形状进行实验，通过测量熔池各区域的电导率值来研究熔池局域传质和混匀效果（熔池混匀时间确定为熔池中各测点电导率值达到稳定值的 ±95% 之内时所对应的时间）。由此，可分析各因素对熔池传质、死区分布、混匀时间及熔池速度均匀性等的影响。

通过这样的实验我们可以知道：在标准熔池（径深比为 3.1）中，熔池死区主要位于熔池底部侧壁和环流中心处；浅型熔池（径深比为 5.2）中，熔池死区主要位于熔池侧壁。适当增加氧枪喷孔倾角和熔池径深比，有利于增大熔池环流半径，改善熔池内部流动，减小熔池内部死区。

表 5 - 1　原型与模型几何参数

参数	熔池直径/m	熔池深度/m	喷孔倾角/(°)	出口直径/m	枪位/m
原型	4.350	1.400	13	42.0	1.10 ~ 1.50
模型 1	0.435	0.140	13，17，20，24	4.2	0.11 ~ 0.15
模型 2	0.530	0.102	13，17，20，24	4.2	0.09 ~ 0.15

表 5 - 2　原型与模型物性参数

参数	熔池液体	熔池密度/kg·m^{-3}	顶吹气体	气体密度/kg·m^{-3}
原型	钢液	7150	氧气	1.43
模型	水	1000	空气	1.29

<h2 align="center">参 考 文 献</h2>

[1] 崔宏伟，吴懋林. 转炉炉体温度场分析 [J]. 矿冶，1999，8 (4)：41 ~ 44，35.

[2] 汪顺兴，黄纲华. 300t 转炉炉体温度场分析研究 [J]. 宝钢技术，1988 (2)：40 ~ 44.

[3] 朱光俊，杨治立，王保民，等. 中小型转炉炉壳变形的数值模拟 [J]. 北京科技大学学报，2007，29 (3)：325 ~ 328.

[4] 林东，赵成林，张贵玉，等. 复吹转炉炼钢过程脱碳模型 [J]. 钢铁研究，2006，34 (6)：12 ~ 15，24.

[5] 段丽. 150t 复吹转炉熔池传质及合适的底吹气量 [J]. 北京科技大学学报，1990，12 (6)：510 ~ 515.

[6] 潘役芳，赵宏欣，李树庆，等. 120t 复吹转炉底吹供气优化的模拟研究 [J]. 炼钢，2011，27 (4)：47 ~ 50.

[7] 刘浏，郭征，李正. 搅动熔池中的传质过程 [J]. 东北大学学报，1998，19 (增刊)：85 ~ 89.

[8] 王新华. 钢铁冶金：炼钢学 [M]. 北京：高等教育出版社，2007.

[9] 高泽平. 炼钢工艺学 [M]. 北京：冶金工业出版社，2006.

［10］魏鑫燕，朱荣，刘立德，等．100t 转炉氧枪射流的数值模拟研究［J］．炼钢，2011，27（6）：
28 ~ 30，43.

［11］张春霞，蔡志鹏，许志宏，等．转炉氧枪超音速射流速度衰减和分布参数的研究［J］．钢铁，
1995，30（9）：10 ~ 13.

［12］吴凤林．氧枪射流的一些研究结果［J］．冶金能源，1989，8（3）：47 ~ 53.

［13］徐栋，苍大强，秦丽雪，等．转炉局域传质和混匀效果［J］．北京科技大学学报，2012，34（9）：
1065 ~ 1071.

6 炉外精炼过程的传输现象

随着社会的发展和技术的进步，人们对钢材品种的需求不断扩大，对钢材产品的质量要求日益提高，普通钢种已经远远不能满足现代社会的需求，而炉外精炼作为一种扩大品种范围，提高产品质量，降低生产成本的重要手段，被世界大多数钢铁企业认可和采用。近20年来，随着洁净钢生产技术的进步、连铸技术的发展以及降低成本的要求，炉外精炼工艺和设备得到迅速普及，已成为现代炼钢工艺不可或缺的重要环节。深入了解钢水精炼过程中的传输特性，有利于充分发挥钢水精炼的作用，提高生产效率。本章拟介绍炉外精炼工艺中最典型的钢包底吹氩过程的传输现象。

6.1 炉外精炼工艺简介

所谓炉外精炼，也称为二次精炼（secondary refining），就是把常规炼钢炉（转炉、电炉）初炼的钢液倒入钢包或专用容器内，进行脱氧、脱硫、脱碳、去气、去除非金属夹杂物、调整钢液成分及温度，以达到进一步冶炼目的的炼钢工艺。炉外精炼也即将常规炼钢炉内完成的精炼任务，如杂质的去除（包括不需要的元素、气体和夹杂）、成分和温度的调整及均匀化等任务，部分或全部地移到钢包或其他容器中进行，把一步炼钢法变为二步炼钢法，即初炼加精炼。

炉外精炼可以与电炉、转炉配合，通过二次精炼，转炉和电炉失去了原有的炼钢功能。转炉主要起到铁水脱碳和提温的作用；电炉操作也只有熔氧期，主要完成熔化、升温和必要的精炼（脱磷、脱碳）。炉外精炼使钢的纯净度不断提高，可以满足连铸要求，更重要的是更容易与连铸-连轧匹配。

各种炉外精炼方法如图6-1所示。可以看出，精炼设备通常分为两类：一类是基本精炼设备，在常压下进行冶金反应，可适用于绝大多数钢种，如LF、AOD等；另一类是特种精炼设备，在真空下完成冶金反应，如RH、VD、VOD等只适用于某些特殊要求的钢种。目前广泛使用并得到公认的炉外精炼方法是LF法与RH法，一般可以将LF与RH双联使用，可以加热、真空处理，适于生产纯净钢与超纯净钢，也适于与连铸机配套。

钢的炉外精炼主要依靠加热、添加物料、真空处理和搅拌等基本操作来实现，而各种炉外精炼手段最基本的是对熔池的搅拌。对钢包内熔池进行搅拌的方式有机械搅拌、电磁搅拌和吹氩搅拌。目前，在炉外精炼反应器中，钢包底吹氩操作简单、效果好，是一种最基本的、便宜而有效的搅拌手段，它能较好地均匀钢液温度和合金化成分，消除有害气体和排除夹杂物，改善钢液质量。作为应用最广泛的几种炉外精炼方法，LF炉进行底吹氩，VD炉也是底吹氩，RH工艺也是在钢液真空处理以后需要底吹氩进行喂丝处理，AOD、VOD、CAS-OB也是需要底吹氩或侧吹氩进行搅拌。

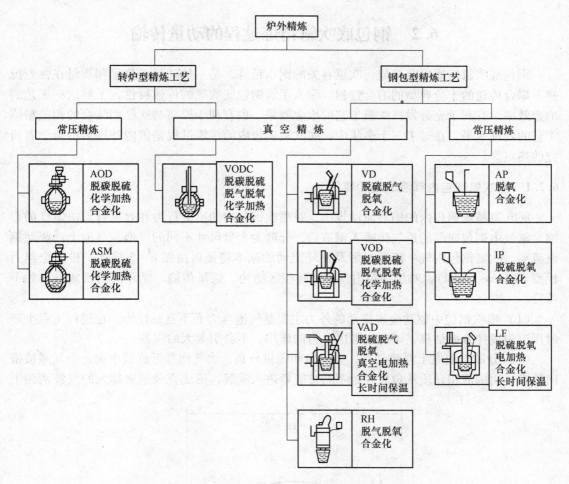

图 6-1 各种炉外精炼方法

氩气是一种惰性气体，密度为 $1.37kg/m^3$，热容为 $0.5234J/(kg \cdot K)$。吹入钢液内的氩气既不参与化学反应，也不在其内溶解。钢包底吹氩工艺的原理是，通过各种形式的透气砖将具有一定压力的氩气由钢包底部喷吹至钢液中，分散成直径几毫米到几十毫米大小不等的氩气泡。氩气泡受浮力作用向上运动，在向上运动过程中带动周围的钢液流动，氩气泡向四周分散，在钢包内形成了一个气-液两相区。当气液两相流到达液面，气液分离，气体进入大气，被驱动而涌向液面的钢水则由于惯性力的作用，在钢包顶面形成一层水平流。水平流在流动过程中速度减弱，同时受到不断上涌钢水的推动，最终在包壁附近向下流动。就这样，随着两相区不断地驱动钢水向上流动，在包内形成循环流动，达到搅拌钢液的目的，如图 6-2 所示。

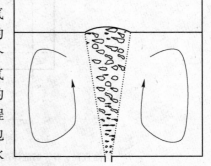

图 6-2 钢包底吹氩流场示意图

6.2　钢包底吹氩精炼过程的动量传输

钢包底吹氩精炼以及其他与吹氩有关的钢水精炼，是一种动量、热量和质量在强烈搅拌下耦合传递的十分典型的冶金过程。深入了解钢包底吹氩的传输特性，了解这一工艺的冶金效率，有利于充分发挥吹氩工艺的冶金效果，也有利于提高与吹氩相结合的相关精炼工艺的处理水平。在过去三十多年中，底吹氩钢包内的传输过程是国内外许多冶金学者研究的热点。

6.2.1　底吹氩钢包内钢液的流动特性

底吹氩精炼钢包内的钢液流动规律，对喷吹钢包内的冶金行为和效果有着决定性的影响。氩气由钢包底部的透气砖喷入钢液后，分散为大量尺寸不同的气泡，气泡上浮驱动钢液流动，吹氩钢包内气－液两相区及循环流动的基本特征可由图6－3描述。根据全浮力模型（plume model），吹氩钢包内气－液两相区结构、能量传输、循环流的形成具有如下特征：

（1）喷吹钢包中驱动金属流动的外力主要是气泡浮力而不是黏性力，在进行工程生产时用钢包搅拌效率估算，可以只考虑浮力的作用，不会引起大的误差。

（2）分散气泡做上浮运动时，呈自由和随机分布，大气泡靠近流股中央，小气泡被推向外围，周围液相介质从包底开始不断被吸卷进入流股，形成直径越来越大的气液两相上

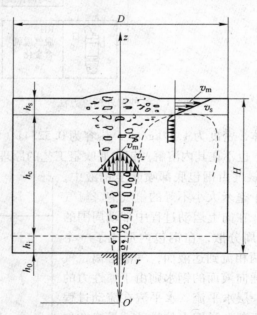

图6－3　喷吹钢包内流场结构

D—熔池直径；H—熔池深度；h_i—两相流初始气泡段；h_c—两相流中心钢液气泡段；

h_s—表面水平流层厚度；v_z—两相流上升区轴向速度；v_m—两相流中心速度；

v_s—表面水平流水平速度；r—两相流上升区半径

升流。由于气液相运动受浮力控制和对周围介质卷吸所产生的平衡作用，在轴向方向上的流动速度应该基本保持不变。此外，由于分散气泡运动和它驱动作用的分散性，气 – 液两相区内上升速度沿径向的变化应该遵守高斯分配定律，即可以用下式表达：

$$\frac{v_z}{v_{\mathrm{m}}} = \exp\left(-\frac{r^2}{b^2}\right) \tag{6-1}$$

式中，v_z 为两相流上升区轴向速度；v_{m} 为两相流中心速度；r 为两相流上升区半径；b 为气 – 液两相区在 Z 高度处表示流股半径的参数，其值与射流张角有关。

（3）当两相流到达液面，气液分离，气体进入大气，被驱动而涌向液面的钢水则由于惯性力的作用，在液面形成一个有一定直径的圆凸区，不断上涌的钢水和圆凸区高度造成的势压头，迫使钢水流向四周，在钢包顶面形成一层水平流。

由此，喷吹钢包内可大致划分为几个主要流动区域，即（1）位于透气砖上方的气 – 液两相区；（2）顶部水平流区；（3）钢包侧壁和下部的金属液流向气液区的回流区。

6.2.2 底吹氩钢包内钢液流动的数学描述

在许多炼钢车间，底吹气体的喷嘴往往布置在包底中心。此时，喷入气体引起的循环流动基本上以钢包中心轴线对称形成。但是，在生产实践中，由于设备安装、喷嘴出口变形、射流的摆动以及其他原因，在许多情况下，中心喷吹钢包内出现的也往往是三维流动。但为了简化问题的处理，许多研究者将中心喷吹按二维体系进行处理。在多数的实际操作过程中，喷嘴并不总是布置在包底中心，即使供气喷嘴为对称布置，由于系统供、散热布置和物料的添加不可能处于对称，与动量传输耦合的传质、传热过程将十分复杂，为了深入了解精炼钢包内的各种传输过程，必须对这类问题作三维研究。

6.2.2.1 基本假设

首先对钢包底吹氩过程作以下假设：

（1）气泡的浮力是钢液循环的驱动力。

（2）气 – 液两相区采用准单相模型。

（3）忽略气相与液相间的剪切力。

（4）不考虑顶部渣层影响。

（5）不考虑顶部液面波动的影响。

6.2.2.2 控制方程

钢包底吹氩时，利用连续性方程、动量传输方程（Navier – Stokes 方程，简称 N – S 方程）和紊流模型以及描述气泡流的两相区模型，建立描述底吹氩钢包内钢液三维流动的数学模型。

（1）连续性方程：

$$\frac{\partial(\rho v_x)}{\partial x} + \frac{\partial(\rho v_y)}{\partial y} + \frac{\partial(\rho v_z)}{\partial z} = 0 \tag{6-2}$$

式中，ρ 为密度；v_x 为 x 方向速度；v_y 为 y 方向速度；v_z 为 z 方向速度。

（2）动量方程：

x 方向：

$$\frac{\partial(\rho v_x v_x)}{\partial x} + \frac{\partial(\rho v_x v_y)}{\partial y} + \frac{\partial(\rho v_x v_z)}{\partial z} = -\frac{\partial p}{\partial x} + \frac{\partial}{\partial x}\Big[2\mu_{\text{eff}}\frac{\partial v_x}{\partial x}\Big] +$$
$$\frac{\partial}{\partial y}\Big[\mu_{\text{eff}}\Big(\frac{\partial v_x}{\partial y} + \frac{\partial v_y}{\partial x}\Big)\Big] + \frac{\partial}{\partial z}\Big[\mu_{\text{eff}}\Big(\frac{\partial v_x}{\partial z} + \frac{\partial v_z}{\partial x}\Big)\Big] \tag{6-3}$$

y 方向：

$$\frac{\partial(\rho v_y v_x)}{\partial x} + \frac{\partial(\rho v_y v_y)}{\partial y} + \frac{\partial(\rho v_y v_z)}{\partial z} = -\frac{\partial p}{\partial y} + \frac{\partial}{\partial y}\Big[2\mu_{\text{eff}}\frac{\partial v_y}{\partial y}\Big] +$$
$$\frac{\partial}{\partial x}\Big[\mu_{\text{eff}}\Big(\frac{\partial v_y}{\partial x} + \frac{\partial v_x}{\partial y}\Big)\Big] + \frac{\partial}{\partial z}\Big[\mu_{\text{eff}}\Big(\frac{\partial v_y}{\partial z} + \frac{\partial v_z}{\partial y}\Big)\Big] \tag{6-4}$$

z 方向：

$$\frac{\partial(\rho v_z v_x)}{\partial x} + \frac{\partial(\rho v_z v_y)}{\partial y} + \frac{\partial(\rho v_z v_z)}{\partial z} = -\frac{\partial p}{\partial z} + \frac{\partial}{\partial z}\Big[2\mu_{\text{eff}}\frac{\partial v_z}{\partial z}\Big] +$$
$$\frac{\partial}{\partial x}\Big[\mu_{\text{eff}}\Big(\frac{\partial v_z}{\partial x} + \frac{\partial v_x}{\partial z}\Big)\Big] + \frac{\partial}{\partial y}\Big[\mu_{\text{eff}}\Big(\frac{\partial v_z}{\partial y} + \frac{\partial v_y}{\partial z}\Big)\Big] + \alpha\rho_1 g \tag{6-5}$$

式中，p 为压力；ρ_1 为钢液密度；g 为重力加速度；α 为两相区的含气率，由实验关系式确定，其数学表达式为：

$$\frac{\alpha}{\alpha_{\text{max}}} = \exp[-0.7(r_{\alpha_{\text{max}}/2})^{2.4}] \tag{6-6}$$

$$\alpha_{\text{max}} = 293.77N^{-1}, \quad N > 4$$

$$\alpha_{\text{max}} = 100N^{-0.22}, \quad N \leqslant 4$$

$$r_{\alpha_{\text{max}}/2}\Big(\frac{g}{q_{V_0}^2}\Big)^{\frac{1}{5}} = 0.243\Big[\Big(\frac{gd_0^5(\rho_1 - \rho_{g0})}{q_{V_0}^2\rho_{g0}}\Big)^{0.184}\Big(\frac{z}{d_0}\Big)^{0.48}\Big]$$

$$N = \Big(\frac{gd_0^5(\rho_1 - \rho_{g0})}{q_{V_0}^2\rho_{g0}}\Big)^{0.269}\Big(\frac{z}{d_0}\Big)^{0.993}$$

式中，α 和 α_{max} 分别为两相区和中心线上含气率；r 和 $r_{\alpha_{\text{max}}/2}$ 分别为两相区径向尺寸和含气率半值半径；N 为特性参数；ρ_1 和 ρ_{g0} 分别为两相区液体密度和喷嘴处气体密度；q_{V_0} 为喷嘴出口处的气体流量；d_0 为喷嘴直径；g 为重力加速度；z 为轴向尺寸。μ_{eff} 为有效黏度，由 $k-\varepsilon$ 双方程确定，其控制方程为：

紊动能（k）方程：

$$\frac{\partial(\rho k v_x)}{\partial x} + \frac{\partial(\rho k v_y)}{\partial y} + \frac{\partial(\rho k v_z)}{\partial z} = \frac{\partial}{\partial x}\Big(\frac{\mu_{\text{eff}}}{\sigma_k}\frac{\partial k}{\partial x}\Big) + \frac{\partial}{\partial y}\Big(\frac{\mu_{\text{eff}}}{\sigma_k}\frac{\partial k}{\partial y}\Big) + \frac{\partial}{\partial z}\Big(\frac{\mu_{\text{eff}}}{\sigma_k}\frac{\partial k}{\partial z}\Big) + G_k - \rho\varepsilon \tag{6-7}$$

紊动能耗散率（ε）方程：

$$\frac{\partial(\rho\varepsilon v_x)}{\partial x} + \frac{\partial(\rho\varepsilon v_y)}{\partial y} + \frac{\partial(\rho\varepsilon v_z)}{\partial z} = \frac{\partial}{\partial x}\Big(\frac{\mu_{\text{eff}}}{\sigma_\varepsilon}\frac{\partial\varepsilon}{\partial x}\Big) + \frac{\partial}{\partial y}\Big(\frac{\mu_{\text{eff}}}{\sigma_\varepsilon}\frac{\partial\varepsilon}{\partial y}\Big) + \frac{\partial}{\partial z}\Big(\frac{\mu_{\text{eff}}}{\sigma_\varepsilon}\frac{\partial\varepsilon}{\partial z}\Big) + C_1\frac{\varepsilon}{k}G_k - C_2\frac{\rho\varepsilon^2}{k}$$
$$\tag{6-8}$$

式中，G_k 为紊动能产生项，由下式确定：

$$G_k = \mu_t\Big[2\Big(\frac{\partial v_x}{\partial x}\Big)^2 + 2\Big(\frac{\partial v_y}{\partial y}\Big)^2 + 2\Big(\frac{\partial v_z}{\partial z}\Big)^2 + \Big(\frac{\partial v_x}{\partial z} + \frac{\partial v_y}{\partial x}\Big)^2 + \Big(\frac{\partial v_x}{\partial z} + \frac{\partial v_z}{\partial x}\Big)^2 + \Big(\frac{\partial v_z}{\partial y} + \frac{\partial v_y}{\partial z}\Big)^2\Big]$$
$$\tag{6-9}$$

$$\mu_{\text{eff}} = \mu + \mu_t \qquad (6-10)$$

$$\mu_t = \rho C_\mu \frac{k^2}{\varepsilon} \qquad (6-11)$$

式中，μ 为层流黏度；μ_t 为紊流黏度；式（6-7）~式（6-11）中，C_1、C_2、C_μ、σ_k、σ_ε 为经验常数，目前普遍采用 Launder 和 Spalding 的推荐值，见表 6-1。

表 6-1 $k-\varepsilon$ 模型中使用的常数

C_1	C_2	C_μ	σ_k	σ_ε
1.44	1.92	0.09	1.0	1.3

6.2.3 底吹氩气体的搅拌力

钢包精炼法所采用的搅拌方式，有由气体上浮造成的气体搅拌、电磁力给予的搅拌以及出钢流造成的搅拌等。为了比较装置间的反应特性，尝试统一地表达搅拌的强度。搅拌强度的大小采用在单位时间内对单位质量所给予的搅拌能或者搅拌功（$\dot{\varepsilon}$）。气体搅拌功在底吹氩钢包精炼中根据下式可以进行推算：

$$\dot{\varepsilon} = \frac{6.18 q_{V_g} T_1}{M_1} \left\{ \ln\left(1 + \frac{h_0}{1.46 \times 10^{-5} p_0}\right) + \eta\left(1 - \frac{T_g}{T_1}\right) \right\} \qquad (6-12)$$

式中，$\dot{\varepsilon}$ 为搅拌功，W/t；q_{V_g} 为气体流量（标态），m^3/min；T_1 为钢水温度，K；M_1 为钢包内钢水质量，t；h_0 为气体吹入深度，m；p_0 为钢水表面压力，Pa；η 为贡献系数；T_g 为气体温度，K。

所给予的能量在多大程度上与钢水的流动状况有关，随能量供给方式、供给位置、供给速度、装置形状不同而各异。

6.3 底吹氩钢包内的质量传输

前面比较详细地介绍了喷吹钢包中的流体流动过程。这些内容对了解喷吹钢包内冶金过程进行的条件很有帮助，但还不能直接指出钢包喷吹精炼的冶金效果。因此，许多冶金工作者希望了解更直接的信息。混匀时间是各研究工作者通常用来直接表示喷吹精炼效率的一个指标。国内外从事钢包喷吹精炼研究的主要研究者都对这一参数作过研究，先后发表了有关喷吹钢包内添加物混匀时间的模型或定量分析方法。

6.3.1 底吹氩钢包内的均匀混合过程

钢包喷吹的重要冶金目的之一是温度和添加物的均匀化，而混匀时间是各研究工作者通常用来直接表示喷吹精炼效率的一个指标。实践中，掌握好混匀时间，能够了解加入合金以后，多长时间以内，可以取样分析精炼钢水的化学成分，而所取的试样成分是具有代表性的。一定量（例如计算浓度要求达到 C_i 的量）的添加物加入钢包后，当从包内任意点取样分析的浓度 C_n 都与 C_i 相等时，即 $C_n/C_i = 1$，则为理论上的完全混匀。但实际上这很难实现，工程上也没有必要去实现。在研究工作和工程应用中，皆是人为地选定一个要

求达到的 C_n/C_i 值，目前一般选定为 $C_n/C_i = 1.0 \pm 0.05$。因此，从添加物加入后，给定点采样的浓度达到 $0.95 \leqslant C_n/C_i \leqslant 1.05$ 的范围，即认为满足混合要求，所耗时间即称为混匀时间。

钢包内加入的物料在底吹氩钢包内的传输和混匀主要通过三种方式进行，即被循环流股输送（见图 6-4 中①），紊流扩散传输（见图 6-4 中②）和加入物浓度差引起的扩散传质（见图 6-4 中③）。可见，要从数学上和实验方面同时并完全描述喷吹钢包中添加物的混合和传质过程的细节，是一件并不容易的工作。

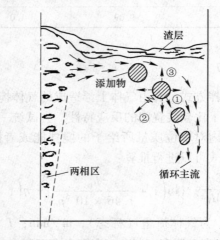

图 6-4 喷吹钢包内加入物的混匀过程示意图

6.3.2 混合过程的数理研究方法

综合文献中发表的研究结果，有关喷吹钢包内混合过程和混匀时间的研究方法主要有：

（1）利用质量和能量守恒定律，建立混匀时间与供气量或搅拌功之间的关系，再通过实验确定相关转换常数，求得计算混匀时间的半经验关系式。朱苗勇等人利用全浮力模型先计算出钢水在吹气搅拌下的循环流量和周期，然后根据下式估算混匀时间：

$$\frac{\tau_m}{\tau_c} = \ln\left(\frac{1}{\delta}\right) \tag{6-13}$$

式中，τ_m 为混匀时间，s；τ_c 为循环周期，s；δ 为要求混匀程度，%，如 ±2% 或 ±5%。

（2）利用数值模型，通过耦合动量和质量传递过程，直接获得达到所需混匀程度的时间，或者再通过数学处理整理出混匀时间与喷吹参数的定量表达式。

利用数值模拟来建立喷吹系统的混合效率计算关系，是近十年来采用越来越多的方法。采用数值分析方法时，必须将加入物在流动体系内的质量传递过程和流场的仿真计算耦合起来。如果不考虑加入物的状态及溶解过程，则数学模型中可只考虑耦合下述传质方程。

添加剂或示踪剂的浓度分布控制方程为：

$$\frac{\partial(\rho C)}{\partial \tau} + \frac{\partial(\rho v_x C)}{\partial x} + \frac{\partial(\rho v_y C)}{\partial y} + \frac{\partial(\rho v_z C)}{\partial z} = \frac{\partial}{\partial x}\left(D_{eff}\frac{\partial C}{\partial x}\right) + \frac{\partial}{\partial y}\left(D_{eff}\frac{\partial C}{\partial y}\right) + \frac{\partial}{\partial z}\left(D_{eff}\frac{\partial C}{\partial z}\right)$$

$$\tag{6-14}$$

式中，C 为添加剂或示踪剂的浓度；τ 为时间；D_{eff} 为有效扩散系数，定义为：

$$D_{eff} = \frac{\mu}{Sc} + \frac{\mu_t}{Sc_t} \qquad (6-15)$$

式中，Sc 和 Sc_t 分别为层流和紊流的施密特数。

6.3.3 均混时间的实验规律

对于钢包精炼，从均匀钢水成分温度和促进传质考虑，装置的混合特性是基本特性之一。用均匀混合时间（τ）表示混合特性，在模型实验和实际操作中测定 τ 值，求出 τ 和搅拌功（$\dot\varepsilon$）的关系，比较装置的混合特性。整理 τ 和 $\dot\varepsilon$ 的关系，见表6-2。

至于搅拌功对于均匀混合时间的影响，考虑了液体的流动状态（黏度支配，紊流扩散支配）和浓度均匀情况（对流支配，紊流扩散支配）、装置尺寸的分析结果（见表6-3）。在钢包精炼中容易发生的 C·III 区域，由于 $n=1/3$，$r+\xi=2/3$，所以 $\tau \propto \dot\varepsilon^{-1/3} L^{2/3-\xi}$。$L$ 的幂必须由实验求得。至于气体搅拌，Asai 等求出了表6-2所示的实验式。

表6-2 混匀时间相关因素的实验结果

研究者	实验式		备 注
Nakanishi, et al	$\tau = 800\dot\varepsilon^{-0.40}$		50t 气泡法，200t RH 法，65kg 水模型，50t ASEA-SKF
Lehrer	$\tau = 124\dot\varepsilon^{-0.23}$		185kg 水模型（气泡法）
Haida, et al	$\tau = 58\dot\varepsilon^{-0.31}$	(1)	35kg 水模型（气泡法）
	$\tau = 100\dot\varepsilon^{-0.42}$	(2)	(1) 无渣；(2) 有渣
Asai, et al	$\tau = \tau_{200,200} \times (D/200)^{1.36} \times (200/H)$		0.4~51.5kg 水模型（气泡法）
	$\tau_{200,200} = 72\dot\varepsilon^{-0.32}$		D——钢包直径，mm；H——熔池深度，mm
Narita, et al	$\tau = 372 \{\dot\varepsilon (M_1/\rho_1)^{-2/3}\}^{-0.21}$	(1)	11~78kg 水模型（气泡法）
	$\tau = 274\dot\varepsilon^{0.42}$	(2)	(1) 顶部加入示踪剂；(2) 喷入示踪剂

表6-3 物性值和操作变量对混匀时间的影响 $\tau \propto \dot\varepsilon^{-n} L^\gamma l^\xi \rho^\alpha \mu^\beta D^\kappa$

	流体流动受控于		
示踪剂减少过程	（I）黏性力	（II）惯性力	（III）紊流黏性力
（B）对流	$n=0.5$, $\gamma=0$ $\xi=0$, $\alpha=0$ $\beta=0.5$, $\kappa=0$	$n=1/3$, $\gamma=2/3$ $\xi=0$, $\alpha=1/3$ $\beta=0$, $\kappa=0$	$n=1/3$, $\gamma=0$ $\xi=2/3$, $\alpha=1/3$ $\beta=0$, $\kappa=0$
（C）紊流扩散		$n=1/3$, $\gamma=8/3$ $\xi=-2$, $\alpha=1/3$ $\beta=0$, $\kappa=0$	$n=1/3$, $\gamma=2$ $\xi=-4/3$, $\alpha=1/3$ $\beta=0$, $\kappa=0$

钢包精炼时，式（6-16）的分析解可以整理许多实验结果，而被广泛使用：

$$\tau = \left[\dot\varepsilon \left(\frac{M_1}{\rho_1} \right)^{-2/3} \right]^{-1/3} \qquad (6-16)$$

式中，$\dot\varepsilon$ 为搅拌功，W/t；τ 为均匀混合时间，min；M_1 为钢包内钢水质量，t；ρ_1 为钢水密度，t/m³。

　　用式（6-16）比较各种钢包精炼法的混合特性，得到如图6-5所示的结果。采用
DH法，小的搅拌功即可以得到短的均匀混合时间。气体搅拌方式与电磁搅拌方式相比，
在同一搅拌功时均匀混合时间要长。钢包内钢水的流动状况因搅拌方式而异，这是由于气
体搅拌容易产生不均匀流（停滞部分）所致。气体搅拌时，气泡周围及表面附近的流速
（破裂效果）与其他部分相比要大，所以均匀混合时间延长。

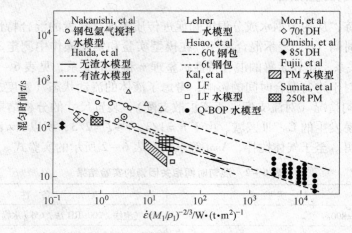

图6-5　混匀时间和 $\dot{\varepsilon}(M_1/\rho_1)^{-2/3}$ 的关系

6.4　钢包底吹氩过程传输现象实例分析

6.4.1　底吹氩钢包内动量传输现象实例分析

　　朱苗勇等对底吹氩钢包内的三维流动进行了研究，表6-4为4种研究工况，选用了
圆筒形（A，D）和圆台形（B，C）两类钢包，供数模仿真结果作验证的水力学模型试验
也选用了表6-4所列参数。

表6-4　底吹氩钢包中流动过程数学物理模拟研究的主要参数

工况	熔池深度 H/m	包底直径 D_1/m	液面直径 D_2/m	吹气量 $q_{V_0}/\mathrm{m}^3 \cdot \mathrm{s}^{-1} \times 10^{-4}$	液体密度 $\rho_1/\mathrm{kg} \cdot \mathrm{m}^{-3}$	气体密度 $\rho_\mathrm{g}/\mathrm{kg} \cdot \mathrm{m}^{-3}$
A	0.580	0.630	0.630	5.0~10.0	998.2	1.205
B	1.200	0.930	1.070	5.5	998.2	1.205
C	0.787	0.864	1.00	1.67~5.0	998.2	1.205
D	0.787	0.932	0.932	5.0	998.2	1.205

　　对建立的三维数学模型和所采用的计算方法及其结果，结合有关水模型的实验结果，
进行了对照。这些对照基本证实了底吹氩钢包内流场三维数学模型的可用性。这里列举以
下几种工况下的对比：

　　（1）圆筒形钢包纵截面流场计算值与实测值的对比（见图6-6），计算是对稳态流动
做出的。喷嘴位置布置在离中心（2/3）R 处，吹气量为 $1.0 \times 10^{-3}\mathrm{m}^3/\mathrm{s}$（见表6-4工况

A）。计算流场与模型内实测结果基本一致，差别表现在气－液两相区。在该区域内，气泡的存在及两相流的摆动，使得流体速度的测定不甚稳定。

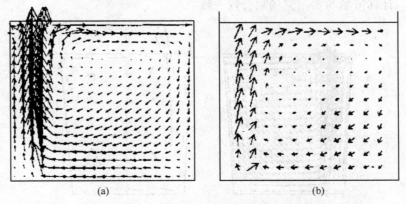

图 6－6　圆筒形钢包偏心喷吹下纵截面上计算流场和实测流场的比较
（a）计算值；（b）实测值

（2）圆筒形钢包横截面（液面和包底）流场计算值与实测值的对比（见图 6－7），可以发现计算与实测吻合较好，两者均证实熔池中有较大的可引起三维流动的角向速度产生。

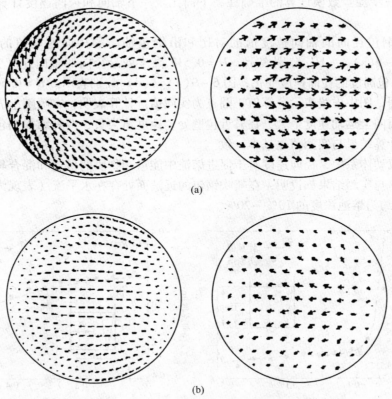

(a)

(b)

图 6－7　圆筒形钢包偏心喷吹下水平截面流场的计算值和实测值比较
（a）钢液面；（b）底面

（3）圆台形钢包纵截面流场计算值与实测值的对比（见图6-8），实际钢包的内型多为倒圆台形，气体流量为 $5.5 \times 10^{-4} m^3/s$，喷嘴布置在离钢包中心（2/3）R（见表6-4工况B）处。计算流场与实测流场吻合较一致。

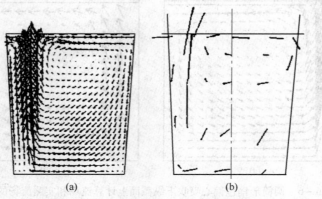

(a)　　　　　　　　　　(b)

图6-8　圆台形钢包内纵截面上计算流场与实测流场比较

（a）计算流场；（b）实测流场

从以上对比中可以看出，用所建立的三维数学模型描述钢包内的三维流场与实测结果基本相符，从宏观的循环流场看，可以较接近实况地反应喷吹钢包中的三维流动状态。为了进一步检验数模计算的准确性，下面比较一下轴向和径向速度计算值与实测值的差异。

（4）沿钢包径向的轴向速度值的对比和沿钢包轴向的径向速度值的对比（见图6-9）。图6-9(a)、（b）分别表示 $z/H = 0.517$ 高度处沿径向的轴向速度变化和 $r/R = 0.314$ 处沿钢包高度的径向速度变化；图6-9(c)、（d）分别表示 $z/H = 0.663$ 和 $r/R = 0$ 处的相同数据，图中虚线表示计算值，圆点为实测值。计算表明，在喷嘴上方的气-液两相区内，介质向上运动速度最大，在靠近包壁处，速度值为负，两种结构钢包的流动情况基本相同，计算结果与实测值也基本一致。

在三维流动体系中，径向速度对于促进熔池中能量和物质的传递和混合具有十分重要的作用。计算与实测结果都说明，在喷吹钢包的近液面处存在水平流（表现为表面径向速度），其厚度约为熔池深度的 $10\% \sim 20\%$。

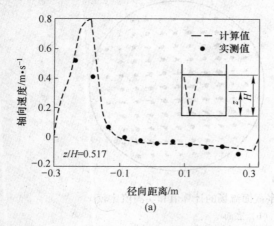

(a)

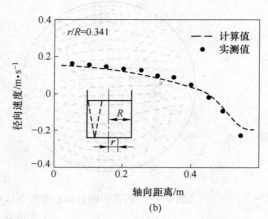

(b)

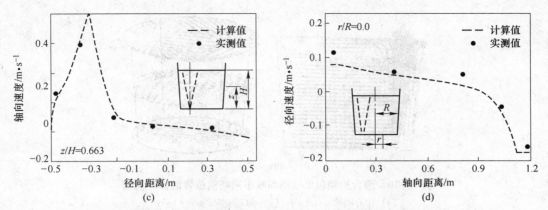

图6-9　钢包偏心喷吹时包中相关位置轴向速度和径向速度的计算值与实测值比较

(a)，(b) 圆筒形钢包；(c)，(d) 圆台形钢包

图6-10示出4个喷吹位置下圆台形钢包内的流场二维剖面和三维立体图像，吹气量均为$5.0 \times 10^{-4} \mathrm{m}^3/\mathrm{s}$。底吹喷嘴位置为$r/R = 0$，1/3，1/2，2/3。三维立体图像更清楚地显示了流体在吹气钢包内的流动情况。包内存在纵向和横向的旋回流动，喷嘴位置越靠近包壁，回旋流动越加发展，这可从图中所示的角向速度增大看出。

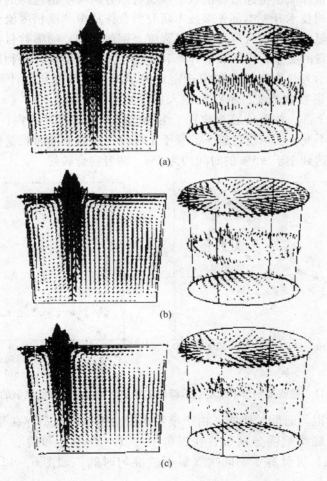

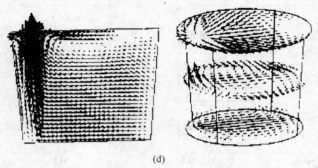

(d)

图 6 - 10 圆台形钢包单喷嘴喷吹不同喷嘴位置的计算流场

（a）中心喷吹，$r/R = 0$；（b）偏心喷吹，$r/R = 1/3$；

（c）偏心喷吹，$r/R = 1/2$；（d）偏心喷吹，$r/R = 2/3$

许多炼钢车间都采用多只喷嘴进行钢包吹氩精炼。关于多喷嘴喷吹钢包内流场的数学物理模拟研究见参考文献 [1]。

6.4.2 底吹氩钢包内混合过程实例分析

利用建立的动量和质量传递过程的数学模型可以分析喷吹钢包内的混合过程。朱苗勇在与新日本钢铁公司技术开发本部先端技术研究所合作从事"高精度流动解析仿真"项目的研究中，对底吹氩钢包中混合过程与供气强度、钢包结构、喷嘴数目和位置、示踪剂加入位置和监测点布置的关系，做了数值计算和分析，其中典型计算还利用水模型实验做了验证。图 6 - 11 所示为两次实验中包中选定点的示踪剂浓度变化的计算值和实测值的数据。两次试验底吹氩参数不变，示踪剂加入位置相同。在图 6 - 11（a）所示的测定中，示踪剂加入两相区上部，浓度传感头放置于熔池底靠壁处的主环流内；图 6 - 11（b）所示示踪剂加入位置不变，但浓度传感头放置于主环流一侧熔池液面靠壁处。实测与计算结果均表明，浓度差达到小于 ±5% 的时间约为 25s，两者吻合较好。

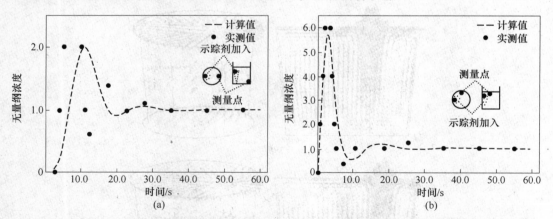

图 6 - 11 底吹氩钢包中选定点示踪剂浓度变化的计算值和实测值的比较

（1）供气量对混匀时间的影响。由于喷嘴布置对钢包内流动存在显著影响，数模分析时，选择了单孔底吹喷嘴分别布置在钢包中心（$r/R = 0$）和偏心（$r/R = 1/3$，$1/2$，$2/3$）4 个不同位置，并计算了不同吹气量下的混匀时间，如图 6 - 12 所示。在所有情况下，混匀时间随供气量的增加而减少。但是，当喷嘴布置在距包内（1/3）R 处时，混合效率最高，其混匀时间比其他偏心方式布置要短，也短于包内对称布置的喷吹方式。这是由于喷嘴在（1/3）R 处偏心布置时包内循环流动的三维特征、横向传递发展最为充分。若过于靠近包壁布置喷嘴，则循环流将受到包壁影响，局部流动不畅，混合效率反而变差。

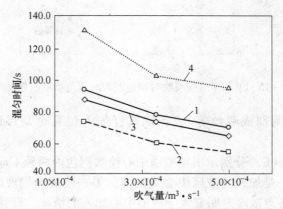

图 6-12　单喷嘴供气量与混匀时间关系的计算结果
1—$r/R=0$；2—$r/R=1/3$；3—$r/R=1/2$；4—$r/R=2/3$

　　数模计算结果也表明，多喷嘴喷吹下（见图 6-13），吹气量增加，有利于缩短混匀时间，其影响程度对不同布置方案基本相近，如图 6-14 所示。

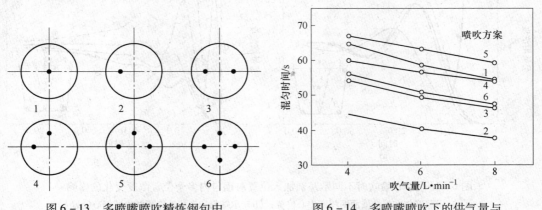

图 6-13　多喷嘴喷吹精炼钢包中喷嘴的 6 种布置方案

图 6-14　多喷嘴喷吹下的供气量与混匀时间的关系

　　（2）喷嘴布置对混匀时间的影响。图 6-15 对比分析了图 6-13 所示的 6 种不同数目和不同喷嘴布置位置的同一总气量的混匀时间。可以看出，单喷嘴偏心喷吹的混合状态最佳，具有喷吹混匀时间短，结构简单，操作维护方便等优点。因此，在炼钢车间采用底吹氩对钢包内钢水实行成分、温度均匀化处理时，建议采取单喷嘴偏心布置方案。

　　（3）示踪剂加入位置对混匀时间的影响。水模型实验中，经常发现示踪剂加入位置对混匀时间的波动有明显影响。在实际生产中，当钢包内需添加物料时（如加入脱氧

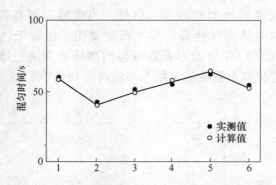

图 6 – 15　单和多喷嘴喷吹时钢包混匀时间与喷嘴布置的关系

剂、精炼剂、成分微调剂或喂丝等），正确选择加入位置也是保证精炼高效率的措施之一。

图 6 – 16（a）和（b）分别示出单喷嘴中心喷吹钢包内两种不同示踪剂加入位置在多个测点的浓度变化，一是加入气液区中心线液面，另一位置为气液区内偏中心一定距离。偏心加入示踪剂时的各点浓度差明显大于液面中心加入的情况，即偏心加入的混匀时间明显延长。这一计算表明，在生产现场，要十分注意向喷吹钢包内投入添加剂时的操作，或添加剂加入设备的布置。

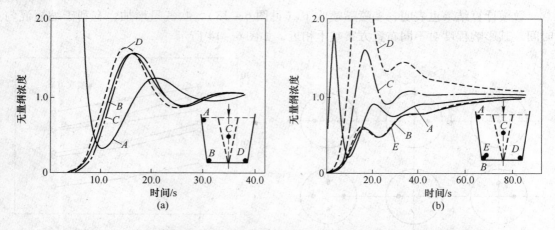

图 6 – 16　中心喷吹时不同示踪剂加入位置对钢包内多个位置浓度变化的影响
（a）示踪剂加在熔池液面两相区中心位置；（b）示踪剂加在熔池液面两相区偏心位置

图 6 – 17 所示为单喷嘴偏心布置喷嘴，3 种示踪剂加入位置下的混匀时间计算值与实测值的比较。图 6 – 18 给出了多喷嘴喷吹下示踪剂加入位置对混匀时间影响的数模计算结果。图中示出了示踪剂 3 个加入位置（见图 6 – 18 中 a, b, c），喷吹操作为图 6 – 13 所示 6 种方案，喷吹参数相同。由图可见，示踪剂加入位置对混匀时间的影响，程度最大时可以达到 100% 或更大（如图中单喷嘴中心喷吹和四喷嘴喷吹），影响程度最小也达到了 50% ～60%（如单喷嘴和双喷嘴偏心喷吹）。

（4）钢包锥度对混匀时间的影响。对比圆台形和圆筒形两种包壁结构的喷吹混匀时间，数模分析结果指出，在包底中心与离中心 $0.5R$ 间布置喷嘴喷吹，锥形钢包混匀时间略短。但当喷嘴布置在（2/3）R 处，即更靠近包壁时，同样吹气量下锥形钢包内混匀时间比垂直包壁的状态要长（见图 6-19），其原因应与流动状态不同有关。

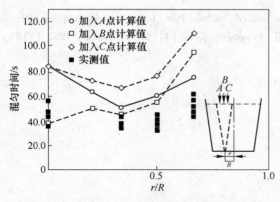

图 6-17　偏心喷吹时示踪剂不同加入
位置对混匀时间的影响

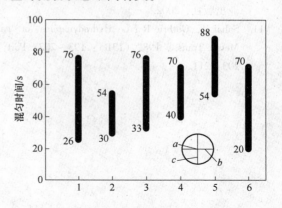

图 6-18　6 种不同喷吹方案下示踪剂加入
位置引起的混匀时间的波动

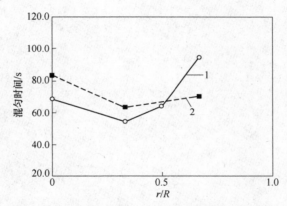

图 6-19　钢包内型锥度对混匀时间的影响（数模计算结果）
1—圆台形钢包；2—圆筒形钢包

参 考 文 献

[1] 朱苗勇，萧泽强. 钢的精炼过程数学物理模拟［M］. 北京：冶金工业出版社，1998.

[2] 朱苗勇. 冶金反应器内流动和传热过程的数学物理模拟［D］. 沈阳：东北大学，1994.

[3] 高泽平，贺道中. 炉外精炼操作与控制［M］. 北京：冶金工业出版社，2013.

[4] 刘诗薇. LF 炉钢包流场优化模拟研究［D］. 沈阳：东北大学，2009.

[5] 乐可襄，周云. CAS-OB 钢包内钢水流场和均匀混合时间［J］. 钢铁研究学报，2006，18（2）：28~30.

[6] 朱苗勇，沢田郁夫，山崎伯公，等. 先研报 93-011：Flow characteristics and mixing phenomena in steelmaking ladle with gas injection. 新日铁先端技术研究所：Sept. 2, 1993.

[7] 朱苗勇，王文仲，任子平，等. ANS-OB 钢包内钢液流动现象的数学物理模拟［J］. 钢铁，1994，29（10）：18~22.

[8] 冯磊. 包钢精炼炉（LF）钢液流动影响的数值物理模拟研究［D］. 包头：内蒙古科技大学，2009.

[9] Launder B E and Spalding D B. Mathematical Models of Turbulence [M]. London：Academic Press，1972.

[10] 梶冈博幸，著. 炉外精炼——向多品种、高质量钢大生产的挑战 [M]. 李宏，译. 北京：冶金工业出版社，2002.

[11] Sahai Y, Guthrie R I L. Hydrodynamics of gas stirred melts：Part I. Gas/liquid Coupling [J]. Metall. Trans. ，1982（13B）：193～202；Part Ⅱ. Axisymetric flows [J]. Metall. Trans. ，1982（13B）：203～211.

7 ◆ 连铸过程的传输现象

连续铸钢简称连铸，是连接炼钢和轧钢的中间环节，是现代钢铁生产的重要组成部分。连铸生产的正常与否不但影响炼钢生产任务的完成，而且影响轧材的质量和成材率。钢在这种由液态向固态的转变过程中，体系内存在有动量、热量和质量的传输过程，存在相变、外力和应力等引起的变形过程，所有这些过程均十分复杂，往往相互耦合、相互影响。了解和控制这些传输过程，为高效率、低成本生产洁净钢创造良好的条件。本章拟介绍连铸生产过程的主要设备中间包、结晶器和二冷区涉及的典型的传输现象。

7.1　连铸工艺简介

钢的连铸是钢的浇注与凝固过程，其工艺如图 7 - 1 所示。连铸过程中，将冶炼好的纯净钢液由回转台上的钢包注入中间包，再通过浸入式水口，由中间包分流注入不同的结晶器。熔融钢液在结晶器中凝固到具有一定厚度的坯壳后，从结晶器底端拉出，并以一定的速度进入二次冷却区，在二冷区中直接对已凝固的坯壳表面进行喷水（或气雾）冷却，直至完全凝固。经过矫直后，被切割成预定长度的铸坯。连铸工艺大大地简化了从钢液到钢坯的生产工艺流程，并大量地节约能耗、提高金属收得率和成材率，成为现代化钢铁生产的重要标志之一。

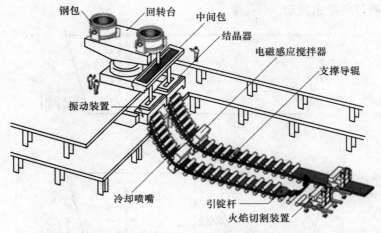

图 7 - 1　连铸工艺流程示意图

7.2　连铸中间包内的动量传输

中间包是位于钢包与结晶器之间用于钢液浇注的过渡装置。传统的中间包只起到储存、分配钢水和稳定注流的作用，主要目的是实现多炉连浇。但近二三十年来，中间包的功能已被大大扩展。因为中间包是钢液凝固前的最后一个容器，其操作必须保证满足钢液浇铸所要求的温度和洁净度。中间包内有钢液的流动、混合及夹杂物运动等过程，这些过程对铸坯质量和生产顺行有重要影响。其中，钢液的流动尤为重要，它影响中间包内钢液的分流、影响钢液散热和温度变化、影响夹杂物上浮和排除，以及影响钢液成分的均匀程度等。这些工艺过程的效率和优化操作要求对中间包内钢液的流动实施更好的控制。如果中间包内的钢液流动得不到合理控制，那么钢包精炼后的钢液质量就得不到保证，甚至会有所降低。

7.2.1 中间包内钢液流动特点

中间包是连续操作的反应器，中间包内钢液的流动特征，决定了其中物质和能量的传输过程。为了充分发挥中间包内的各种冶金功能，必须掌握中间包内钢液的流动规律。通过水力学试验测量钢液流动，并应用 CFD 软件计算中间包内的流场，可以对中间包内钢液流动的特征作一定的了解。

图 7-2 为实验室测量的中间包内钢液流场，原型为 10t 中间包，熔池深度 0.68m；有机玻璃模型尺寸为原型的 1/3。由图 7-2(a) 可知，中间包内流速的分布极不均匀。注入流区域速度很高，达 1.0m/s 以上（原型达 2.0m/s 以上）。高速射流抽引周围的液体共同向下流动，流股中心速度逐渐减小，但在到达包底时仍有较大的流速。钢流和包底相撞击后，转成水平流动，向四周散开。在注入流右侧因靠近包壁，流动距离短，带有一定动量的液体折向上方流动，形成回流。注入流前后两侧也会发生类似情况。注入流左侧则形成沿包底扩张的流动流向出口，只在包底附近流速较大，然后速度逐渐降低。接近包底处，两侧钢液向中心平面流动，在中心处被下降的钢液所抽引流出中间包。其余部位，即中间包水口上方的相当大的体积内，流速很小而且不稳定；也就是说，在中间包内下游区域，是方向性很不明显的低速流动。

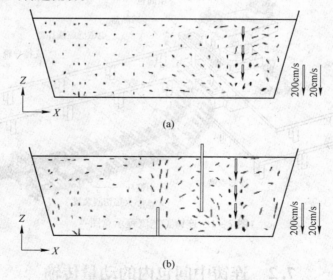

图 7-2 中间包内流场的实测值

(a) 无挡墙（流量 0.81m³/h，熔池深度 0.25m）；(b) 有挡墙（流量 0.992m³/h，熔池深度 0.25m）

图 7 - 2(b) 为设置一个挡墙和一个坝时中间包内的流场测量结果。挡墙和坝的位置可以明显地改变中间包内钢液的流动，挡墙可以阻止顶面回流，并使注流的冲击限制在较小区域内，减少渣的卷入，坝（也可称下挡墙）可以阻止钢液沿包底的流动，形成向上液流，有利于其中夹杂物的去除。钢液流过坝后，折向上方的液流重新转向出口，形成回流。

7.2.2 中间包内钢液流动的数学描述

中间包内钢液的流动，是钢液在重力作用下从钢包水口流入中间包，然后从中间包水口流出，可以看作钢包注流和钢液静压力引起的强制流动，一般可视为黏性不可压缩稳态流动，同时可以忽略化学反应的影响。描述中间包内钢液流动的方程有连续性方程、动量传输方程以及描述紊流流动的 $k - \varepsilon$ 双方程模型。

（1）连续性方程：

$$\frac{\partial v_i}{\partial x_i} = 0 \tag{7-1}$$

式中，v_i 为速度分量；x_i 为坐标方向。

（2）动量方程：

$$\rho v_j \frac{\partial v_i}{\partial x_j} = -\frac{\partial p}{\partial x_i} + \frac{\partial}{\partial x_j}\left[\mu_{\text{eff}}\left(\frac{\partial v_i}{\partial x_j} + \frac{\partial v_j}{\partial x_i}\right)\right] \tag{7-2}$$

式中，ρ 为密度；p 为压力；μ_{eff} 为有效黏度，由 Launder 和 Spalding 提出的 $k - \varepsilon$ 双方程紊流模型确定。

（3）$k - \varepsilon$ 双方程模型：

k 方程：

$$\rho v_j \frac{\partial k}{\partial x_j} = \frac{\partial}{\partial x_j}\left(\frac{\mu_{\text{eff}}}{\sigma_k} \times \frac{\partial k}{\partial x_j}\right) + G - \rho\varepsilon \tag{7-3}$$

ε 方程：

$$\rho v_j \frac{\partial \varepsilon}{\partial x_j} = \frac{\partial}{\partial x_j}\left(\frac{\mu_{\text{eff}}}{\sigma_\varepsilon} \times \frac{\partial \varepsilon}{\partial x_j}\right) + \frac{C_1 G\varepsilon - C_2\rho\varepsilon^2}{k} \tag{7-4}$$

其中

$$G = \mu_t \frac{\partial v_i}{\partial x_i}\left(\frac{\partial v_i}{\partial x_j} + \frac{\partial v_j}{\partial x_i}\right) \tag{7-5}$$

$$\mu_{\text{eff}} = \mu + \mu_t \tag{7-6}$$

$$\mu_t = \rho C_\mu \frac{k^2}{\varepsilon} \tag{7-7}$$

式中，k 为紊动能；ε 为紊动能耗散率；G 为紊动能产生项；μ 为层流黏度；μ_t 为紊流黏度。

以上方程式中的系数采用计算流体力学通常应用的数值：$C_1 = 1.43$，$C_2 = 1.93$，$C_\mu = 0.09$，$\sigma_k = 1.0$，$\sigma_\varepsilon = 1.3$。

7.2.3 中间包内钢液流动特性分析

中间包为连续式反应器，因此衡量过程的速率可以用反应物在包内的停留时间来表示。根据中间包的大小和介质的流率，不难得到理论平均停留时间 $t_{平均}$：

$$t_{平均} = \frac{V}{q_v} = \frac{M}{q_m}　　　　(7-8)$$

式中，V 为中间包内钢液的体积，m^3；M 为中间包内钢液的质量，t；q_v 为钢液的体积流率，m^3/min；q_m 为钢液的质量流率，t/min。

若中间包长 7m、宽 1m、深 1m，钢液重量为 49t，浇注 250mm×1500mm 板坯拉速为 1.5m/min，中间包钢液流量约为 4t/min。其理论平均停留时间为：

$$t_{平均} = \frac{49}{4} = 12.25min　　　　(7-9)$$

平均停留时间越长，夹杂物上浮的几率就越大。目前根据中间包容量大小不同，停留时间一般在 3~10min。

然而，组成钢液的各个物质分子（微团），在中间包内流动的路径是各不相同的，有的分子经过的路径短，而有的分子流动的路径长。因为分子的数目很大，其流动过程所需要的时间必然服从某种概率分布函数，这就是停留时间分布函数。图 7-3 为 40t 中间包内实测的停留时间分布曲线，纵坐标为流出钢液所含铜的浓度。铜作为示踪剂以脉冲方式加入到注入中间包的钢流，所以该曲线就是示踪剂浓度的响应曲线。这样其平均停留时间 $\bar{t}_c$ 应为：

$$\bar{t}_c = \frac{\int_0^\infty tc\mathrm{d}t}{\int_0^\infty c\mathrm{d}t}　　　　(7-10)$$

如果响应信号不是连续记录而是间歇取样分析的数据，$\bar{t}_c$ 的计算方法为：

$$\bar{t}_c = \frac{\sum t_i c_i \Delta t_i}{\sum c_i \Delta t_i}　　　　(7-11)$$

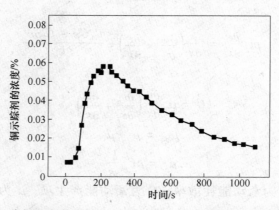

图 7-3　中间包内实测的停留时间分布曲线（梅山钢厂 40t 中间包）

停留时间分布是从工程角度分析流动特征的方法，利用刺激-响应实验可以直接测量中间包内钢液的停留时间分布（RTD，resident time distribution）曲线，从而判断其流动和混合特征。实测的中间包内钢液停留时间分布曲线后端往往出现一个长"尾巴"，长尾巴的出现表明有"死区"存在，有时死区所占的体积比例还相当大。所以这时 $t_{平均} \neq \bar{t}_c$，对这种停留时间分布曲线可以采用全混流和活塞流串联再和死区并联组合成中间包钢液流动模型。一般是活塞流区较小（也就是贯穿流时间很短），一部分是混合区（注流冲击区），大部分是不活跃的停滞区（即死区）。各流动区域所占体积计算如下：

（1）活塞流区：

$$\frac{V_p}{V} = \frac{t_p}{t_{平均}} \qquad (7-12)$$

式中，V_p 为活塞流体积；V 为中间包内钢液的体积；t_p 称为滞止时间，即中间包出口开始出现示踪剂的时间；$t_{平均}$ 为钢液在中间包内的理论平均停留时间。

（2）死区：

$$\frac{V_d}{V} = 1 - \frac{\overline{t_c}}{t_{平均}} \qquad (7-13)$$

式中，V_d 为死区体积；$\overline{t_c}$ 为钢液在中间包内的实际平均停留时间。

（3）全混流区：

$$\frac{V_m}{V} = 1 - \frac{V_p}{V} - \frac{V_d}{V} \qquad (7-14)$$

式中，V_m 为全混流区的体积。

利用停留时间分布判断死区的大小是很重要的，因为死区不利于夹杂物上浮，又增大热损失。包燕平等在中间包水模型实验中，也发现颗粒的去除率（η_p）和 t_p 成正比（见图 7-4），和死区体积成反比（见图 7-5）的趋势。

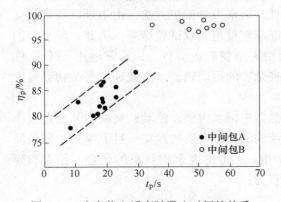

图 7-4　夹杂物上浮率随滞止时间的关系

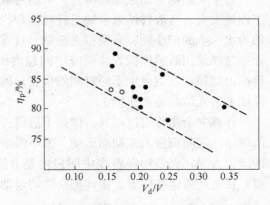

图 7-5　夹杂物上浮率与死区体积的关系

7.2.4　中间包钢液中夹杂物的运动

夹杂物通过上浮由钢液中去除，在静止的钢液中其速度服从斯托克斯（Stokes）定律。但在中间包内，钢液始终处于流动状态，夹杂物去除的规律比静止钢液复杂得多。

在中间包内，夹杂物依然可以通过上浮由钢液中排除。按常规看法，夹杂物上浮去除速度服从 Stokes 公式：

$$v = \frac{(\rho_m - \rho_s)g d_s^2}{18\mu} \qquad (7-15)$$

式中，v 为夹杂物的上浮速度，cm/s；ρ_m 为钢液的密度，kg/m^3；ρ_s 为夹杂物的密度，

kg/m^3；g 为重力加速度，m/s^2；d_s 为夹杂物的直径，μm；μ 为钢液黏度，$Pa \cdot s$。

用 Stokes 公式计算 $d_s = 100\mu m$ 的夹杂物，上浮速度 $v \approx 0.36cm/s$。从本质上来说，Stokes 公式所计算的上浮速度是颗粒在重力场中流体介质内做加速度运动时，受到介质摩擦阻力而达到的终速度，其初速度比该值还要小得多。而在中间包内，流体本身的流动速度往往比上述速度高出很多，在注入流区域平均速度达 $0.12 \sim 0.15m/s$，出口附近区域为 $0.005 \sim 0.007m/s$。所以小的夹杂物颗粒，在中间包中将跟随流动的钢液一同运动，只有大颗粒夹杂物在钢液流速较低的区域能够上浮。对 10t 中间包钢液平均停留时间的计算表明，只有粒径大于 $77\mu m$ 的夹杂上浮时间小于钢液平均停留时间，有可能上浮到熔池表面。如果考虑夹杂物同钢液流动的跟随性，除非钢液流动方向偏向上方，否则更小的夹杂物不可能上浮出来。中间包容量较大时，钢液停留时间会长一些，但是也没有根本地改变。仅仅依靠上浮运动，小颗粒夹杂物无法从钢液中除去。

在流动的钢液中，夹杂物颗粒容易碰撞而凝聚成大颗粒。液态的夹杂物凝聚成为较大液滴；固态的 Al_2O_3 夹杂和钢液间的润湿角大于 $90°$，碰撞后，能够相互黏附，在钢液静压力和高温作用下，很快烧结成珊瑚状的群落，尺寸达 $100\mu m$ 以上，甚至还要大得多。所以颗粒的碰撞凝聚是夹杂物去除的重要形式。颗粒的碰撞有四种方式：布朗碰撞、斯托克斯碰撞、速度梯度碰撞和紊流碰撞。其中紊流碰撞是夹杂物颗粒凝聚长大的重要形式。中间包流场中紊动能耗散率 ε 值大的区域，很容易发生紊流碰撞。用数学模型计算中间包流场时，可求得 ε 值分布，利用该分布可计算夹杂物碰撞长大的速率。

对于夹杂物运动规律的研究，可通过取样分析或者水力学模拟来进行。但取样分析的工作量太大，且取样结果常缺乏针对性和代表性。而水力学模拟方法，由于难以找到密度约为水一半的细小颗粒来模拟夹杂物，且难以准确定量地获取试验结果。为此，研究者们开始转向采用数值模拟方法研究中间包内钢液中夹杂物的运动行为，通常运用 CFD 软件模拟追踪颗粒在钢液中不同时刻的位置，得到夹杂物的运动轨迹，由此确定夹杂物颗粒上浮或者进入结晶器的比例。

计算夹杂物传输过程时，作如下假设：结晶器中钢水为稳态流动；夹杂物颗粒是很小的球体，它随钢液的流动而运动，但不影响钢液的流动；夹杂物颗粒一旦上浮到中间包液面即被去除；夹杂物颗粒在中间包内是非连续相，不考虑夹杂物颗粒的聚合、长大和碎裂。在上述假定条件下，描述夹杂物的运动方程为：

$$\frac{dv_{pi}}{d\tau} = \frac{3}{4} \frac{1}{d_p} \frac{\rho}{\rho_p} C_D (v_{pi} - v_i)^2 - \frac{\rho - \rho_p}{\rho_p} g_i \qquad (7-16)$$

式中，v_p 和 v 分别表示 i 方向上夹杂物颗粒的瞬时速度和颗粒中心位置未经干扰的流体速度；d_p 为夹杂物粒径；ρ 为钢液密度；ρ_p 为夹杂物颗粒密度；C_D 为颗粒的阻力系数，它由夹杂物运动的雷诺数决定：

$$C_D = \frac{24}{Re_p}(1 + 0.15Re_p^{0.678}), Re \leqslant 1000$$

$$C_D = 0.44, Re > 1000 \qquad (7-17)$$

为了考虑紊流脉动对夹杂物运动的影响，流体运动速度考虑了紊流脉动部分。

$$v = \bar{v} + v' = \bar{v} + \xi \sqrt{\frac{2k}{3}} \qquad (7-18)$$

式中，v 是流体即时速度；$\bar{v}$ 是流体平均速度；v' 是紊流脉动速度；ξ 是随机数；k 是紊动能。

7.3　连铸过程的热量传输

连续铸钢工艺是将高温的钢液通过强制冷却，使其放出大量的热量而凝固成为连铸坯，因此凝固传热在整个连铸过程中贯穿始终。由钢液转变为连铸坯要通过钢包、中间包、结晶器和二冷装置等设备放出大量的热，其中包括铸坯液相区内的过热、两相区内的结晶潜热和固相区内的显热。由于这种放热是伴随着凝固进行的，所以凝固传热比一般传热问题要复杂一些。

凝固过程中的传热强度直接决定了凝固速度，制约着铸坯的形成过程和物理化学性质的均匀程度，同时还影响着连铸设备的使用寿命。认识和掌握连铸凝固传热的规律性，对于连铸机的设计、连铸工艺的制定和铸坯质量的控制都有很重要的意义。

7.3.1　连铸凝固传热特点

连铸实际是一个凝固传热的过程，其中传导、对流和辐射三种基本传热方式并存，属于综合传热。

在铸坯的凝固过程中，由于钢液不断地散热降温，当温度降低到凝固温度后，开始在散热面处形成薄的凝固层。继续散热冷却，凝固层将不断地加厚，直到全部凝固为止。所以，铸坯内部的传热是由在不断加厚的凝固层中的传导传热和在不断减薄的液相中的传导与对流传热所组成的，并且在固、液交错的两相区内不断地释放出凝固潜热。

在凝固过程的初期，由于浇注时钢液的强制流动，钢液本身温度还比较高，流动性也比较好，因此内部对流传热就比较强；随着钢液本身温度的不断下降，流动性逐渐变差，对流传热方式就会逐渐减弱。

另外，连铸坯是在运动中传热，由于连铸坯总要以一定的拉速运动，所以其向外传热的边界条件总是变化的，要经历诸如结晶器壁冷、二冷区水冷和辊冷以及空冷区气冷等不同的冷却区域。由于冷却方式、冷却介质的不同，铸坯表面散热热流的变化相当剧烈，从而使铸坯各部位，特别是外层坯壳区域的温度变化很剧烈。据测定，小方坯连铸机中铸坯在结晶器入口处表面热流密度可达 $4000kW/m^2$，而经过 15s 运动后，表面热流密度就降为 $1000kW/m^2$ 左右。同时，坯壳表面温降可达 $400 \sim 500℃$，如此大的变化幅度和变化速度都是其他传热问题中很少见的。

连铸热平衡试验表明：由结晶器→二冷区→空冷辐射区→切割放出的热量占铸坯总放热量的50%左右，这部分热量的放出过程将影响铸坯的组织结构、质量和连铸机的生产率。因此，了解和控制该过程热量的放出规律是非常重要的。铸坯切割后冷却到室温放出的热量占铸坯总放热量的一半左右，并且这部分热量的比例随拉坯速度的提高而有所增加，如图 7 - 6 所示。从能量利用的角度来说，应充分重视这部分热量的回收，所以应在提高操作水平、保证铸坯质量的前提下，尽量采取铸坯热送工艺，以节约能源。

连铸坯在凝固过程中会释放出大量的潜热。铸坯凝固冷却过程实质上是铸坯内部显热和潜热不断向外散失的过程。显热的释放与材料的比定压热容 c_p 和温度变化量 ΔT 密切相

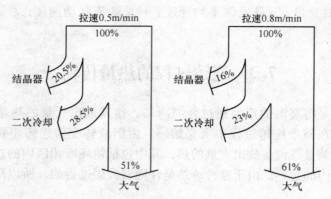

图 7 − 6　连铸坯的热平衡

关；潜热的释放仅取决于材质本身发生相变时所反映出的物理特性。在铸坯凝固冷却过程释放的总热量中，金属过热的热量仅占 20% 左右，凝固潜热约占 80%。凝固潜热占有相当大的比例。潜热对铸坯凝固计算的精度起到非常关键的作用。以板坯连铸的凝固传热为例，建立凝固传热的数学模型需作如下假设：

（1）紊流、对流对传热的影响靠认为增大液相区的热导率值来表征；

（2）温度对密度的影响不显著，因此假设密度在各个相区内为常数；

（3）除潜热之外的相变热可以忽略；

（4）结晶器沿拉坯方向以及窄面方向的导热量很小，故主要考虑铸坯宽面方向的传热，将凝固传热问题简化为一维。

所以，描述连铸板坯凝固传热的方程为：

$$\rho c_p \frac{\partial T}{\partial \tau} = \frac{\partial}{\partial x}\left(\lambda \frac{\partial T}{\partial x}\right) + \rho L \frac{\partial f_s}{\partial \tau} \qquad (7-19)$$

式中，ρ 为密度；c_p 为比热容；λ 为导热系数；τ 为时间；L 为凝固潜热；f_s 为固相分率。

为方便数值计算，需对潜热项作如下处理：

$$\rho L \frac{\partial f_s}{\partial \tau} = \rho L \frac{\partial f_s}{\partial T} \cdot \frac{\partial T}{\partial \tau} \qquad (7-20)$$

将式（7-20）代入式（7-19），整理得：

$$\rho\left(c_p - L \frac{\partial f_s}{\partial T}\right)\frac{\partial T}{\partial \tau} = \frac{\partial}{\partial x}\left(\lambda \frac{\partial T}{\partial x}\right) \qquad (7-21)$$

如果定义：

$$c_{eq} = c_p - L \frac{\partial f_s}{\partial T} \qquad (7-22)$$

则 c_{eq}（修正比热容）是温度和固相分率的函数，且有

$$\rho c_{eq} \frac{\partial T}{\partial \tau} = \frac{\partial}{\partial x}\left(\lambda \frac{\partial T}{\partial x}\right) \qquad (7-23)$$

比较式（7-19）和式（7-23）可知，通过定义修正比热容 c_{eq}，已将带有热源的热传输问题转化为形式上的无热源热传导问题。

连铸机的任务是连续地浇注钢水并使其凝固成型。连铸机的冷却系统可以分为三个冷

却区：结晶器、二次冷却区和空冷段。空冷段不使用冷却介质，只是铸坯的自然辐射散热，无可调控性。而且，连铸坯基本上在二次冷却区都已经完全凝固。连铸过程中的凝固传热机构主要是指结晶器冷却传热和二次冷却传热。

7.3.2　结晶器内的热量传输

结晶器的基本作用是：一是在尽可能高的拉速下保证铸坯出结晶器有足够的坯壳厚度，以抵抗钢水静压力，防止拉漏；二是坯壳厚度要均匀稳定地生长。

作为高效冷却器，结晶器利用铜板内水缝中的高压冷却水流动对高温钢液进行强制冷却。结晶器内的传热结构非常复杂，结晶器的传热过程如图 7-7 所示。结晶器传热涉及了铸坯、保护渣、气隙、铜板、冷却水之间的相互关系，同时还受到结晶器振动的影响。结晶器冷却不当，会导致连铸坯表面裂纹、漏钢、变形等质量问题。

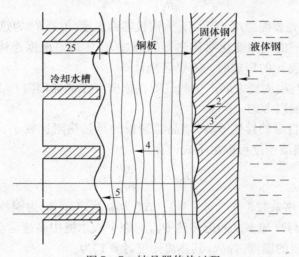

图 7-7　结晶器传热过程

1—钢水对初生坯壳的传热；2—凝固坯壳内的传热；3—凝固坯壳向结晶器铜板的传热；
4—结晶器铜板内部传热；5—结晶器铜板对冷却水的传热

结晶器内铸坯的凝固传热路径主要包括：

（1）钢液与凝固壳之间的传热 Q_{LS}。从浸入式水口出来的钢液通过强制对流传热和钢液自身导热两种方式将热量传递给已凝固的坯壳，从而消除过热度并凝固。由于结晶器内活跃的流动，钢液强制对流引起的热传递占了钢液热传递的大部分。研究表明，连铸结晶器内钢液向凝固壳的传热为静态状态下钢液传热的 4~7 倍，这为结晶器的高效传热奠定了基础。结晶器内钢液向铸坯凝固壳的传热热流密度可以表示为：

$$Q_{LS} = h_{LS}(T_c - T_L) \tag{7-24}$$

式中，T_c 为钢液的浇注温度，℃；T_L 为钢液的液相线温度，℃；h_{LS} 为钢液与凝固壳之间的传热系数，W/(m²·℃)，可借助于平板对流传热公式计算：

$$h_{LS} = \frac{2}{3}\rho c_p v_f \left(\frac{c_p \mu}{\lambda}\right)^{\frac{2}{3}} \left(\frac{L v_f \rho}{\mu}\right)^{\frac{1}{2}} \tag{7-25}$$

式中，ρ 为钢液密度，kg/m³；c_p 为钢液比热容，kJ/(kg·℃)；λ 为钢液导热系数，

W/(m · ℃)；v_f 为凝固前沿钢液的运动速度，通常取 0.1 ~ 0.3m/s；L 为结晶器的长度，m；μ 为钢液黏度，Pa · s。

（2）凝固壳自身的导热 Q_S。钢液的过热度与潜热通过连铸坯凝固壳传导给结晶器铜板，凝固壳自身的导热与坯壳的厚度有关。其热流密度可以由下式计算：

$$Q_S = \lambda \frac{\Delta T}{\Delta x} \tag{7-26}$$

式中，λ 为钢的导热系数，W/(m · ℃)；ΔT 为温差，℃；Δx 为坯壳的厚度，m。

（3）凝固壳与结晶器铜板之间的传热 Q_{SM}。连铸坯凝固壳与结晶器铜板之间的传热比较复杂。通常情况下连铸坯与结晶器铜板之间会产生气隙，气隙里充满了保护渣膜，传热中既有传导传热又有辐射传热，其热流密度计算可以归结为：

$$Q_{SM} = \frac{1}{R_g}(T_S - T_{Cu}) \tag{7-27}$$

式中，T_S 为铸坯凝固壳表面温度，℃；T_{Cu} 为铜板热面温度，℃；R_g 为热阻。

凝固壳与铜板之间的气隙变化对传热影响通过 R_g 体现。根据连铸实际情况考虑不同影响因素（气隙、渣膜）的影响时，需要区别计算。

此外结晶器铜板与凝固壳之间产生的气隙在横向（结晶器周向）上也是不均匀的，必须根据实际连铸情况加以考虑。

（4）结晶器铜板自身的导热 Q_M。结晶器铜板的导热热阻比较小，据研究，其热阻仅为总热阻的 5%。其热流密度可以由下式计算：

$$Q_M = \lambda_{Cu} \frac{\Delta T}{\delta_{Cu}} \tag{7-28}$$

式中，λ_{Cu} 为铜板的导热系数，W/(m · ℃)；ΔT 为温差，℃；δ_{Cu} 为铜板的厚度，m。

（5）结晶器铜板与冷却水之间的传热 Q_{MW}。在铜板水缝中高速运动的冷却水将铜板的热量带走，以防止铜板的温度过高。其热流密度计算式为：

$$Q_{MW} = h_{MW}(T_{Cu} - T_W) \tag{7-29}$$

其中，h_{MW} 等于：

$$h_{MW} = \frac{0.023\lambda_W}{d_W} Re^{0.8} Pr^{0.4} \tag{7-30}$$

式中，h_{MW} 为铜板与冷却水之间的传热系数，W/(m² · ℃)；λ_W 为水的导热系数，W/(m · ℃)；d_W 为水槽的当量直径，m；Re 为雷诺数；Pr 为普朗特数。

在实际连铸生产中，要掌控结晶器传热的影响因素，保证结晶器的高效传热效果，保证连铸生产的顺行。连铸结晶器传热的影响因素包括：1）拉速；2）冷却水量；3）保护渣性能；4）浇注温度；5）钢的成分；6）结晶器锥度；7）铜板表面状况；8）结晶器的结构尺寸。

7.3.3　二冷区的热量传输

在连铸二次冷却区，连铸坯被夹辊夹持着并沿着一定的路径向切割处运动（见图 7-8）。在运动的同时被二次冷却。与结晶器不同，连铸坯在二冷区是直接的喷水冷却，冷却水直接与铸坯表面接触而发生热传递。二冷区的冷却水是通过许多以预定方式布置的喷嘴喷射到连铸坯表面，对铸坯进行冷却。实际连铸中，二冷喷嘴喷出的冷却水并没有完全覆盖整个铸坯表面。二冷水喷射区只覆盖了相邻两个夹辊之间的一部分区域。因此，在二冷区存在多种传热方式，而且不同二冷段不尽相同，铸坯的凝固传热机构比较复杂。如图 7 - 8 所示，对于二冷区每两个相邻夹辊之间的铸坯表面的传热机构有四种：夹辊区的传热，辐射区的传热，水喷淋区的传热，以及水聚集蒸发区的传热。

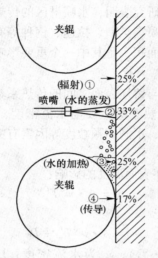

图 7 - 8   连铸二冷区铸坯传热方式

连铸二冷区每两个相邻夹辊间的四种传热方式所占的比例与铸机的设备特点（连铸机型、夹辊布置方式、喷嘴布置结构、喷嘴型号及性能）有关，根据铸机结构和工艺特点的不同而不同。由于夹辊与铸坯表面的接触面积变化不大，不同情况下夹辊区的传热比例基本不变。辐射区的传热比例和水聚集蒸发区的传热比例与水喷淋区传热有关。水喷淋区覆盖面积大，则辐射区的传热比例减小。如果水喷淋区的传热效果好（如：使用气－水喷嘴），在喷淋区蒸发的二冷水增加，则水聚集蒸发区的传热比例减小。水聚集蒸发传热很小的时候，其传热可转变为辐射传热。四种传热方式的比例中变化较大的主要是喷淋水传热和水聚集蒸发传热的比例。这两种传热方式都属于二冷水对铸坯的直接传热，占了总传热的大部分。

（1）夹辊传热。研究表明，夹辊传热与拉速、铸坯表面温度、夹辊与铸坯表面的接触角有关。从结晶器出口往下，铸坯表面与夹辊的接触角度因为钢水静压力也逐渐增大。研究得到的夹辊传热热流密度计算式为：

$$q_{rol} = 11513.7 \times T_w^{-0.76} \times v_c^{-0.2} \times \alpha^{-0.17} \tag{7-31}$$

式中，q_{rol} 为夹辊与铸坯表面之间的热流密度，W/m^2；v_c 为拉坯速度，m/min；T_w 为铸坯表面温度，℃；α 为夹辊与铸坯表面接触部分的弧长所对应的角度，（°）。α 的计算公式如下：

$$\alpha = \begin{cases} 0.3116 + 4.6105z, 0 \leqslant z \leqslant 4.0 \\ 18.7536, z > 4.0 \end{cases} \tag{7-32}$$

式中，z 为距结晶器弯月面的距离，m。当 $z < 4.0m$ 时，α 随距弯月面距离 z 逐渐增大；当 $z > 4.0m$ 后，角度 α 值保持 $4.0m$ 时的值不变。

（2）辐射传热。在连铸坯辐射区和空冷段的传热都采用辐射传热公式进行计算：

$$q_{rad} = \sigma \cdot \varepsilon \times \left[(T_w + 273)^4 - (T_e + 273)^4 \right] \qquad (7-33)$$

式中，ε 为铸坯表面的黑度，常用 $\varepsilon = 0.8$；σ 为 Stefan – Boltzmann 常数，$\sigma = 5.67 \times 10^{-8}$ W/($m^2 \cdot K^4$)；T_w 为铸坯表面温度，℃；T_e 为环境温度，℃。

（3）喷淋水传热。水冲击区的喷淋水传热是二冷区最主要的一种传热方式。目前对水冲击区的喷淋水传热研究较多。研究表明，水喷淋区的传热主要与水流密度、铸坯的表面温度、水冲击速度、喷射面积、喷嘴类型、拉速、钢种等有关。喷嘴的性能决定了二冷水的喷射状态、水冲击速度和喷射面积，是其中一个重要影响因素。喷嘴的性能包括冷态性能和热态性能。

许多学者对二冷喷嘴喷淋水与铸坯表面之间的传热系数进行了研究。研究表明，二冷喷嘴喷淋水与铸坯表面之间的传热系数主要与水流密度、铸坯的表面温度、冷却水的温度、喷嘴的类型及其雾化均匀性、水滴的颗粒度等因素有关。该传热系数的使用主要有以下五种形式：

1）考虑二冷水流密度和铸坯表面温度的影响：

$$h = A \cdot w^B T_w^C \qquad (7-34)$$

或者

$$h = A \cdot w^B T_w^C + D \qquad (7-35)$$

式中，h 为传热系数，W/($m^2 \cdot$℃)；w 为水流密度，L/($m^2 \cdot s$)；T_w 为铸坯表面温度，℃；A、B、C、D 为常数，此常数与喷嘴类型和二冷水喷射效果等有关。

2）考虑铸坯表面温度区域的影响：

T_w 在 600~900℃时：

$$h = A_1 \cdot w^{B_1} T_w^{C_1} \qquad (7-36)$$

T_w 在 900~1200℃时：

$$h = A_2 \cdot w^{B_2} T_w^{C_2} \qquad (7-37)$$

3）考虑二冷水流密度和冷却水温度的影响：

$$h = A \cdot (1 - B \cdot T_0) w^C \qquad (7-38)$$

式中，T_0 为二次冷却水的温度，℃。

4）对于气–水喷嘴，有些研究还考虑二冷水冲击速度的影响：

$$h = A \cdot w^B T_w^C v^E \qquad (7-39)$$

式中，v 为冷却水冲击速度，m/s；E 为常数。

5）只考虑二冷水流密度的影响：

$$h = A \cdot w^B \qquad (7-40)$$

或者

$$h = A \cdot w^B + D \qquad (7-41)$$

（4）水聚集蒸发传热。水冲击区的冷却水未能及时完全蒸发，部分残余的冷却水会沿着铸坯表面往下流，在流淌过程中会继续蒸发；部分冷却水一直流至夹辊上部的铸坯表面区域并聚集，最后蒸发。这即是水聚集蒸发传热方式。目前水聚集蒸发传热研究的资料较少。

水聚集蒸发传热的多少与喷嘴性能有关。如果喷嘴的雾化性能好，喷淋水滴直径小，水冲击区的水蒸发就较多，则水聚集蒸发区的水量就较少，因而水聚集蒸发传热比例也就比较低。此外，水聚集蒸发传热还与喷水量、拉速、铸坯表面温度、辊列布置等因素有关。

此外，需要注意的是，由于重力的影响，铸坯的内、外弧水聚集蒸发传热是不同的。在重力的影响下，外弧未蒸发的水滴有一部分可能直接或在流淌过程中掉离铸坯的外弧表面。即在同样水量下，外弧的水聚集蒸发传热比内弧要弱些。因此，通常铸机外弧的配水量会比内弧的配水量稍高。

7.4　连铸过程传输现象实例分析

7.4.1　中间包流场优化

控制中间包内钢液流动的主要目的是：消除包底铺展的流动，使下层钢液的流动有向上的趋势；延长由注入口到出口的时间，使钢液在中间包内有较长的停留时间，以利于夹杂物上浮。目前中间包内设置挡墙和坝等控流装置是改进中间包内钢液流动特征应用最普遍的技术措施。在实际生产的设计应用之前，关于挡墙和坝的设置对流动的影响，国内研究者常用物理模拟方法形象、直观地观察中间包内流体的流动行为，通过测定停留时间分布曲线定量描述中间包内流体流动特性。但由于实验方法、人为等因素，将对某些控流方案的实验结果造成影响，如示踪剂的沉积现象。此时，在物理模型验证的基础上，建立合理的数值计算模型可以克服物理模型中的某些不足而使结果更准确、可靠。

曹娜等针对某钢厂板坯连铸中间包内的流动行为，提出了设计方案，并进行了优化研究。在对各方案进行水模拟实验研究的基础上，将经物理模拟验证的数值计算模型应用于控流方案优化研究中，并将数值模拟与物理模拟结果进行对比（见图7-9），得到控流优化方案。

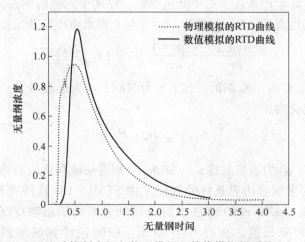

图7-9　无流动控制中间包物理模拟和数值模拟得到的 RTD 曲线

物理模拟选择水模拟钢液，建立 1:2.5 的物理模型，原型与模型中间包的主要参数见表7-1。采用"刺激-响应"法，即将 100mL 的质量分数为 20% NaCl 溶液快速注入钢包长水口中, 使用电导率探头测量中间包水口处浓度从而绘出 RTD 曲线。针对原设计中间包内的钢液流动特性不佳, 不利于夹杂物上浮去除从而造成铸坯内夹杂物较多等问题, 设计了 4 种控流方案 (见图 7 – 10)。

表 7 – 1　原型和模型中间包的主要参数

主要参数	中间包/m							直径/mm		体积流量 /dm³·s⁻¹
	底长	顶长	底宽	顶宽	高度	液位高度	钢包长水口浸入深度	钢包长水口	中间包水口	
原型	3.71	4.094	0.97	1.72	1.4	1.244	0.3	98	90	11.7
模型	1.484	1.638	0.388	0.688	0.56	0.498	0.12	39.2	36	1.184

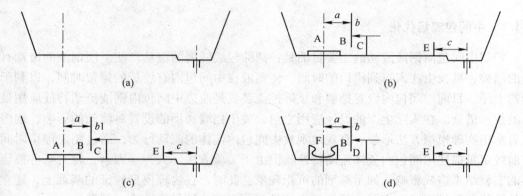

图 7 – 10　单流中间包 4 种控流方案

(a) 无控流装置; (b) 方案 1; (c) 方案 2; (d) 方案 3

A—冲击板; B—堰; C, D, E—挡坝; F—紊流控制器; a—长水口中心线至堰的距离;
b, b1—堰与挡坝的距离; c—挡坝至中间包水口中心线的距离

　　数值计算采用实际生产条件下的中间包参数, 描述中间包内钢液流动和停留时间分布的控制方程包括连续性方程、N – S 方程、k – ε 双方程紊流模型及浓度方程:

$$\frac{\partial(\rho C)}{\partial \tau} + \frac{\partial(\rho v_i C)}{\partial x_i} = \frac{\partial}{\partial x_i}\left(D_{\text{eff}} \frac{\partial C}{\partial x_i}\right) \tag{7-42}$$

式中, ρ 为流体密度; C 为示踪剂的浓度; τ 为时间; v_i 为速度分量; x_i 为坐标方向; D_{eff} 为有效扩散系数, 定义为:

$$D_{\text{eff}} = \frac{\mu}{Sc} + \frac{\mu_{\text{t}}}{Sc_{\text{t}}} \tag{7-43}$$

式中, μ 为层流黏度; μ_{t} 为紊流黏度; Sc 和 Sc_{t} 分别为层流和紊流的施密特数, Sc_{t} 取 0.7。

　　所有控制方程的求解和边界条件的处理采用 STAR – CD 软件进行, 采用 SIMPLE 算法计算钢液稳态流场。采用 PISO 算法求解示踪剂分布的瞬态浓度场, 并输出出口处的示踪剂浓度随时间的变化值, 获得 RTD 曲线。中间包计算区域网格划分如图 7 – 11 所示。

　　根据中间包控流装置优化原则和 RTD 曲线的分析方法, 设计方案计算的 RTD 曲线的分析结果见表 7 – 2。

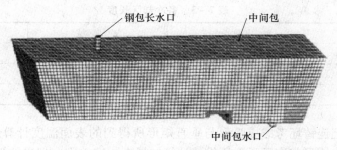

图 7-11 中间包的计算区域网格划分

表 7-2 各方案数值计算 RTD 曲线的分析结果

方案	θ_{min}	θ_{peak}	θ_{av}	V_p	V_m	V_d	$R_{P/D}$	$R_{PM/D}$
无控流装置	0.0929	0.3535	0.8417	0.2232	0.6185	0.1583	1.41	5.32
方案1	0.1899	0.4162	0.8684	0.3030	0.5653	0.1316	2.30	6.60
方案2	0.1818	0.4303	0.8867	0.3061	0.5805	0.1133	2.70	7.83
方案3	0.2566	0.5374	0.9282	0.3970	0.5312	0.0718	5.52	12.92

对于不使用抑紊器的控流方案 1 和 2，比较 RTD 曲线的分析结果，根据设计优化原则，可发现方案 2 优于方案 1。理由是方案 2 的无量纲平均停留时间 θ_{av} 和活塞区体积分数 V_p 均略大于方案 1。而停滞区体积分数 V_d 小于方案 1。方案 1 和 2 的区别仅为挡墙 B 和坝 C 之间的距离，而 $b1$ 大于 b，因此建议适当增加此距离，可使钢液流动特性得到较大改善。

对于使用抑紊器的控流方案 3，数值模拟方法可以减少示踪剂和流体的分离流动对停留时间分布曲线的影响，更准确地反映实际流场。比较数值计算的 RTD 曲线的分析结果可发现：方案 3 的无量纲平均停留时间 θ_{av} 和活塞区体积分数 V_p 均大于方案 1 和 2，停滞区体积分数 V_d 也远小于方案 1 和 2。说明方案 3 的流动效果优于不使用抑紊器的方案 1 和 2。

7.4.2 连铸板坯凝固传热行为研究

连铸坯冷却和坯壳生长的精确控制在连铸过程中具有非常重要的作用，这对铸坯裂纹的产生及其他缺陷均有重要影响。连铸结晶器内及二冷区铸坯内部凝固传热是一个高温下极其复杂的物理过程，已有较多数学模型研究工作。

刘旭东等建立了板坯连铸的二维凝固传热数学模型，充分考虑了弧形铸坯的几何特点，采用有限元法求解控制方程，计算了铸坯中心纵截面的温度场，并用实

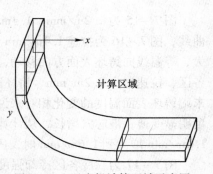

图 7-12 温度场计算区域示意图

测结果验证了计算模型的准确性和合理性。计算区域如图 7-12 所示，各冷却区长度见表 7-3。

表 7 - 3   各冷却区长度

冷却区域	长度/m	冷却区域	长度/m
结晶器区	0.8	二冷Ⅲ区	3.5
二冷Ⅰ区	0.8	二冷Ⅳ区	3.4
二冷Ⅱ区	2.5	二冷Ⅴ区	5.4

图 7 - 13 为把连铸坯考虑成弧形与垂直矩形所得到的表面温度计算结果。可以看出，把铸坯考虑成垂直矩形与实际弧形所得的计算结果有一定差别。把连铸坯考虑成弧形所得的计算结果更接近现场测量值，模型准确度得到提高。

图 7 - 14 给出了在热流总量相等情况下由不同热流曲线得到的铸坯表面温度计算值。一种曲线是沿结晶器热流密度分布一致，即 $q = \text{const}$，另一种曲线是在符合实际状态下，结晶器底部气隙的形成通过减少热流密度来表示，即 $q = A - B\sqrt{H/v}$。从图 7 - 14 得出，不同的热流曲线对二冷段第Ⅱ区以下的铸坯温度影响不大，然而对结晶器内和二冷段Ⅰ区的温度影响却相当大。因此，沿结晶器通过减少热流密度来考虑铸坯在凝固过程中形成气隙对传热的影响，提高了模型的准确性。

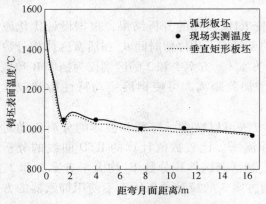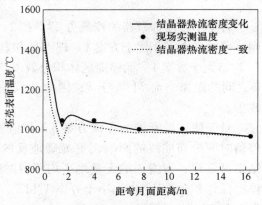

图 7 - 13   几何形状对铸坯表面温度的影响   图 7 - 14   结晶器热流密度对铸坯表面温度的影响

图 7 - 15 为 1.2m/min、1.4m/min、1.6m/min 和 1.8m/min 四种拉速下铸坯表面温度曲线，图 7 - 16 为拉速 1.4m/min 和 1.6m/min 下坯壳厚度曲线。由图 7 - 15 可知，拉速增大，等温线向铸坯表面方向移动，使铸坯表面温度升高，在二冷区各段尤为显著。在二冷各区，拉速增大 0.2m/min，铸坯表面温度将升高 20℃ 左右。提高拉速时，拉速对二冷区末端铸坯表面温度的变化相对来说要小一些。由图 7 - 16 可知，随着拉速的增大，坯壳厚度明显变薄，液芯穴增长，从计算结果分析，拉速对固液界面的影响比较明显。当拉速从 1.4m/min 增大到 1.6m/min 时，固液界面向铸坯表面移动 4mm 左右。

图 7 - 17 为二冷各区冷却强度均变化时计算结果，图 7 - 18 为二冷Ⅲ区冷却强度变化时计算结果。从图 7 - 17 可以看出，二冷各区冷却强度的变化对铸坯表面温度的影响非常明显，冷却强度变化 10%，铸坯表面温度将变化 40℃ 左右。因此，二冷区喷水量控制非常重要。从图 7 - 18 可以看出，二冷Ⅲ区冷却强度的变化对Ⅰ、Ⅱ区铸坯表面温度没有什么影响，但对Ⅲ、Ⅳ区的影响非常明显，对Ⅴ区的影响非常小。

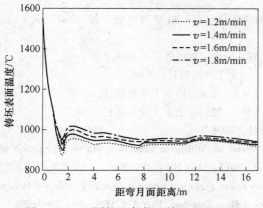

图 7－15　不同拉速条件下铸坯表面温度

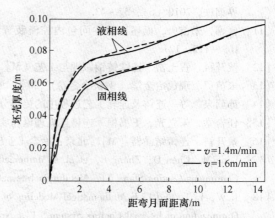

图 7－16　不同拉速条件下坯壳厚度

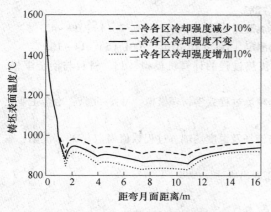

图 7－17　二冷各区冷却强度均变化

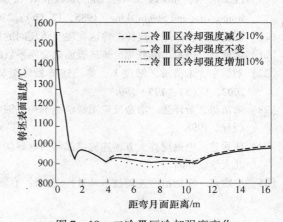

图 7－18　二冷Ⅲ区冷却强度变化

参 考 文 献

［1］龙木军. 基于高质量铸坯的连铸凝固结构及温度控制的研究［D］. 重庆：重庆大学，2011.

［2］Thomas B G. Continuous Casting［M］. New York：McGraw－Hill，2004.

［3］Hashio M，Tokuda N，Kawasaki M，and Watanabe T. Improvement of Cleanliness in Continuous Cast Slab at Kashina Steel Works［C］. Continuous Casting of Steel，Secondary Process Technology，Warrendale，PA，USA，1981，65～73.

［4］王建军，包燕平，曲英. 中间包冶金学［M］. 北京：冶金工业出版社，2001.

［5］Yogeshwar Sahai，Toshihiko Emi，著. 洁净钢生产的中间包技术［M］. 朱苗勇，译. 北京：冶金工业出版社，2009.

［6］干勇，仇圣桃，萧泽强. 连续铸钢过程数学物理模拟［M］. 北京：冶金工业出版社，2001.

［7］包燕平，徐保美，曲英，等. 连铸中间包内钢液流动及其控制［J］. 北京科技大学学报，1991，13（4）：83～89.

［8］包燕平，等. 连铸中间罐挡墙的设置［J］. 连铸，1990（5）：26～30.

［9］曲英. 流动熔体中非金属夹杂物的运动和碰撞现象［C］. 见：论文集编委会，庆祝林宗彩教授八十寿辰论文集. 北京：冶金工业出版社，1996：59～65.

［10］刘旭峰，赵建忠，王妍，等. 板坯连铸结晶器内非金属夹杂物伴随流动的运动踪迹研究［J］. 世

界钢铁，2010（6）：37~43.

[11] 曹娜，朱苗勇. 板坯连铸中间包内控流装置结构的优化 [J]. 材料与冶金学报，2007，6（2）：109~112，121.

[12] 蔡开科，程士富. 连续铸钢原理与工艺 [M]. 北京：冶金工业出版社，1994.

[13] 朱苗勇. 现代冶金学（钢铁冶金卷）[M]. 北京：冶金工业出版社，2008.

[14] 孙蓟泉，等. 连铸及连轧工艺过程中的传热分析 [M]. 北京：冶金工业出版社，2010.

[15] 任吉堂，朱立光，王书桓. 连铸连轧理论与实践 [M]. 北京：冶金工业出版社，2002.

[16] 蔡开科. 连铸结晶器 [M]. 北京：冶金工业出版社，2008.

[17] Long M，Chen D，Zhang L，et al. A Mathematical Model for Mitigating Centerline Macro Segregation in Continuous Casting Slab [J]. Metalurgia International，2011，16（10）：19~33.

[18] Ji W，Li J，and Li F. Mathematical Modeling of Temperature Field in Continuous Casting Rolls for Design Optimization of Internal Cooling System [J]. Numerical Heat Transfer，Part A，2009，56：269~285.

[19] Perkins A，Brooks M G，and Haleem R S. Roll Performance in Continuous Casting Machines [J]. Ironmaking and Steelmaking，1985，12（6）：276~283.

[20] 陈登福，颜广庭. 连铸二冷区夹辊与铸坯间的传热研究 [J]. 炼钢，1991，7（1）：39~43.

[21] 廖建云，冯科，陈登福. 铸坯表面热交换系数的测定 [J]. 四川冶金，2001（5）：14~16.

[22] 刘旭东，朱苗勇，邹俊苏，等. 连铸板坯凝固传热过程的计算机模拟 [J]. 材料与冶金学报，2002，1（3）：195~199.

[23] 朱苗勇，萧泽强. 冶金反应工程学丛书——钢的精炼过程数学物理模拟 [M]. 北京：冶金工业出版社，1998.

[24] 任兵芝. 电磁搅拌大方坯连铸结晶器内电磁场与流场及温度场耦合过程数值模拟 [D]. 沈阳：东北大学，2008.

[25] 史宸兴. 实用冶金连铸技术 [M]. 北京：冶金工业出版社，1998.

8 有色金属冶炼过程的传输现象

有色金属品种繁多，每种产品的冶炼方法各不相同，而且同一产品的冶炼流程也有很多种。尽管如此，但当比较和分析这些冶炼流程时就会发现，不同产品的冶炼流程或同一产品的不同冶炼流程具有许多相同之处，遵循类似的动量传输、热量传输和质量传输原理。本章拟从有色金属的物料输送、矿物焙烧、还原熔炼、造锍熔炼、铜锍吹炼以及湿法冶金等方面介绍有色金属典型工艺流程中的传输现象。

8.1　氧化铝气力输送

8.1.1　氧化铝气力输送工艺简介

在氧化铝生产中，氧化铝的输送是成品车间生产的重要环节之一。由于成品氧化铝的堆积比重较轻（仅约为 $1000kg/m^3$）、粒度较小，所以在传统的机械输送过程中存在物料泄漏、飞扬造成的损失及环境污染等问题。由于机械输送系统的设备投资大、运行维护费用和工艺配置要求高，越来越多的氧化铝厂开始在成品氧化铝输送系统上采用气力式输送技术。在电解铝厂采用的气力输送主要有 3 种方式：稀相输送、浓相输送和超浓相输送。

利用气体的流动来进行固体物料的输送操作，称为气力输送。气力输送是使固体物料悬浮于气体中随气流运动，借助高速气流输送粉、粒状物料。

当气体的操作速度大于极限速度（即固体颗粒的自由沉降速度）时，固体颗粒才能被气体带走。所以气力输送需要比较高的气流速度，这就造成摩擦阻力损失较大，颗粒的磨损较快，输送管道的磨蚀也较厉害。为了使这些效应减少到最小，必须尽可能地保持较低的气流速度，但这个低限流速又受到固体颗粒从气－固混合物的流动中沉降出来的条件所限制。本节将简要介绍氧化铝气力输送过程中的传输现象。

8.1.2　氧化铝气力输送过程的传输现象

8.1.2.1　稀相气力输送

当气流中颗粒浓度在 $0.05m^3/m^3$ 以下，固－气混合系统的空隙度 $\omega > 0.95$ 时，称为稀相气力输送。稀相输送是用罗茨鼓风机提供的空气作为动力源，压力 $0.02 \sim 0.24MPa$，通过输送设备直接从缓冲仓将氧化铝物料压送到氧化铝储仓内。压缩空气作为动压力直接作用于原料的单一颗粒上驱动氧化铝，分为水平管道内气力输送和垂直管道内气力输送两个部分。

A　水平管道内的气力输送

在水平输送管内，一般输送气流速度越大，氧化铝颗粒越接近于均匀分布。但根据不同条件，当输送气流速度不足时，流动状态会有显著变化。在输送料管的起始段是按管底流大致均匀地输送，氧化铝接近管底，分布较密，但没有出现停滞，一边做不规则地滚动、碰撞，一边被输送。越到后段就越接近疏密流，氧化铝在水平管中呈疏密不均的流动状态，部分氧化铝颗粒在管底滑动，但没有停滞，最终形成脉动流或停滞流，水平管越长，在水平管的沿程这一现象越明显。

    B　垂直管道内的气力输送

垂直输送的输送管内，气流阻力与氧化铝物料颗粒群的重力处于同一直线上，两者只在输送流方向上对物料发生作用。但由于实际垂直输送管中氧化铝颗粒群运动的复杂性，还会受到垂直运动方向的力。因此，氧化铝就会形成不规则的相互交错的蛇形运动，使氧化铝在输送管内的运动状态形成均匀分布的定常流（或称定流）。

稀相输送时，氧化铝在高压气流中呈沸腾状态，所以固气比很低，一般为 5 ~ 10（质量比），压缩空气耗量大，可达到 $30m^3/t - Al_2O_3$。同时，氧化铝颗粒在输送管道中流速很快，能达到 12m/s 左右，对管道的磨损严重，氧化铝破损率很高。目前稀相输送主要用于罐车至氧化铝中间储仓的输送。

气力输送的管道中两点之间产生的压力降可以由伯努利方程式求得，但应考虑流动的不是单相而是气－固混合物。若管子向上倾斜与水平线成一角度，并将氧化铝颗粒从端点处加入。如气流的速度很高，则被加速的氧化铝颗粒的动能很大，不能忽略。但在稀相气力输送时由于氧化铝颗粒的含量很少，由其所引起的气体速度变化和动能变化都很小，因而可以忽略不计。在这样的条件下，输送的压力降由三部分组成，即由位压头变化引起的静压头变化、氧化铝颗粒的动能增量以及混合物与管壁之间的摩擦阻力损失，可用式（8 -1）、式（8 -2）和式（8 -3）来计算：

水平管道的摩擦阻力损失：

$$\Delta p_1 = \frac{k_f \cdot L_p}{d} \cdot \frac{\rho \cdot v^2}{2g} (1 + k_L \mu) \qquad (8-1)$$

式中，Δp_1 为水平管道的摩擦阻力损失，Pa；k_f 为摩擦阻力系数；L_p 为水平管道当量长度，m；d 为输送管道直径，m；ρ 为气流密度，kg/m^3；v 为气流速度，m/s；k_L 为附加阻力系数；μ 为粉料浓度（每千克空气中），kg/kg。

垂直管道的摩擦阻力损失：

$$\Delta p_2 = \frac{k_f \cdot H}{d} \cdot \frac{\rho \cdot v}{2g} (1 + k_H \mu) \qquad (8-2)$$

式中，Δp_2 为垂直管道的摩擦阻力损失，Pa；H 为垂直提升高度，m；k_H 为附加阻力系数，$k_H = 1.1 k_L$。

由式（8 -1）和式（8 -2）可知，随着输送距离的延长、气流速度的提高，氧化铝的磨损程度将加重。

垂直管道的提升压力损失：

$$\Delta p_3 = \rho \cdot (1 + \mu) \cdot H \qquad (8-3)$$

式中，Δp_3 为垂直管道的提升压力损失，Pa。

管道出口的压力损失 Δp_4：可以取 300 ~ 500Pa。

气力输送设备的压力损失 Δp_5：对于仓式泵取 12000 ~ 18000Pa；对于螺旋泵取 10000 ~ 18000Pa。

气力输送总压力损失：

$$\Delta p = \Delta p_1 + \Delta p_2 + \Delta p_3 + \Delta p_4 + \Delta p_5$$

8.1.2.2 浓相气力输送

随着电解铝技术的发展，电解工艺对氧化铝的质量在粒度、比表面积等方面提出了更高的要求。以颗粒较粗、比表面积较大的砂状氧化铝为最佳原料，若再采用稀相气力输送，会使原料的优越特性遭到破坏，不能满足电解工艺要求，需要采用新的输送方式。从20世纪60年代发展起来的一种细颗粒物料输送技术——浓相气力输送。从20世纪70年代末应用于铝工业氧化铝、氢氧化铝等原料输送以来，取得了很好的效果。

当气流中颗粒浓度在$0.05m^3/m^3$以上，固-气混合系统的空隙度ω介于$0.05 \sim 0.95$之间，称为浓相气力输送。浓相输送技术是套管式气力压送式输送，与稀相管道式输送技术相比，具有固气比高、气流速度小、输送压力低等特点。其输送气流速度一般为$15 \sim 20m/s$，物料流速在$1 \sim 10m/s$左右，氧化铝的破损率低于20%。目前浓相输送主要用于氧化铝中间储仓或氧化铝袋装料仓库至电解车间日用储仓的输送。

浓相输送是由压力容器产生的静压力移动氧化铝的输送方法，气流速度相对较低。当气体流速降到某一临界值时，流动阻力陡然增大，氧化铝停滞在管底，管道内气流的有效通道减小，气速在该段增大，将停滞的氧化铝由表及里地吹走，随着管道有效截面积空间的增大，气流速度又将降低，氧化铝颗粒又会停滞。如此循环往复，氧化铝颗粒像砂丘移动式的流态化状态向前移动，如图8-1所示。垂直管道中物料运动的原理类似于水平管道中的情况，即受到气流向上的推力作用，气流速度必须大于氧化铝悬浮流速时，输送方能进行。

砂丘形成　　　　　　　　　　　　砂丘移动

图8-1　水平管道内气体吹动固体颗粒的砂丘移动状态示意图

浓相输送技术的关键是要保持持续的流态化物料和输送管道的畅通，因此，采用特殊设计的内套管式的输送管道，气流通过内管导入输送料管中，使流态化的物料变成长度近似相等的料栓。料栓长度越短，所需的输送空气压力就越小。与稀相输送相比，浓相输送固气比高、气流速度小，因而管道磨损小，其计算主要依据瑞士阿里莎（ALESA）公司提供的管道磨损公式：

$$A = K \cdot v_s \qquad (8-4)$$

式中，A为管道磨损度；K为物料对管道的磨损系数；v_s为管道中物料的流动速度，m/s。

浓相输送采用较低的物料流动速度（$2 \sim 3m/s$），解决了物料对管道的磨损问题。而稀相输送过程要求很高的风速（$25 \sim 35m/s$），管道中的物料速度达$10m/s$以上，物料在管道内呈跳跃式前进，与管道发生碰撞，所以对管道产生的磨损严重。

实践证明，稀相输送管道寿命只有1a左右，而双管式浓相输送管道寿命可达5a以上。国内某铝厂引进瑞士阿里莎（ALESA）公司浓相输送技术，管道寿命可达15a以上。

8.1.2.3　超浓相气力输送

超浓相气力输送是指气流输送管道中固体浓度高于 $0.05m^3/m^3$，且有明显固－气相界面的输送方式，为广义流态化输送。超浓相输送采用风机低压供风和风动溜槽输送，故仅适宜粉状物料的水平输送。超浓相输送的冶金思想是让固体颗粒能够靠静压强而移动。因此，单个超浓相输送管的距离不能长。要长距离输送，就要在输送管路中间加"中继站"。

超浓相输送在铝电解生产中普遍应用，又叫"风动溜槽"。铝电解生产中的风动溜槽如图 8－2 所示，输送槽被透气板分成上下两层，下层为气室，上层为料室，在料室上部间断设有排风及过滤平衡柱。风机的低压风在气室中通过透气板均匀地分布在上层中的氧化铝床层中，使其均匀地流态化，穿过氧化铝层的风则由平衡料柱排出。经过流态化操作的氧化铝床层转变成一种流体，这样，供料仓内的氧化铝的势能就能向流动方向传递，并形成压力梯度，其表现形式就是在各平衡料柱中形成不同高度的氧化铝料柱（如图 8－3 中的 H_1、H_2、H_3），推动物料向料柱低的方向流动，即氧化铝颗粒在静压强驱动下移动。

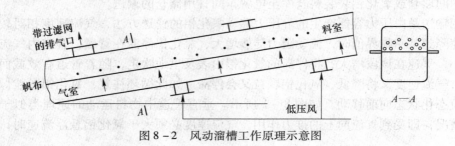

图 8－2　风动溜槽工作原理示意图

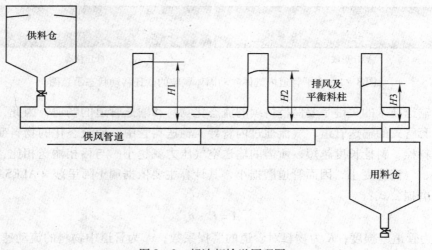

图 8－3　超浓相输送原理图

超浓相输送无机械动作，无磨损，可靠性高，寿命长。但是它对氧化铝的粒度要求较高。若氧化铝过细，易堵塞多孔板、风动流槽排气网，使送气、吸气不畅，氧化铝在定容室中会因排气不尽出现正压而流出，使下料的准确性变差。另外，当定容料室容积减少时，每次加料的投料量过少，在处理铝电解阳极效应时，由于料箱和下料器分离，造成下料充料环节耗时，多次加料时间必然拖长，而导致阳极效应超过规定时间。

8.2 硫化矿焙烧

8.2.1 硫化矿焙烧工艺简介

在提取冶金的矿物原料中，许多矿石或精矿中的金属化合物的自然形态，并不是通过直接还原或稀酸浸出就可以很容易、很经济地从矿石或精矿中提取出来的。因此，首先有必要将这些矿物原料中的金属化合物转变为有利于冶炼的另外形态，焙烧就是常用的完成这类化合物形态转变的高温物理化学过程。即在适宜的气氛中，将矿石或精矿加热到一定的温度，使其中的矿物组成发生物理化学变化，以符合下一步冶金处理的工艺要求。因此，焙烧是矿物原料冶炼前的一种预处理作业。

在有色金属冶金方面，最有意义的是硫化矿、精矿及半产品的氧化焙烧，这种焙烧应用于铜、镍、铅、锌、锡、稀有金属及贵金属的生产中。

硫化物的氧化焙烧是在回转窑、多膛焙烧炉、飘悬焙烧炉、流态化焙烧炉等进行的。在工业实践中，回转窑焙烧和多膛炉焙烧属于层状焙烧，而飘悬焙烧和流态化焙烧则归属于悬浮焙烧。

层状焙烧时，硫化矿物料成厚度较大的（30~300mm 厚）层状进行焙烧，烧结时首先氧化的是物料薄表面层，即料层及料流暴露的活性表面。暴露的活性表面直接与炉气接触，因而在活性表面附近和一定深度内进行连续的气体交换，这样便保证了氧气引入及焙烧气体产物的排出。由于焙烧料经过磨细，料层密度很大，同时活性表面与气体的接触时间又有限，所以在料层深处进行气体交换是很困难的。因此，在暴露的活性表面上开始的硫化物氧化过程，能够透入料层的深度是很小的，不超过 5~6mm。焙烧过程透入料层的深度，取决于在料层内焙烧的扩展线速度以及活性表面与炉气的接触时间。

硫化物氧化反应与焙烧热交换过程有着紧密的联系，后者应通过工艺过程来保证炉内各工作带所需的温度分布。硫化物氧化焙烧的热交换包括两个过程：硫化物氧化及碳质燃烧的放热过程，以及焙烧料、炉气与炉衬之间的热交换过程。

层状焙烧炉的主要缺点是物料与气体的接触不够，仅仅在暴露表面上接触，大部分物料隐没在厚厚的料层内部，氧气不可能进入其中。由于这种原因大大减弱了焙烧过程的进行，因为物料颗粒只能逐渐与氧气发生反应，因而物料在炉内停留的时间可以长达 10h。

为了消除层状焙烧这一主要缺点，大大强化焙烧过程，创立了新的焙烧方法，即悬浮焙烧。悬浮焙烧的实质，在于取消紧密的料层，使之与空气混合，固体料与气体构成不同比例的空气混合物。在空气混合物中，每一固体颗粒都保证有充足的氧气，因而大大强化焙烧过程，使焙烧进行的时间能短至数秒。在工业实践中，悬浮焙烧在两类炉子中进行：飘悬焙烧炉及流态化焙烧炉。现代新建厂多采用流态化焙烧炉，因此本节主要介绍流态化焙烧炉。

8.2.2 流态化焙烧过程的传输现象

流态化焙烧炉是利用流态化技术的热工设备。它具有气-固之间热质交换速度快、层内温度均匀、产品质量好、流态化层与冷却（或加热）器壁间的传热系数大、生产率高、操作简单、便于实现生产连续化和自动化等一系列优点，因此流态化炉广泛应用于锌精矿、铜精矿的氧化焙烧和硫酸化焙烧，含钴硫铁精矿的硫酸化焙烧，锡精矿、辉铜矿、富镍冰铜的氧化焙烧，高钴渣的氯化焙烧，汞矿石焙烧。本节主要以锌精矿流态化焙烧为例进行介绍。

硫化精矿的流态化焙烧是强化的过程，氧化反应剧烈进行放出大量热，可以维持炉内锌精矿焙烧的正常温度（850~1150℃）。由于精矿粒子被气流强烈搅动而在炉内不停地运动，整个炉内各部分的物理化学反应是比较均一的，从而可以保持炉内各部分的温度很均匀，相差只有10℃左右。并且可以设置活动的冷却水管，当温度上升时，随时插入流态化层来调节。所以采用流态化焙烧可以严格控制焙烧温度。

锌精矿加入流态化炉后立即进入高温焙烧室，在此被气流连续翻动发生焙烧反应。一部分较粗的锌颗粒约在炉内停留几个小时，然后从相对于加料口处设置的溢流排放口流出，得到焙砂产品。另一部分较细的颗粒（一般约占50%以上），随气流带至炉子上部空间发生氧化反应。由于炉内气流速度大（一般线速度为0.4~0.8m/s），这些被气流挟带的粒子在炉内停留不到一分钟，就被带出炉外。气流速度愈大，停留的时间愈短，带出的细粒也愈多。但是由于温度高、气流速度大及粒子本身的表面积大，在这么短的时间内仍可保证硫化物发生充分的氧化反应。在收尘设备中收集下来的这部分产品是烟尘，收尘后可与细磨以后的焙砂混合供湿法炼锌使用。对于火法炼锌厂，由于烟尘中的硫及某些易挥发的杂质（铅与镉）较多，需要另行处理或返回焙烧后，才合乎火法冶炼的要求。

8.2.2.1　锌精矿流态化焙烧过程的动量传输

A　锌精矿流态化的特征

流态化焙烧的基础是固体流态化。当气体通过固体炉料料层时，由于气体的速度不同可分为三个阶段：即固定床、膨胀床及流态化床，如图8-4所示。图8-5为直线速度与床层压力降的关系图。空气在炉内流态化层中每秒上的距离（m），称为气流速度或鼓风直线速度。如图8-5所示，AB段为固定床状态，颗粒静止不动，此时Δp随气流速度v增大而增加。速度达到B点时，颗粒开始松动，此时的气流速度称为临界流化速度。当速度达到C点，颗粒已彼此分离开始出现上下翻动的现象，阻力最大。此后进入DE段，这时颗粒始终处于上下翻动状态，Δp不再随气流速度v增大而增加，即进入流态化状态。临界流化速度可由下式来计算：

$$v_c = 0.695 \frac{d_s^{1.82}(\rho_s - \rho_g)^{0.94}}{\mu^{0.88} \rho_g^{0.06}} \quad (Re < 10) \qquad (8-5)$$

式中，v_c为临界流化速度，m/s；d_s为颗粒直径，m；ρ_s为锌精矿密度，kg/m³；ρ_g为气体介质密度，kg/m³；μ为气体介质黏度，Pa·s；Re为雷诺数。

流态化层的临界速度与粒子的直径、固体性质、气体性质有关，与流态化高度无关。

当进一步增加气流速度，达到某一极限值时，颗粒会被气流带走，此时的气流速度被称为带出速度v_t，可通过斯托克斯公式计算：

$$v_t = \frac{d_s^2(\rho_s - \rho_g)g}{18\mu} \qquad (8-6)$$

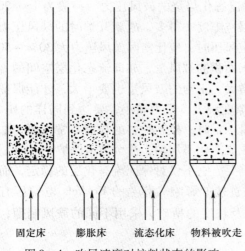

图 8-4 吹风速度对炉料状态的影响

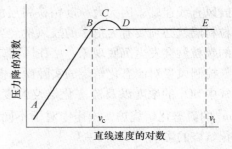

图 8-5 直线速度与床层压力降的关系图

流态化焙烧过程应控制实际的气流速度 v_0 大于临界速度 v_c,而小于带出速度 v_t。但由于矿物颗粒大小的不均匀性,故在较大颗粒达到临界速度条件时,一些小颗粒矿粉已超过带出速度。因此有相当数量的矿粉会被气流带入烟道中,为此必须设收尘器予以回收。研究表明,对 0.246~0.147mm 的锌矿粉,密度在 $4.1 \times 10^3 \mathrm{kg/m^3}$ 左右,800~900℃时其临界流化速度为 0.050~0.052m/s。

B 锌精矿正常流态化的鼓风压力与鼓风量

精矿正常流态化时,料层的压力降大约等于床层单位面积上的重量,关系如下:

$$\Delta p = \frac{M}{A} = H(1 - \omega)(\rho_s - \rho_g) \tag{8-7}$$

式中,Δp 为压力降,Pa;M 为流态化层中固体粒子的质量,kg;A 为流态床总面积,$\mathrm{m^2}$;H 为流态化层高度,m;ρ_s 为锌精矿密度,$\mathrm{kg/m^3}$;ρ_g 为气体介质密度,$\mathrm{kg/m^3}$;ω 为流态化层中物料的空隙度,一般为 30%~40%。

从式(8-7)可知:流态化层的压力降是气流在流态化层中所受的阻力,也就是保证正常流态化所需鼓风压力的主要组成部分。但实践证明,压力降的大小与流态化层的高度及物料的密度有关,而与物料粒度无关。不过根据该式计算的压力降,往往比实测数据偏低。这是由于造成流态化层后,还有各颗粒之间的碰撞与摩擦,物料粒子与器壁间的摩擦等。这些能量损失未包括在式中。因此在生产实践中更为切合实际的压力降计算式应为:

$$\Delta p = H(\rho_s - \rho_g)(1 - \omega) + \Delta p' + \Delta p'' \tag{8-8}$$

式中,$\Delta p'$ 为物料各颗粒之间的碰撞与摩擦阻力,Pa;$\Delta p''$ 为物料与器壁之间的摩擦阻力,Pa。

对锌精矿流态化焙烧来说,实测每 100mm 高度流态化层的压力降约为 1.0~1.2kPa。根据压力降大小的变化可以判断流态化焙烧过程中料层正常流态化的状态。因此,流态化层压力降的测定,是控制焙烧过程的重要条件,也是设计流态化炉和选用鼓风机的重要数据。除了流态化层的压力降以外,流态化焙烧的鼓风压力还要加上空气分布板与送风管道的阻力。空气分布板的压力降,由于各厂采用的风帽结构差别较大,波动也较大,为 1~

5kPa。这样，如果采用1m高的流态化层，锌流态化焙烧的鼓风压力，一般为15~20kPa。由于开炉时新铺好的料层比正常流态化的料层空隙度小得多，故新开炉时的鼓风压力要比正常流态化时大得多。所以在选定鼓风机额定风压时，应比实际鼓风压力大30%~50%。

正常流态化的另一个重要因素是单位炉床面积的鼓风量，亦即流态化层空间的直线速度。当流态化层的高度一定时，精矿的粒度增大，正常的鼓风量也要增大，才能保证必需的鼓风直线速度。因为大粒度精矿料层的空隙度较大，阻力较小，要达到同样的压力降，大粒料层就必须要有大得多的鼓风量。当风量一定时，控制炉料的粒度非常重要，加入过大的颗粒就会发生沉底现象，堵住风帽，造成流态化不均匀，甚至被迫停炉。

控制风量对流态化焙烧的实际操作极为重要，它不仅对保证流态化层的稳定，而且对烟气中 SO_2 的浓度以及流态化焙烧温度也有直接的影响。芬兰的 Kokkola 电锌厂有一台 $72m^2$ 的流态化焙烧炉，操作中对于不同成分及粒度的精矿，采用不同的鼓风制度，对流态化焙烧的影响列于表 8-1。

表 8-1　不同精矿的不同焙烧制度

	生产率/t·d^{-1}		鼓风量 /m^3·h^{-1}	直线速度 /m·s^{-1}	温度/℃		烟气中 SO$_2$/%
	总加料量	平均每 1m^2			沸腾层	炉顶	
含铅低（0.27%）	610	8.47	42000	0.77	1030	1030	9.2
含铅中等（0.63%）	580	8.07	48000	0.86	995	960	8.2
粒度：50% <35μm	530	7.38	41000	0.68	890	1050	11.7

从表 8-1 可以看出，粒度较小的精矿，采用较小的风量及相应较小的直线速度，则生产率较低。炉顶烟气温度比流态化层高得多，说明被气流带至炉子上部空间焙烧的细粒较多，烟尘率一定较高，但烟气中的 SO_2 浓度较高。含铅较高的精矿，必须采用较大的鼓风量以达到较大的直线速度，才能保证不会结炉。但炉顶烟气温度反比流态化层低，说明精矿粒子在流态化层有黏结现象，带至炉子上部发生氧化的粒子减少了。由于风量增大许多，故烟气中 SO_2 的浓度下降很多。表中数据说明，在选定鼓风量时，除了考虑正常流态化的最小风量外，还应研究精矿的特性。

在生产实践中，理论鼓风量一般根据精矿中硫化矿物在焙烧过程中与空气中的氧发生的氧化反应来计算。已知锌精矿中的锌、铁、铅、铜、镉等金属是以金属硫化物形态存在的，在焙烧中可以确定它们相应的氧化物为 ZnO、Fe_2O_3、PbO、CuO、CdO 等。当然在焙砂中尤其在烟尘中也会有一些生成 $MeSO_4$ 或其他化合物，由于量少在计算中可以忽略不计。

锌精矿焙烧的脱硫率一般为90%左右。脱去的硫可以按95%氧化为 SO_2，5%氧化为 SO_3 来计算。根据这些氧化反应计算出氧量后，便可算出理论空气量。焙烧1t锌精矿的鼓风量约为 1500~1800Nm^3，平均为 1650Nm^3。

为了加速反应的进行，提高设备的生产率，实际的鼓风量一般比理论计算的空气量要大。对湿法炼锌厂来说，这个过剩量为10%~30%，平均为20%。对火法炼锌厂，这个过剩量要小一些为5%~10%。所以焙烧1t锌精矿的实际鼓风量约为 1800m^3（标准状态）。应该着重指出，在选用流态化焙烧炉的鼓风机时，风机的额定风量，应比实际需要的风量大30%以上。这是为了在开炉时能造成均匀的流态化层,以及由于停电或其他事故被迫停风以后,重新鼓风开炉的需要。有时考虑到流态化焙烧炉提高生产率后需要的鼓风量,还要选更大一些的鼓风机。

直线速度的计算方法为,用45s通过炉内的空气量除以流态化层空间的横断面积。空气量数值应该换算为流态化层温度下的体积。各炼锌厂采用的鼓风直线速度波动在0.4～0.8m/s之间。目前许多炼锌厂乐于采用高的鼓风直线速度,以提高流态化焙烧炉的生产率。

8.2.2.2 锌精矿流态化焙烧过程的热量传输

流态化床具有很高的导热能力。有人测得流态化床的导热能力随颗粒大小及床层膨胀程度而变,最大时可达银的导热系数的100倍左右。实际上对于操作正常的流态化焙烧炉,不论垂直方向或是水平方向上,整个床层温度都是比较均匀的,只是在流化介质入口处附近不太厚的一层内,存在一定的温度梯度。因而工程上一般不考虑层内各部位之间的热阻。研究流态化床内热交换主要是针对以下两类传热问题,即流化介质与颗粒表面间的传热及床层与其表面间的传热。床层与器壁表面间的对流传热机理,可参看参考文献[1]。

在锌精矿焙烧过程中,由于流态化层内精矿颗粒快速循环,气流又使床层激烈搅动,因而流态化层内传热系数很大,流态化层内各部分温度几乎一致,可控制流态化层内温度在±10℃波动。正是由于流态化层内有各种良好的热传导,故可以在流态化层内任何一点进行冷却(如喷水)而使整个流态化床得到冷却,以降低流态化床的温度。在生产实践中流态化焙烧炉常设有水套或汽化冷却管以降低流态化层的温度。在焙烧炉开炉预热操作中,可充分利用流态化床良好的传热效率,先使炉料开始流态化然后再预热,其速度快得多,且温度也均匀得多。在铺炉料中加入适量的锌精矿或在预热过程中向流态化焙烧炉内适量加入粉煤或锯末,当其在流态化床内燃烧后流态化层温度便会迅速而均匀地上升,使开炉操作更快更顺利地进行。

8.3 有色金属还原熔炼

铅、锌、锡、锑、铋等重金属的还原熔炼是以氧化矿或硫化矿的焙烧矿为原料,以碳质还原剂兼作燃料,在高温炉内进行熔融和还原冶炼,呈液态(或气态冷凝后)产出金属,同时使脉石和杂质形成炉渣被分离出去。本节简要介绍铅鼓风炉及锡精矿矿热电炉还原熔炼过程的传输现象。

8.3.1 铅鼓风炉还原熔炼过程的传输现象

8.3.1.1 铅鼓风炉还原熔炼工艺简介

炼铅鼓风炉处理的物料主要是自熔烧结块,还原熔炼所需的熔剂是在配备烧结炉料时加好了的,鼓风炉一般不再加熔剂和其他炉料,只有在烧结块残硫高、熔炼炉渣渣型改变以及炉况不正常时可能添加铁屑、返渣、萤石和其他含铅返料。加入鼓风炉的燃料通常为焦炭,其数量为上述炉料的9%～14%。焦炭是燃料,也是还原剂。

铅烧结块的一般化学成分为(%):Pb 40～45,Zn 3～10,Cu 0.5～2,S 0.8～2.5,

SiO_2 8 ~ 13，Fe 7 ~ 14，CaO 5 ~ 12。其中铅主要是以 PbO（包括结合型的硅酸铅和铁酸铅）和少量的 PbS、金属 Pb 及 $PbSO_4$ 形态存在。烧结块含硫率视块中铜、锌含量而定。铅锌矿含锌量高时，烧结焙烧应进行死烧，彻底脱硫；若含铜高于 1.5% 时，则应留少量的硫；若含铜、锌量都高时，首先应进行死烧，在鼓风炉熔炼时，则加入少量黄铁矿使铜硫化而造锍。FeO、SiO_2、CaO、MgO、Al_2O_3 等成分的含量应符合选定的渣型。

铅鼓风炉还原熔炼的目的：

（1）把铅从烧结块中最大限度地还原出来并进入粗铅，同时将 Au、Ag、Bi 等贵金属富集其中。

（2）将铜还原进入粗铅，若烧结块中含 Cu、S 都高时，则使铜呈 Cu_2S 形态进入锍中，以便下一步回收。

（3）若炉料中含有 Ni、Co 时，则将 Ni、Co 还原进入黄渣。

（4）使脉石成分（SiO_2、FeO、CaO、MgO、Al_2O_3）造渣，锌以 ZnO 形态入渣。

铅鼓风炉熔炼发生的主要过程包括碳质燃料燃烧、金属氧化物还原、脉石及氧化锌成分造渣等过程，同时还可能发生硫化物形成锍、砷化物形成黄渣的过程，以及上述熔体产物的沉淀分离过程。

8.3.1.2　铅鼓风炉还原熔炼过程的动量传输现象

A　竖炉内物料下降运动

炉料和焦炭由加料斗加入。在熔炼过程中，随着炉料的下降，炉料和焦炭在炉内将进行重新分布。块状料从料斗下口出来后，将自然向两侧波动，而经过烧结焙烧后具有较大黏性的铅精矿，离开加料斗后基本上集中在炉子中央。所以，炉子两侧的块料和焦炭多，炉中心为夹有块料和焦炭的中心精矿料柱，从而形成炉料分布不均匀的状态。炉内物料依靠自身的重力向下运动。由于入炉铅烧结块直径仅相当于炉子直径的几十分之一甚至更小，故可将这些料块组成的料柱视为散料层。

散料层内物料颗粒受到两种摩擦阻力，一是物料颗粒之间的摩擦阻力，二是料块与侧墙之间的摩擦阻力。由于两种摩擦阻力的反作用，料块自身的重力作用在炉底上的垂直压力减少。实际作用于炉底的重量（即垂直压力）称为料柱的有效重量，其值为：

$$M_j = K_j M_{ch} \tag{8-9}$$

式中，M_j 为料柱的有效质量，kg；M_{ch} 为料柱实际质量，kg；K_j 为料柱下降的有效质量系数。

上式值只取决于炉子形状，向上扩张的炉子 K_j 值最小，而且随炉墙扩张角增大而变小，向上收缩的炉型 K_j 值最大。

当料柱超过一定高度后有效重量停止增加，其原因是料层内形成自然"架顶"，即发生悬料现象。料层越高，炉料与侧墙之间的摩擦力越大，形成自然"架顶"的可能性越大，而且架顶越稳定。故料层高度不能过分增加。现在世界各国广泛采用的是上宽下窄的倾斜炉腹型的全水套矩形鼓风炉，有的国家采用椅形（异形炉的一种类型）鼓风炉。

B　上升气流对物料的影响

上升气流与下降物料相遇时，气流受到物料的阻碍而产生压力损失。这种压力损失对物料即构成拖力（或称气流对表面的动压力），它取决于气流动量，计算式为：

$$\Delta p = \zeta \frac{v_g^2}{2} \rho_g A_{ch} \qquad (8-10)$$

式中，v_g 为料块间气流速度，m/s；ζ 为料层对气流的阻力系数；A_{ch} 为料层在垂直于流向线平面上的投影面积，m^2；ρ_g 为气体密度，kg/m^3。

使物料下降的力 F 取决于物料的有效质量 M_j 和上升气流对物料的拖力，其关系为：

$$F = M_j - \Delta p \qquad (8-11)$$

若 $F > 0$，则物料能顺利自由降落；

若 $F = 0$，则物料处于平衡状态，将停止自由下降；

若 $F < 0$，则物料将被气流抛出层外，即物料由稳定状态变为不稳定状态。

为了保证物料顺利下降，就必须在炉内保持 $M_j > \Delta p$，为此应增大物料的有效质量 M_j，相对地减少气流对料层的动压力 Δp。炼铅鼓风炉由于上宽下窄，形成炉子截面向上扩大，降低了炉气上升速度 v_g，从而降低了 Δp，延长了还原气体与炉料的接触时间，有利于气相与固相反应的进行，并且由于炉气上升速度减慢，被炉气带走的烟尘相对减少。

此外，由于炉内炉料分布的不均匀，导致炉气沿炉子水平断面分布也不均匀。炉子两侧料柱中块料多，对炉气的阻力小，而炉子中心的铅精矿多，再加上料斗的密封料柱的压力，故对烟气的阻力较大。因而烟气易于从炉子两侧料柱中穿过，而流经中心料柱的烟气量较少。

8.3.1.3 铅鼓风炉还原熔炼过程的热量传输现象

炉料在炉内形成垂直的料柱，它支承在盛接熔炼液态产物的炉缸上，一部分压在炉子的水套壁上。因为沿炉内高度的不同，炉气成分和温度也各异，故大致可沿炉高将炉子分为六个区域，如图 8-6 所示。

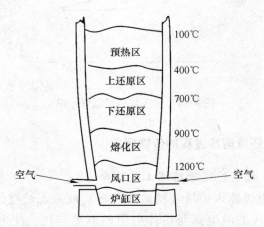

图 8-6 鼓风炉内区域划分示意图

在预热区，物料被预热，带入的水分被蒸发。水分蒸发是吸热过程，故炉顶料面温度较低，降低了铅的挥发损失。继而化学结晶水开始被分解蒸发，易还原的氧化物如 Bi_2O_3 及游离的 PbO 开始被还原。在还原区，物料本身所有的结晶水被分解蒸发，各种金属的碳酸盐及硫酸盐开始离解，金属氧化物被还原为金属，氧化铅及硫酸铅开始相互反应而形成铅及 SO_2，生成的铅像雨滴似地冲洗在炉料上，并从中富集金和银。而在熔炼区，炉料完全熔融，形成的液体流经下面赤热的焦炭层过热，进入炉缸，而灼热的炉气则上升，与下降的炉料作用。风口区几乎由赤热的焦炭充满，前述各区反应所得到的熔体均在此区过热。近风口的一层是炉内燃料的燃烧带。此处发生碳的燃烧反应，产生高温，其温度可达 1400 ~ 1500℃，通常称此高温区为焦点，实际为一个区域，可称焦点区。焦点区以上为还原带，主要是燃烧带产生的大量 CO_2，通过此赤热焦炭层而发生气化反应产出大量 CO，反应式为：$CO_2 + C \Longrightarrow 2CO$。此反应式为吸热反应，故此带温度降至 1200 ~ 1300℃。炉缸区包括风口以下至炉缸底部，其温度上部为 1200 ~ 1300℃，下部为 1000 ~ 1100℃。过热后的各种熔融液体，流入炉缸按比重分层。

此外，由于炉料和烟气分布的不均，所以炉内的温度分布也不同。炉子两侧高温烟气量大，气固接触好，反应强烈，温度较高。而炉子中心部位则相反，温度较低。尤其在炉子上部，这种温差更大。越靠近风口水平面，这种温差将逐渐减小。图 8 - 7 所示为日本阪岛冶炼厂一座密闭鼓风炉的炉温分布图。研究表明，在焦点区以上，中心料柱的传热，在外周边以辐射及对流为主，传热较快，而料柱的中心主要靠传导来完成，传热较慢，炉子两侧的温度总是高于炉中心的温度，但越接近风口水平面，温度差越小，最后趋于一致。

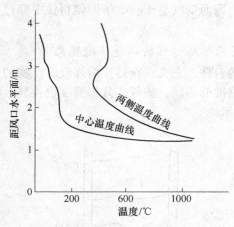

图 8 - 7　鼓风炉内炉温分布图

8.3.2　锡精矿矿热电炉还原熔炼过程的传输现象

8.3.2.1　锡精矿矿热电炉还原熔炼工艺简介

矿热电炉是一种将电极插入炉料（精矿或矿石）或液态熔融体（如熔渣）中，依靠电极与熔渣交界面上形成的微电弧与熔体电阻的双重作用，使电能转化为热能的电热设备。

在有色金属提取冶金中，矿热电炉主要用于：

（1）熔炼。硫化铜、硫化镍精矿的熔炼，产出冰镍；铅、锌、锡矿的还原熔炼，分别获得粗铅、粗锌与粗锡；熔炼钛锆矿产出含 TiO_2 的钛渣。

（2）炉渣贫化。如闪速炉渣以及转炉渣的贫化处理，降低渣中的有价金属，使炉渣达到可废弃的程度。此外，还用于铅、锌和锡烟尘的熔炼，以回收有价金属。

（3）熔炼产物的过热与保温。如鼓风炉的电热前床等。锡精矿矿热电炉还原熔炼是锡精矿在电炉内熔炼产出粗锡的过程，为锡精矿熔炼方法之一。电炉炼锡具有易于达到高温（1450℃～1600℃）、强还原、热效率高、炉气和烟尘少等特点，为世界许多国家的炼锡厂采用，是产锡量仅次于反射炉的炼锡方法。适用于熔炼含锡高、含铁低或难熔的锡精矿。

8.3.2.2 锡精矿矿热电炉还原熔炼过程的动量传输现象

在电炉熔池内，放热最多的是接近电极的熔池区域。在电极与炉渣接触处放热最强烈，在位于距电极中心线两倍电极直径范围的熔池容积内，放热大为减弱，最后，在距电极中心线超过两倍直径的熔池其余部分，便没有本身的放热了。因此，远离电极的熔池区域，主要是依靠熔池内的热交换过程供给热量。熔池各部分在热量方面不相等是导致炉子温度场不均匀的原因，它首先就引起炉渣独特的对流流动。在炉内炉渣从电极到炉墙的强烈对流流动，保证了热能从炉子较热区域传给较冷的区域。因此，液体熔池内的热交换过程的特点，主要为对流传热。

在电炉内，炉渣对流流动的简图如图8-8和图8-9所示。在电极附近电极与炉渣接触区域内，炉渣强烈过热。因为渣内含有大量被溶解的空气和其他气体的气泡，故过热炉渣的比重比冷的炉渣小得多。因此，接近电极表面的渣层与距电极较远的熔池区域的渣层产生比重的差别，结果就使电极处较轻的炉渣本体急剧地上浮，靠近电极处浮起的炽热炉渣呈包围电极的环到达熔池的表面，然后炉渣的惯性力便从电极向熔池各方向扩展。

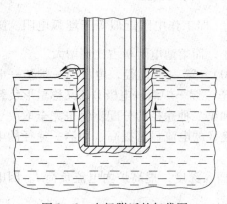

图8-8 电极附近的气袋图

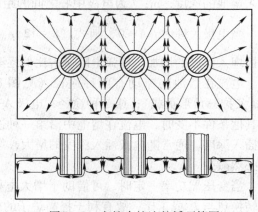

图8-9 电炉内炉渣的循环简图

在电极之间形成两股逆向炉流的相遇地带，它们彼此汇合成总渣流层，并沿电极分界线流向炉墙。在炉墙附近，渣流沿炉墙的水平面和垂直面扩展。沿炉墙表面向下扩展了的渣流，大部分到达电极末端的平面后便转向电极，而完成这部分熔池内的返回流动。在这熔池上部流动着的渣流，到达电极表面，在电极与炉渣接触处重新过热，再散向熔池表面等等。

只有一小部热炉渣才落到电极插入深度的平面以下，因此，电极下面那部分熔体几乎不参与对流流动。可以认为这是停滞的区域。渣流对流的速度相当大，对于工厂的炉子约为1～2m/s。单位功率增加时，则渣流的速度增大。上述熔池内炉渣的对流流动情况，决定了各个区域的热交换过程和供给热的过程。炽热的炉渣随着离开电极的流动，将过剩的热传给较冷的熔池区域，并提高其温度。熔池某些区域通过的炽热炉渣已经大大冷却，或者其数量不多时，将会出现热量不足及温度降低的现象。这种情况首先发生在电极下面的熔池层，以及炉子四角和远离电极的炉墙表面。电极下面不流动的熔池层越深，这层就越冷，因而生成炉瘤的可能性就越大。

电极的插入深度、炉渣与还原剂的接触速度、炉渣的黏度、熔池的长度与宽度对还原熔炼的动量传输影响较大。

8.3.2.3 锡精矿矿热电炉还原熔炼过程的热量传输现象

矿热电炉的电能以下列两种方式转换成热能：一种是由电极和熔渣交接面上形成微电弧放电而转换成热能；另一种是电流通过熔渣时，因熔渣本身电阻的作用而产生的热能。

电能在电弧部分和渣层电阻部分的分配，通常通过改变电极插入熔池的深度来调节。在其他条件相同时，电能分配到电弧部分的比例，随着电极插入深度的增加而降低，而分配到渣层电阻部分的比例则随电极插入深度的增大而加大。这是因为矿热电炉的工作电阻（Ω）（指相电阻、包括埋弧电阻和熔池电阻）与电极埋入深度等因素存在着下列关系：

$$R = \frac{1}{\pi} \cdot \frac{\rho_1 \rho_2}{\dfrac{3h\rho_1}{\ln \dfrac{l}{d}} + d\rho_2} \tag{8-12}$$

式中，ρ_1 为电弧电阻率，$\Omega \cdot m$；ρ_2 为熔池（主要指熔融炉渣）电阻率，$\Omega \cdot m$；h 为电极埋入熔池的深度，m；l 为电极中心之间的距离，m；d 为电极直径，m。

当电极浅埋时，$h \approx 0$，则式（8-12）$\rho_1 \approx \dfrac{\rho_1}{\pi d}$，即工作电阻近似等于埋弧电阻。随着电极埋入深度的增加，埋弧电阻所占比例逐渐减小，而熔池电阻所占比例增大。

电流在熔池的流动有两种途径（见图 8-10）。第一种途径，电极 A—炉渣—电极 B（又称三角形负载）；第二种途径，电极 A—炉渣—锡—炉渣—电极 B（又称星形负载）。当其他条件不变时，电流在熔池中沿第一种途径和第二种途径的分配比例也完全取决于电极插入深度。通常随电极插入深度的增大，第二途径的电流显著提高，而第一途径的电流则必然减少。

当变压器功率一定时，可借助于增大电极的插入深度，提高炉内电流负荷 I。因电能的转换热与 I^2 成正比，故有利于提高炉子的生产率。

电极插入深度应该适当，如果电极插得过深会引起炉渣和锡的澄清分离状况变坏，甚至可能发生还原锡过热的现象。反之，若电极插的过浅会使电弧拉长，造成渣面温度和烟气温度升高，而锡层温度降低，对操作不利，热效率降低。

在变压器功率一定时，电极的插入深度还与工作电压或称二次电压有关。电极插得过深时，二次电压势必相应降低，反之相应提高。在生产上二次电压应结合炉料组成、电流负荷、经济和安全因素加以选取。当前国外有提高工作电压操作来增大熔化速度的趋势。

研究结果表明，大部分电流集中在距电极中心线两倍直径的熔池内（见图 8-11）。由于电场的不均匀性而带来熔池内温度分布的不均匀性。一般，熔池内电极附近的炉温最高（约 $2000 \sim 2100 ℃$），在炭块处的等温线可达 $1900 ℃$。而我国某炼锡冶炼厂原有的操作制度，电极接近炉底的机会较多，放完渣后，采用不停电进料，或者在放锡次数过多时，炉内锡液很少，只留有不厚的导电性差的渣层，电极插入渣中很深，使电弧高温区接近炉底。碳质材料的耐火度虽然很高（2500℃以上），但其荷重软化点仅 1750~1900℃，当其处在 1900℃以上的温度时，就会发生软化，同时，电弧作用使炉内的渣、锡强烈搅动和电弧本身的冲刷，以及高温化学作用的腐蚀，使炉底遭到迅速破坏。后来该厂放锡、放渣操作时保留一部分锡和渣在炉内，使电极距炉底较远，同时由于中压熔炼的电场分布范围比用低压熔炼时要小，电极的插入深度也浅。因此，炉底的损失程度大大减小。

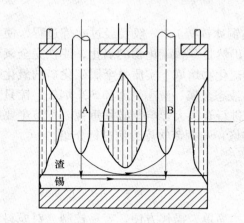

图 8 - 10　熔池中电流流动示意图

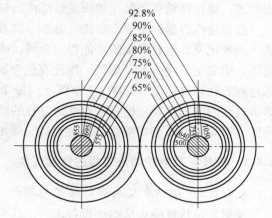

图 8 - 11　工业电炉的电场

由于熔池温度分布不均匀，使接近电极表面的炉渣强烈过热，炉渣密度降低，从而上浮至熔池表面，并沿熔池表面的上层向四周流动。在流动过程中，当炉渣与料堆下部相遇时，便将部分热量传递给炉料，使之熔化，此时形成的熔体温度较低，密度较大，于是下沉，并在炉渣下层向电极方向移动，回流到电极周围，又重新被过热而上浮，如此不断地循环，加速了熔池内的热交换。

高温熔融炉渣在流动过程中与沉于渣层的固体料坡相遇时，熔融炉渣以对流换热方式将热能传给料坡表面的固体炉料，使之熔化过热，形成冶炼产物锡和新炉渣。炉渣对料坡的对流换热量 Q 采用牛顿冷却公式计算：

$$Q = h(t_s - t_{Ch})A_{Ch} \tag{8-13}$$

式中，h 为对流换热系数，$W/(m^2 \cdot ℃)$；t_s，t_{Ch} 分别为炉渣、料坡表面温度，℃；A_{Ch} 为与流动炉渣接触的料坡面积，m^2。

对流换热系数 h 主要取决于炉渣流动速度，流动速度越快，h 越大。如加快炉渣流动速度，提高 t_s 以及增大料坡沉入渣中表面积 A_{Ch}，则对流换热量越大，料坡的熔化速度就越快。

电极附近的高温炉渣与熔池内低温炉渣之间的热交换，也主要靠对流方式。因炉渣热导率较小，传导的热量很小。

在熔池垂直方向上，炉渣对锡层的传热方式主要是传导。由于锡处于相当平静的状态，因此，锡层上部到底部的传热，几乎是单一的传导方式。

8.4　有色金属造锍熔炼与吹炼

造锍熔炼的物料主要包括硫化精矿和造渣用的熔剂。对于铜的造锍熔炼，熔炼的物料包括铜精矿及造渣熔剂。经过造锍熔炼，物料中除了硫氧化成 SO_2 从烟气中排出以外，其他元素，有少量被挥发，大部分则分别进入铜锍和炉渣两种产物中。

造锍熔炼属于氧化熔炼，精矿中的 FeS 被部分氧化，产生了 SO_2 烟气，氧化得到的 FeO 则与 SiO_2 等脉石成分造渣。没有被氧化的 FeS 则与高温下稳定的 Cu_2S 形成铜锍。

除了铜精矿的造锍熔炼以外，镍的造锍熔炼产出镍锍或铜镍锍，铅的还原熔炼过程产出铅锍，硫化锑精矿的鼓风炉挥发熔炼产出锑锍。

造锍熔炼得到的主要产物锍（冰铜、冰镍或铜冰镍等），一般要经过吹炼过程，使其进一步氧化及其他处理步骤才能得到金属。吹炼仍然是金属硫化物的氧化，使铁完全氧化造渣，硫完全氧化得 SO_2 烟气。因此有色金属的硫化物熔炼，实质是金属硫化矿的氧化熔炼过程。在熔炼高温（1200～1300℃）下，产出液态金属、液态炉渣和 SO_2 烟气，锍只是熔炼过程的中间产物，但是它对熔炼过程的顺利进行有很大影响，必须重视。本节主要以铜的造锍熔炼（反射炉熔炼、闪速熔炼、熔池熔炼）与铜锍吹炼为例进行介绍。

8.4.1　铜精矿反射炉熔炼过程的传输现象

8.4.1.1　铜精矿反射炉熔炼工艺简介

反射炉是传统的火法冶炼设备之一，具有结构简单、操作方便、容易控制、对原料及燃料的适应性强等优点。因此，反射炉在熔炼、熔化、精炼等方面得到了广泛应用，特别是在铜、锡等金属的冶炼中具有重要地位。

第一台炼铜反射炉始于 1879 年，此后，反射炉炼铜迅速发展，在 20 世纪 60 年代达到顶峰，其产量达到世界铜总产量的 70%。反射炉炼铜示意图如图 8－12 所示。但反射炉炼铜法有它难以克服的缺点，主要问题是硫化铜精矿潜在的热能利用差，熔炼所需热量主要靠外供燃料的燃烧供给，而燃料燃烧的热利用率又只有 25%～30%，因此燃料消耗多，产出的烟气量大，而其中的 SO_2 浓度低，回收利用困难，环境污染严重，这些缺点制约了它的发展。到 20 世纪 70 年代，以闪速熔炼为代表的低能耗、高效率、低污染的现代熔炼方法迅速崛起，致使反射炉熔炼逐渐被新的炼铜方法取代。

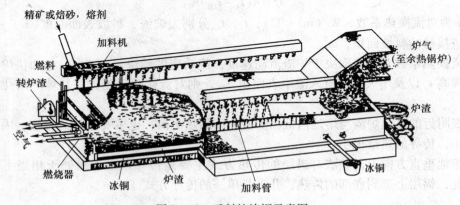

图 8－12　反射炉炼铜示意图

8.4.1.2　铜精矿反射炉熔炼过程的动量传输现象

反射炉内进行以下四个过程：（1）燃料燃烧和燃气的运动；（2）气体与炉墙、炉料、熔体之间进行热交换；（3）炉料受热，并发生物理化学变化；（4）熔体产物的运动与澄清分离。

碳质燃料是反射熔炼中的主要热源，它在由炉顶、炉墙、料坡和熔池液面包围而成的炉子自由火焰空间中燃烧。燃料在炉内燃烧形成大量的高温气体，形成主要载热体。因为燃料燃烧过程连续进行，所以燃烧形成的气体也不断地从炉子的加热端流向炉子的尾部。

随着物料温度的升高达到熔点，在炉料表面层也发生物料的物理 – 化学变化，如脱水、离解、形成冰铜、造渣等。随着反应进行，冰铜和炉渣从料坡表面流入熔池中，在溶池中分层和澄清。在熔池中出现炉渣从炉子中心向料坡的流动和在料坡近旁向熔池深处的流动，这种流动是由于炉渣在熔池中心处的过热和在料坡近旁处的冷却引起的。炉渣的流动使料坡从下面发生熔化。此外，在熔池中还有炉渣向着放出口的方向流动、冰铜通过炉渣层等流动。

8.4.1.3 铜精矿反射炉熔炼过程的热量传输现象

反射炉熔炼所需热量来自两方面，燃料燃烧及冶金化学反应放出的热。燃料燃烧是主要热源，它供给的热量约为熔炼过程总需热的 70% ~ 90%。化学反应产生的热占总需热量的 6% ~ 8%。反射炉的热效率很低，仅为 25% 左右，大量的热量被炽热的烟气带走及被炉体散失。在反射炉内燃料燃烧产生的炽热气体温度高达 1500℃ 以上。这种炽热炉气以辐射和对流的方式将所含的热量传递给被加热或熔化的物料、炉顶和炉墙。炉顶和炉墙所取得的部分热量又以辐射方式传递给被加热或熔化的物料，使物料熔化。物料加热和熔化所需要的热量，90% 以上是靠辐射传热获得的，即依靠高温的炉气、炉墙和炉顶的辐射作用传递的。

炉料依靠辐射和对流所获得的热量按下式计算：

$$Q = Q_{对} + Q_{辐} \tag{8-14}$$

考虑到对流传热量约为辐射传热量的 5%，即：

$$Q_{对} = 0.05 Q_{辐} \tag{8-15}$$

$$Q = 1.05 Q_{辐} \tag{8-16}$$

$$Q = 1.05 C_D \Big[\Big(\frac{T_{气}}{100} \Big)^4 - \Big(\frac{T_{料}}{100} \Big)^4 \Big] A \tag{8-17}$$

$$C_D = \frac{C_0 \varepsilon_{料} (\omega + 1 - \varepsilon_{气})}{\omega + \frac{1 - \varepsilon_{气}}{\varepsilon_{气}} [\varepsilon_{气} + \varepsilon_{料} (1 - \varepsilon_{气})]} \tag{8-18}$$

式中，C_D 为炉气、炉顶、炉壁对炉料的导来辐射系数（综合辐射系数），$W/(m^2 \cdot K^4)$；$\varepsilon_{料}$、$\varepsilon_{气}$ 分别为炉料与炉气的黑度，取 $\varepsilon_{料} = 0.75$，$\varepsilon_{气} = 0.06$；$T_{料}$、$T_{气}$ 分别为炉料表面与炉气的绝对温度，K；ω 为炉围开展度，$\omega = A_{壁}/A_{料}$，$A_{壁}$ 为炉墙的辐射面积，$A_{料}$ 为炉料的受热面积；C_0 为黑体的辐射系数；A 为炉料的表面积，m^2。

上式表明，炉料接收的总热量与炉气温度和炉料的表面温度的关系最大。

炉气的温度主要取决于燃料的发热量，燃烧时的过剩空气系数、燃料与空气的混合情况、空气的预热和空气富氧度等等。燃料发热量越大，则燃烧火焰温度越高，当然炉气温度也越高，从而炉子的生产率也越大。研究表明，在常用的几种燃料中天然气发热量最高。重油次之，烟煤最低。所以，采用天然气或重油时可达到更高的炉气温度。过剩空气系数对燃料燃烧影响很大，所以要特别重视。过剩空气系数过小，则燃料燃烧不完全。不但降低火焰温度，还浪费燃料；过剩空气系数过大，则增大炉气体积，降低炉气中 CO_2、H_2O 和 SO_2 的浓度，从而降低炉气黑度，减弱炉气的辐射能力和炉气对炉料的传热量，此外还增大了随废气带走的热损失及废气净化设备，增加了工厂的投资。工业实践中常选用过剩空气系数为 1.1~1.2。

　　燃料与空气的良好混合，预热空气和采用富氧空气均能提高炉气温度，增加炉料的熔化速度，特别是采用富氧已成为当今有色冶金工业的重要方向。工业实践证明，当燃烧空气中含氧增到 35%~40% 时，炉膛空间温度可从 1450℃ 升高到 1710~1730℃。图 8-13 给出了不同供氧方法和氧浓度时，炉头与炉尾空间温度的变化情况。

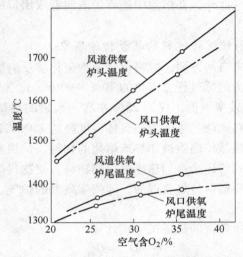

图 8-13　反射炉炉头与炉尾温度变化

　　大量物料是在料坡表面上熔化的，因此为了增大传热和加快熔化过程，料坡表面应尽可能大，特别是靠近烧嘴处表面积要大。炉料熔炼速度只受烧嘴处燃料燃烧速度控制。燃烧速度高，导致炉膛内气-固相间的温差大，从而加快了传热和熔化速度。提高烧嘴燃烧的火焰温度，也能增大传热速度。

　　炉料的温度主要取决于炉料的熔点。因为当炉料的温度达到熔点以后，过多的热量只能增加熔化速度，而不能升高炉料温度。熔炼难熔炉料时，炉气与炉料间温度差小，故炉料受热量小。反之炉料获得的热量多，其炉料熔化速度增大。但对于一定成分的炉料，熔点是固定的，所以，炉气温度是决定炉子生产率的关键因素。

　　炉料表面积越大，特别是靠近燃烧器处表面积大，炉气传给炉料的热量也越大。炉料粒度越小，其比表面积越大，熔化速度越快。但是反射炉熔炼是在料坡上进行，料坡的表面积比炉料颗粒总的物理表面小得多，从而大大限制了反射炉的生产能力。正因为如此，反射炉熔炼的床能率（冶金炉单位炉床面积在 24h 内处理的物料量，以 $t/(m^2 \cdot d)$ 表示）低，能耗高。

　　增大综合辐射系数可增加传给炉料的热量。从式（8-18）可知，C_D 与 $\varepsilon_料$、$\varepsilon_气$、ω 等因素有关。当炉料一定时，$\varepsilon_料$ 也基本确定，所以 C_D 主要与 $\varepsilon_气$ 与 ω 有关。C_D 与 $\varepsilon_气$ 及 ω 的关系如图 8-14 所示。

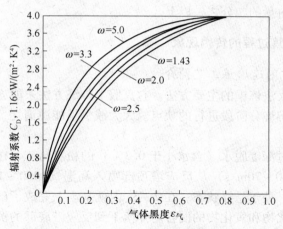

图 8-14 C_D 与 $\varepsilon_气$ 及 ω 的关系曲线（$\varepsilon_料 = 0.8$）

由图可知，当炉子尺寸固定（即 ω 一定）时，$\varepsilon_气$ 越大，C_D 亦随之增大。但当 $\varepsilon_气$ 增大到一定程度（大于 0.4）以后，继续增大时，其效果已不显著。$\varepsilon_气$ 主要取决于气体成分，即炉气中 CO_2、H_2O 及 SO_2 的含量。$\varepsilon_气$ 可用叠加法确定，即：$\varepsilon_气 = \varepsilon_{CO_2} + \beta\varepsilon_{H_2O} + \varepsilon_{SO_2}$，$\varepsilon_{CO_2}$，$\varepsilon_{H_2O}$ 及 ε_{SO_2} 分别为 CO_2、H_2O 及 SO_2 的黑度，β 为校正系数。提高这些组分在炉气中的含量，将提高 $\varepsilon_气$，因此严格控制过剩空气系数，避免炉气量增大，防止炉气中 CO_2、H_2O 及 SO_2 含量降低，有助于提高 $\varepsilon_气$。但对一定成分的燃料来说，完全燃烧时，所得炉气的黑度几乎一定，因此，炉气的 C_D 值基本上是固定的。

从图 8-14 还可以看出，当 $\varepsilon_气$ 值一定时，ω 增大，C_D 值亦增加。所以，适当提高炉膛高度，或增加炉子宽度（增大 ω）均有助于提高传热量，特别是当 $\varepsilon_气 < 0.5$ 的范围内，效果更为明显。当 $\varepsilon_气$ 趋于 1 时，ω 几乎不产生影响。

综上所述，反射炉内传热过程是非常复杂的，影响传热的因素甚多，但是其中最主要的还是燃料燃烧温度即炉气温度，这是影响反射炉生产率的关键因素，这从反射炉中温度分布和生产率的关系曲线即可看出。图 8-15 为反射炉实例的炉温分布与炉料熔炼量的关系。

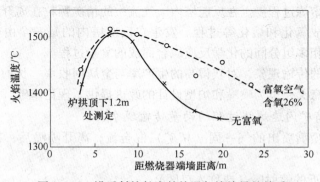

图 8-15 沿反射炉长度的炉温与熔炼量的关系

由图可知，反射炉用粉煤作燃料，用普通空气燃烧时，在距炉前端墙 3~4m 的地方炉气温度可达 1500℃，随后温度逐渐降低。到炉子尾部排烟道前，炉气温度降到 1200~1250℃，而炉子的高温区正是床能率最高的地区。因此，反射炉在炉头三分之一区域内，熔炼的炉料通常占投料量的二分之一以上。

8.4.2　铜精矿闪速熔炼过程的传输现象

8.4.2.1　铜精矿闪速熔炼工艺简介

闪速熔炼是现代火法炼铜的主要方法。它克服了传统方法未能充分利用粉状精矿的巨大表面积，将焙烧和熔炼分阶段进行的缺点。大大减少了能源消耗，提高了硫利用率，改善了环境。

闪速熔炼是将经过深度脱水（含水小于 0.3%）的粉状精矿，在喷嘴中与空气或氧气混合后，以高速度（60 ~ 70m/s）从反应塔顶部喷入高温（1450 ~ 1550℃）的反应塔内。精矿颗粒被气体包围，处于悬浮状态，在 2 ~ 3s 内就基本上完成了硫化物的分解、氧化和熔化等过程。熔融硫化物和氧化物的混合熔体落下到反应塔底部的沉淀池中汇集起来，继续完成锍与炉渣最终形成过程，并进行澄清分离。炉渣在单独贫化炉或闪速炉内贫化区处理后再弃去。图 8 - 16 为奥托昆普闪速炉。

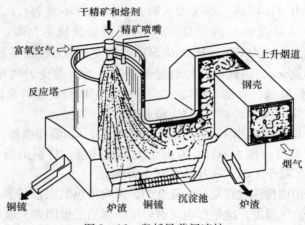

图 8 - 16　奥托昆普闪速炉

闪速炉的主要熔炼过程发生在反应塔内。气流中的精矿颗粒在离开反应塔底部进入沉淀池之前顺利地完成氧化和熔化等过程。发生在反应塔内的是一个由热量传递、质量传递、流体流动和多相多组分间的化学反应综合而成的复杂过程。

研究反应塔内的传输现象，对获得高的生产率与金属回收率、长的炉寿命和低的能源消耗具有理论指导意义，也为喷嘴和炉型设计的改进提供了理论基础。

8.4.2.2　铜精矿闪速熔炼过程的动量传输现象

从反应塔顶部喷嘴喷出的气 - 固（精矿）混合流，离开喷嘴后，在塔内形成了两个区域：

（1）喷嘴口附近的喷射区（或称入口区）。

（2）扩张气流区（见图 8 - 17 中的截面 A—A 以下）。

扩张区延续到熔池面上时流体形状改变。此时的气流速度称为终点气流速度。

等温气体喷射时的速度衰减由下式表达：

$$v_x = 12.4 v_0 r_0 / x$$

$$(8 - 19)$$

式中，v_x 为从入口点开始的 x 距离上的中心喷射速度，m/s；v_0 为入口初始速度，m/s；r_0 为入口喷嘴半径，m。

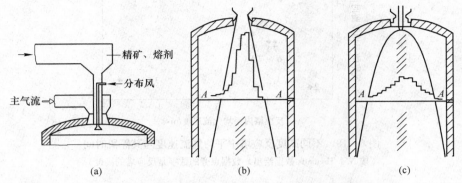

图 8 – 17　反应塔内的气体 – 精矿流散布示意图（中央喷嘴）
(a) 精矿喷嘴形状图；(b) 无中心射流分布器的散布锥；(c) 有射流分布器的散布锥

式（8 – 19）说明，气流的终点速度由入口初始速度决定，入口初始速度对气体在塔内的停留时间起着决定性的作用。

式（8 – 19）是在等温情况下得出的。由于化学反应产生的热使塔内的气体瞬间被加热到高温（1300℃以上），气体体积膨胀扩张了喷射锥空间，因而真实速度将大大减小。对高为 9m、直径为 6m 的反应塔，当入口初速度为 30m/s 时，气流在塔内的停留时间约为 2s。

从反应塔顶落下的颗粒是与气体处在同样重力作用下的流股中。因此，颗粒的速度等于气流速度加上颗粒的下落速度。在实际条件下，混合流中的颗粒分散度是很大的，相邻两颗粒间的平均距离大约等于 20 个颗粒的直径，甚至更多。

颗粒的终点速度就可以用式（8 – 6）斯托克斯公式来描述。

按式（8 – 6）的计算，10μm 颗粒的终点速度仅为 0.04m/s，而 200μm 颗粒的终点速度为 1.6m/s。因此，细颗粒流经反应塔的速度几乎与气流速度相等。而其停留时间也约为 2s。较大颗粒通过反应塔的速度约 2 倍于气流速度（2m/s + 1.6m/s），停留时间更短。

对某些工厂反应塔操作数据的统计表明：在不同的反应塔的高度下，平均气流速度为 1.4 ~ 4.7m/s 时，相应的气体停留时间如图 8 – 18 所示。

锍品位与停留时间之间没有关系，停留时间也不会对熔炼能力有限制。

8.4.2.3　铜精矿闪速熔炼过程的热量与质量传输现象

除了颗粒与气流运动的特性外，反应塔内的传热与传质也是闪速熔炼过程进行的重要基础。在精矿粒子和气体流之间的传热与传质速率可以用 Ranz – Marshell 公式描述，如下面等式所表达：

传热：
$$Nu = 2 + 0.6Re^{1/2}Pr^{1/3} \tag{8 – 20}$$

传质：
$$Sh = 2 + 0.6Re^{1/2}Sc^{1/3} \tag{8 – 21}$$

式中，Re 为雷诺数；Pr 为普朗特数；Sc 为施密特数。

由式（8 – 20）和式（8 – 21）可见，影响颗粒与气体之间的热和质传递的因素有颗粒直径、流体导热系数、颗粒与流体的相对速度和流体的性质（密度、黏度与比热容）。

表 8 – 2 列出了按式（8 – 21）计算的在平均膜层温度为 1000℃下的颗粒直径对其终

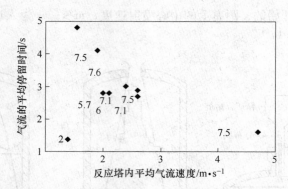

图 8-18　不同高度反应塔中平均气流速度与其停留时间
（按 N. J. Themelis 数据绘出，数据点旁的数字是反应塔的高度）

点速度、传热与传质系数的影响。

与细颗粒相比，粗颗粒不但具有比表面积小和停留时间短的缺点，而且热传递和质传递系数也小。

在干精矿中，粒度级别的分布是不均匀的，全部颗粒达到同样的反应程度是不可能的。对粗颗粒会有反应不足，细颗粒则会有反应过度的现象。

表 8-2　颗粒尺寸对其终点速度、传热和传质系数的影响

颗粒直径/μm	10	50	100	200
终点速度/$cm \cdot s^{-1}$	0.39	9.94	39.8	158
传热系数/$J \cdot (cm \cdot s \cdot ℃)^{-1}$	1.77	0.36	0.19	0.12
传质系数（在纯氧中）/$g \cdot (cm \cdot s)^{-1}$	1.176	0.246	0.13	0.081
传质系数（在空气中）/$g \cdot (cm \cdot s)^{-1}$	0.244	0.051	0.028	0.07

8.4.2.4　铜精矿闪速熔炼过程的传输现象实例分析

铜冶金和其他冶金现象一样，往往是以气、固、液相为主体的多相反应体系，存在复杂的动量、质量和热量传递，且并行存在着一系列的物理化学反应。但由于闪速炉本身的复杂性以及炉体内部的高温、强氧化性和密封性，无法通过观察、现场实验等物理手段进行热态研究，只能对一些常见问题提出改进的意见，但无法对闪速炉体系之所以产生这种问题的原因进行系统的研究。因此为了进一步了解闪速炉内部的运行状况，数学模拟成为闪速炉冶炼过程研究的一个重要手段。

李欣峰等人以贵溪冶炼厂铜闪速炉为研究对象，采用 CFD 仿真软件进行了二维和三维数值仿真。用欧拉法求解气相方程，用拉格朗日法求解颗粒相方程，气－粒两相通过 PSIC 法进行耦合，紊流模型采用 $k - \varepsilon$ 双方程模型。

精矿颗粒经过短窑干燥、鼠笼破碎以及气流干燥后成为干燥的细小颗粒，精矿颗粒的粒度分布、元素成分、基本工艺系数等如表 8-3、表 8-4 以及表 8-5 所示。

表 8-3　精矿粒度分布

$d_p \times 10^{-6}$/m	2.8	3.9	5.5	7.8	11.6	16.0	22.0	31.0	44.0	62.0	88.0	125.0
η/%	0.7	0.5	1.2	2.6	3.5	5.6	6.1	13.0	17.0	3.6	25.5	20.2

表 8 − 4　干精矿成分

成分	Cu	S	Fe	SiO$_2$	H$_2$O	其他
ω_1/%	22.71	31.98	27.51	7.06	0.23	10.51

表 8 − 5　基本工艺参数

$v_{物料}$/t·h^{-1}	ω_{O_2}/%	v/m·s^{-1}			
		工艺风	分配风	冷却风	中央氧
125	62.3	107.00	109.00	3.79	70.00

注：测量温度为 20℃。

A　闪速炉数值仿真

闪速炉反应塔结构图如图 8 − 16 所示，反应塔高 7.0m，直径 6.8m，从反应塔底部到渣面的距离 1.5m。图 8 − 19 为铜闪速炉的网格图，网格为结构化 O 型多块网格，共有 232072 个网格点。

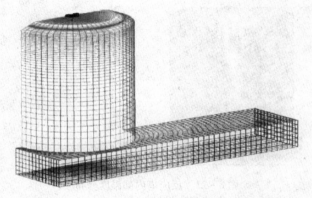

图 8 − 19　闪速炉网格图

图 8 − 20 为闪速炉内部流场视图。可以看出，工艺风从喷嘴中高速喷出后，由于分散锥和分散风的影响，气流明显向两边分散，但在不同方向的视图上，其气流的流场完全不同。在图 8 − 20(a) 中，气流从顶部喷射，经过分散锥和分散风的影响分散，在反应塔精矿喷嘴以下 2.5m 处又向中间靠拢，并到达底部后从出口流出闪速炉。而在反应塔的东、西两边分别有 1 个涡，西边的涡从渣面一直延伸到反应塔顶部，涡的中心在反应塔的底部与沉淀池交界处；东边的涡从反应塔底部一直延伸到反应塔顶部，涡的中心在反应塔的底部、沉淀池上部，略高于西边的涡中心。在图 8 − 20(b) 中，气流从顶部喷射以后，向两边不断扩散，并在运动过程中不断衰减和均匀化。同样，在反应塔底部，有 2 个小涡，涡位于渣面以上、反应塔以下靠近壁面。从图 8 − 20(a) 可以发现，闪速炉反应塔并不是呈轴对称，主气流向左偏移。

图 8 − 21 为反应塔内部温度分布图。从图可以看出，常温富氧空气从空气喷嘴喷入闪速炉反应塔内部，并在喷入过程中被炉内空气加热，在加热过程中，O$_2$ 与颗粒以及颗粒释放出来的硫蒸气发生剧烈的氧化反应，并释放大量的热量，温度迅速上升，除了喷嘴部分外，闪速炉反应塔内部温度比较均匀，且较高，最高温度 1702K。此外，由于受速度矢量图中 2 个大涡的影响，炉顶温度也较高。

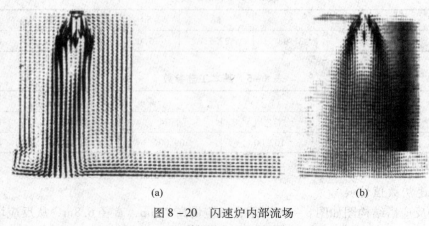

(a)　　　　　　　　　　　　　(b)

图 8 – 20　闪速炉内部流场

（a）前视图；（b）左视图

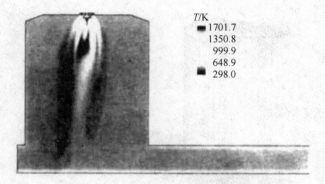

T/K
1701.7
1350.8
999.9
648.9
298.0

图 8 – 21　反应塔内部温度分布

　　图 8 – 22 为 O_2 浓度分布图。可见，O_2 的最高质量分数为 97%，最低为 0，闪速炉内部大部分区域不含 O_2。中央 O_2 以高浓度从喷嘴喷出后，浓度迅速降低。在反应塔顶部 1.9m 以下时，中央氧枪所喷入的工业 O_2 已经被氧化反应完全消耗。而工艺风喷入闪速炉内部以后，也快速消耗，在 0.6m 处大部分参与了反应，在 2.3m 处工艺风中的 O_2 完全消耗。

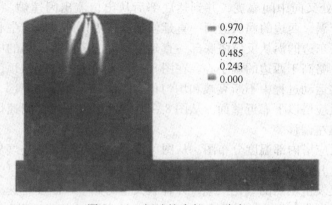

0.970
0.728
0.485
0.243
0.000

图 8 – 22　闪速炉内部 O_2 浓度

图 8-23 为 SO$_2$ 浓度分布图。可见，SO$_2$ 最高质量分数为 75%，最低为 0。在反应塔的大部分地方 SO$_2$ 质量分数都很高，只有在工艺风入口以及工业氧的入口处，SO$_2$ 的质量分数才为 0。在精矿进入炉体以后，立即有 SO$_2$ 产生。这是因为在高温辐射下，颗粒的温度快速上升，造成颗粒迅速达到热分解温度，从而释放出 S$_2$ 蒸汽，S$_2$ 蒸汽与颗粒所带入的空气以及工艺风发生氧化反应，生成 SO$_2$ 气体。SO$_2$ 的最高浓度出现在炉顶以下 0.9 ~ 20m 处，位于中央氧枪的下方，这个区域的浓度高，是高浓度 O$_2$ 燃烧造成的。而且这个高浓度的区域和高温核心区所在位置重合，形状相似。

图 8-24(a) 为反应塔内部颗粒轨迹及其颗粒温度视图。当颗粒离开中央喷嘴后就随着工艺风向反应塔底部下落。大多数颗粒落入渣层和冰铜中，但有小部分颗粒随着气流离开闪速炉进入余热锅炉。由于反应塔底部气流旋涡的影响，一些颗粒在反应塔内部旋转。图 8-24(a) 中的颗粒分散度明显不如图 8-24(b)，并且从图 8-24(a) 中可以发现颗粒轨迹不对称。

颗粒在预热到 340K 后喷入反应塔，在反应塔内由于热气流的传热、辐射以及自身的化学反应，颗粒温度快速上升。大多数颗粒在距反应塔喷嘴 2m 左右达到峰值 1618K，其余颗粒也在距离反应塔喷嘴不到 5m 的位置达到峰值温度。

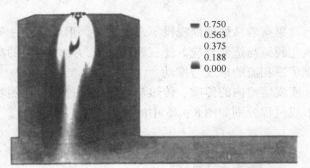

	0.750
	0.563
	0.375
	0.188
	0.000

图 8-23　闪速炉内部 SO$_2$ 浓度

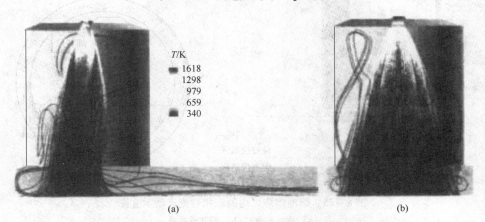

T/K
1618
1298
979
659
340

(a)　　　　　　　　　　　　(b)

图 8-24　闪速炉内部颗粒轨迹及其颗粒温度
(a) 前视图；(b) 左视图

B　闪速炉实验验证

由于闪速炉内部存在高温强氧化环境，其内部的温度测量特别是反应塔内部的温度测量十分困难。通过特制的双铂铑热电偶，得到了从反应塔左顶部观察孔（$r/R = 1.45/3.40$ $= 0.426$，其中，r 为测量点距中轴线的距离，R 为反应塔半径）向下 1.5m 和 2.0m 地方的温度数据，其计算结果和测量结果如表 8 – 6 所示。

表 8 – 6　计算结果和测量结果的比较

距塔顶距离 H/m	$T_{测量}/K$	$T_{计算}/K$
1.5	1546	1571
2.0	1540	1568

可见，两者相对误差为 1.96%。计算结果和测量结果很好地吻合，这说明模型正确，可用于指导生产，有利于节能降耗，提高生产率和反应塔寿命。

8.4.3　铜精矿熔池熔炼过程的传输现象

8.4.3.1　铜精矿熔池熔炼工艺简介

熔池熔炼与闪速熔炼完全不同。后者是精矿颗粒在富氧气流中瞬间氧化后落入熔池完成冶金过程。熔池熔炼则是在气体 – 液体 – 固体三相形成的卷流运动中进行化学反应和熔化过程。

液 – 气流卷流运动裹携着从熔池面浸没下来的炉料，形成了液 – 气 – 固三相流，在三相流内发生剧烈的氧化脱硫与造渣反应，使三相流区成为热量集中的高温区域，高温与反应产生的气体又加剧了三相流的形成与搅动。

依靠三相卷流，实现熔池内的传质、传热与物理化学过程。在侧吹式和垂直吹炼熔池炉内的三相卷流的形成过程分别如图 8 – 25 中的（a）与（b）所示。

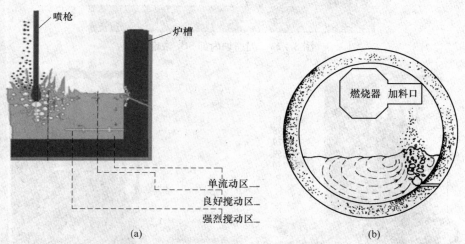

图 8 – 25　熔池熔炼炉内的三相卷流运动示意图
（a）垂直吹炼；（b）侧吹式吹炼

熔池的三相卷流区不但热量集中，熔体混合能量很大。而且，该区是一个气泡充分发展和滞留的区域。这个区域为炉料的物理化变化、热量与质量传递创造了非常良好的条件。

在熔池熔炼炉内，完成强化传热与强化传质的条件是要建立起一个良好与合理的三相流动区。这个区域的形成条件主要是由以下的因素构成的：

气体与熔体之间的界面面积决定气－液界面面积的因素有单位熔体鼓风量，气泡在熔体内停留时间、气泡直径以及熔体温度等。

熔池熔炼炉内，液体与全部气泡在任何瞬间的界面面积是在理想气体定律的基础上按球形气泡计算的：

在尺寸为 $\phi 4.35m \times 20.58m$ 的诺兰达炉内，当单个风口的平均气体流量为 $0.4m^3/s$，风口浸没熔体深度为1m，卷流速度为5.9m/s时，气泡在熔体中的滞留时间为0.17s。计算出不同直径气泡的气－液界面面积，如表8－7所示。

表8－7 不同直径气泡的气－液界面面积

气泡直径/cm	2.5	5	10
全部气泡－熔体界面面积/m^2	3820	1910	955

实际过程中，气泡直径为5cm。气体在熔体中停留仅0.17s的时间内，就造成了大到 $1910m^2$ 的界面面积。由此看出，诺兰达反应炉内的熔化与化学反应具有良好的动力学条件。

气泡在熔体中的滞留体积 V_{hol} 可用下面公式表示：

$$V_{hol} = V_{tuy}(T_m/273)(1/P_{vc}) \tag{8-22}$$

式中，V_{hol} 为气泡在熔体中的滞留体积，m^3；V_{tuy} 为通过风口的气体流速，m^3/s；T_m 为熔体温度，K；P_{vc} 为气泡内平均压力的补偿系数，对于诺兰达炉，取值为 $1.25 \times 101.3kPa$。

对上述的同一炉子，计算得到气体的滞留体积为 $15.9m^3$。其体积占熔池总体积的19%。熔炼过程的炉气以如此大的体积从卷流中分离出来，无论从动量、能量和质量传递来说，都完全具备了强化熔炼的条件。

8.4.3.2 铜精矿熔池熔炼过程的动量传输现象

由于气体鼓入的冲击力及气泡上升和膨胀，给熔体带来了很大的搅动能量。向密度为 ρ_m 的熔体鼓入气体时，此能量 P_m 可以用下列方程式表示：

$$P_m = 0.74q_vT\ln(1 + \rho_m x/p_a) \tag{8-23}$$

式中，q_v 为喷入气体的流量，m^3/s；T 为熔体温度，℃；ρ_m 为熔体密度，kg/m^3；x 为风口浸没深度，m；p_a 为大气压力，101.3kPa；P_m 为搅动能量，或称混合能，W。

P_m 值也可以表达为单位熔体质量的搅动功率：

$$\varepsilon = P_m/M_m \tag{8-24}$$

式中，ε 为单位质量熔体所接受的混合能，kW/t；M_m 为熔体的质量，kg。

设在熔体深度为1m处鼓入的气体总流量为 $21m^3/s$，熔体平均密度为 $4700kg/m^3$。

按上式计算，大型诺兰达反应炉内的混合能为21kW/t。在铜锍吹炼 P－S 转炉中，该能量为 20～30kW/t。可见，诺兰达炉内的搅动强度不比 P－S 转炉吹炼铜锍时的强度弱。

诺兰达炉内的搅动状况已被用含银高的精矿进行跟踪实验研究过。整个炉内的熔体包含着三种流动状态，如表8－8所示。

表8-8　诺兰达炉内的搅动状况

区　域	体积百分率/%		
	单向流动	良好搅动	"死水"
铜锍流动区（跟踪实验）	1	45	54
炉渣流动区（跟踪实验）	21	53	26

8.4.3.3　铜精矿熔池熔炼过程的热量传输现象

在相对静止的熔池内，当精矿或其他炉料加到熔池熔炼炉内的熔体表面上时，在冷炉料的周围首先生成一层硬壳或外皮，它们在颗粒上逐渐变大，并很快达到最大的厚度。

当从熔体到硬壳的对流给热比颗粒内传导出的热更大时，颗粒就开始熔化。在通过风口鼓入富氧空气使熔池得到激烈搅动的情况下，固体颗粒的传热率比自然对流时的传热率大四倍。

粗略计算指出，当气体鼓入反应炉熔池内，5cm的颗粒将在约90s内完成熔化。2cm的颗粒将仅仅在35s内熔化，而10cm的颗粒在210s内熔化。

实际生产条件下，对生产率限制的因素还有其他的因素，如卷流条件下的熔炼烟气流量及其带出粉尘的能力，炉子内衬的冲刷与腐蚀等。

8.4.3.4　铜精矿熔池熔炼过程的质量传输现象

由于熔池中鼓入气体带进的高混合能，造成了气体—铜锍—炉渣液体之间的巨大反应表面积，因而产生非常高的反应速率。假设氧化反应速率以混合熔体中硫燃烧产生的 SO_2 速率来表示（不考虑锍中铁的氧化，在生产高品位锍时这种氧化仅消耗鼓入氧气20%）。

在诺兰达炉中，氧的最大反应速率可按下式求得：

$$m_O = N_s A_i = k A_i \rho_m (\omega_1 - \omega_2) \tag{8-25}$$

式中，m_O 为单位时间内已经反应的氧的物质的量，mol/s；N_s 为已反应的硫的物质的量，mol/s；A_i 为液 - 气界面总面积，m^2；k 为在液 - 气界面上硫的传质系数，m/s；ρ_m 为锍密度，kg/m^3；ω_1 为整个熔池内铜锍中硫的质量分数；ω_2 为与氧平衡的铜锍中的硫的质量分数。

取 k 值为0.0002m/s，当 A_i 为1.9m^2，铜锍密度为 $6 \times 10^3 kg/m^3$，ω_1 为0.18，ω_2 近似于0时，得到 $m_O = 12.9 kg \cdot mol/s$，即290$m^3$/s。实际上，氧鼓入量大约只有8$m^3$/s。

计算表明熔池具有相当大的传质能力。过程的质量传递是非常快的。气泡在熔体中的停留时间非常短暂（小于1s），但氧的利用率高达98%以上。

8.4.3.5　铜精矿熔池熔炼过程的传输现象实例分析

在冶金过程中，气泡和熔体间的相互作用对冶金过程起着很重要的影响，特别是在高温熔池熔炼过程中更是如此，其喷吹气体不仅用于熔体的搅拌，而且是熔炼过程的反应物。因此，目前气体喷吹技术已广泛应用于各种冶金化工过程中。熔池熔炼过程属于典型的多相流动过程，其理论研究一直存在很多困难，但近几十年来气液两相流模拟技术发展迅速，已成为熔池熔炼研究的一种重要手段。

张振扬等人以某公司的卧式可回转的底吹铜熔池熔炼炉为研究对象，采用CFD软件对其气液两相流动过程进行了仿真。熔池熔炼炉炉膛纵截面直径7m，长15.094m。气体入口为反应区喷气侧9个交叉布置的氧枪，其中5个7°氧枪，4个22°氧枪。氧枪的布置如图 8-26 所示。铜熔池熔炼炉内主要是铜锍和渣，熔体高度为 1.5m，其中上部为 0.25m 渣层，下部为 1.25m 铜锍，铜锍的参数如表 8-9 所列。在对底吹熔炼炉进行网格划分时，为了保证计算精度并加快收敛速度，采用分块网格化和局部加密的手段，整个熔炼炉体分为 12 块，分别是 9 支氧枪、烟道、铜锍区域、烟气区域。分别对 9 支氧枪区域（即反应区）进行局部加密，底吹熔炼炉整体网格总数约为 107 万。

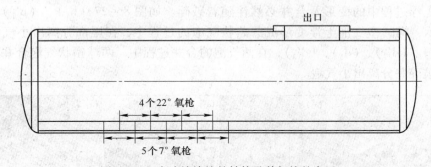

图 8-26 底吹熔炼炉的结构及其氧枪的布置

表 8-9 铜锍的参数

密度/kg·m^{-3}	比热容/J·(kg·K)$^{-1}$	黏度/Pa·s	表面张力/N·m^{-1}	导热系数/W·(m·K)$^{-1}$
4440	620	0.004	0.33	8.9

应用三维非稳态和 Simple 算法进行模拟计算，压力的离散用 PRESTO 格式，动量方程用二阶迎风格式。通过对氧枪入口连续吹气，求解瞬态三维紊流扩散方程，得出气相在底吹熔炼炉熔体内的分布情况以及自由液面运动特征。并且由于底吹熔池熔炼过程的高压富氧由氧枪进入熔池时为射流并且在铜锍区域会形成漩涡，标准 $k-\varepsilon$ 模型不能很好地模拟这类流动，采用 RNG$k-\varepsilon$ 紊流模型则可较好地模拟许多复杂的水流问题。对近壁区的流动及低雷诺数的流动，使用壁面函数法或低雷诺数 $k-\varepsilon$ 模型来模拟。

A 熔池熔炼模型验证

利用上述数学模型，对水模型试验装置中水-氮气两相流动过程进行数学建模与数值计算，并将计算结果与实验结果进行比较分析，以此来对所用模型进行验证。

水模型试验模型以某公司的富氧底吹熔炼炉为原型，比例为 1:10，设计尺寸及实验参数如表 8-10 所列。

表 8-10 模型尺寸及实验参数

熔炼炉半径/m	长度/m	氧枪直径/m	熔体高度/m	入口速度/m·s^{-1}
0.35	1.00	0.06	0.33	8.9

在流动相对稳定的情况下，对水模型实验中的气泡形成及其上浮过程应用高速摄像仪观察，实验结果与模拟结果的比较如图 8-27 所示。

气泡形成过程分为两个阶段：第一阶段为膨胀阶段，气泡附着于锐孔上，直径不断增大；第二阶段，随着气泡直径的增大，受浮力的影响，气泡开始上浮，形成缩颈，气泡向远离锐孔的方向运动，仅有颈保持其和锐孔的接触。由于气体的连续进入，气泡不仅长大，缩颈亦不断伸长，直至气泡完全脱离。图 8 - 27 （a_1）、（a'_1）、（a_2）、（a'_2）显示单个气泡脱离锐孔的过程，当气泡脱离气孔时，气泡近似椭圆形。

　　如图 8 - 27 （b_1）、（b'_1）、（b_2）、（b'_2）和（c_1）、（c'_1）、（c_2）、（c'_2）所示，在气泡的上升过程中，椭圆型气泡上升一小段距离之后开始变形成底部凹进的帽子形状，并逐步变形成蘑菇状，在此段距离内气泡的上升速度很小，接近于 0。

　　气泡上浮过程中的变形及合并必然伴随着破碎。如图 8 - 27 （b_1）、（b'_1）、（b_2）、（b'_2）所示，椭圆型气泡上浮变形成蘑菇状气泡的过程中，在尾部分离出小气泡；如图 8 - 27 （d_1）、（d'_1）、（d_2）、（d'_2），在两气泡的合并过程中，两球帽状气泡合并，气泡的两侧尖端破碎并分离出小气泡。

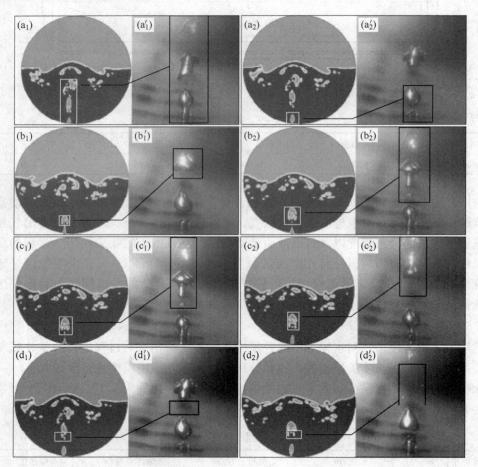

图 8 - 27　模拟结果 （a_1）、（a_2）、（b_1）、（b_2）、（c_1）、（c_2）、（d_1）、（d_2）与实验结果
（a'_1）、（a'_2）、（b'_1）、（b'_2）、（c'_1）、（c'_2）、（d'_1）、（d'_2）的比较
（a_1），（a'_1），（a_2），（a'_2）—气泡生成与脱离；（b_1），（b'_1），（b_2），（b'_2）—气泡形核；
（c_1），（c'_1），（c_2），（c'_2）—气泡扩散；（d_1），（d'_1），（d_2），（d'_2）—气泡破裂

　　通过对底吹熔炼炉水模型实验的数值模拟结果与实验结果进行定性比较分析可以看出：实验与数值模拟所得到的气泡运动过程的结果是一致的，因此通过数学建模，采用一系列求解方法用于模拟底吹熔炼炉内的多相流动是可行的。

B 熔池熔炼数值仿真

（1）氧枪出口气泡尺寸、形成时间及气泡在熔池内停留时间。为了了解底吹熔炼炉内的气泡形成及运动机理，该作者提取氧枪喷入氧气初始6s内连续气泡的形成时间、气泡脱离氧枪出口时短轴尺寸以及气泡在熔池内的停留时间等参数进行分析。熔池内连续形成的各气泡形成时间、短轴尺寸及停留时间如图8-28所示。

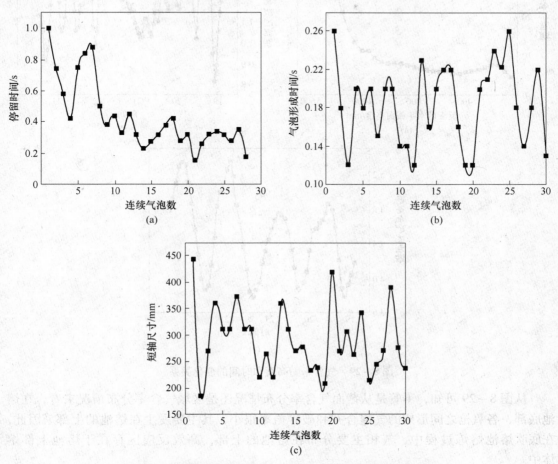

图8-28 熔炼过程中气泡形成时间、停留时间及其短轴尺寸变化规律

从图8-28中可以得出，从 $t=0s$ 时刻开始，氧枪出口处形成的第一个气泡在熔池内停留时间（脱离喷嘴上浮到液面的时间）较长，接近1s。随着时间的变化，熔池内的熔体在连续上升气泡或者气团的搅拌作用下，气泡流两侧产生旋流，使得其附近形成较强的搅动流场。气泡在上升的过程中不但受到后一气泡对其的推动作用，还受到周围流动熔体搅动作用的影响，其上浮时间开始缩短。当气泡周围熔体被完全搅动起来时，气泡在熔池内停留时间逐渐达到一个相对稳定的状态，此时上浮时间波动范围为 $0.2\sim0.4s$，平均停留时间为0.3s。气泡在熔池内的平均上浮速度为4m/s左右。气泡生成频率约为5Hz。

（2）熔池气含率分布情况。为了了解熔炼炉内反应区的气含率分布情况，提取 $t=20s$ 时反应区内不同高度水平截面的气含率进行比较分析，所得结果如图8-29（a）所示。铜锍区和整个熔池区（即铜锍区+渣区）气含率随时间的变化情况（提取熔池内流体运动相对稳定的 19~24s 时间内数据进行比较）如图 8-29（b）和（c）所示。

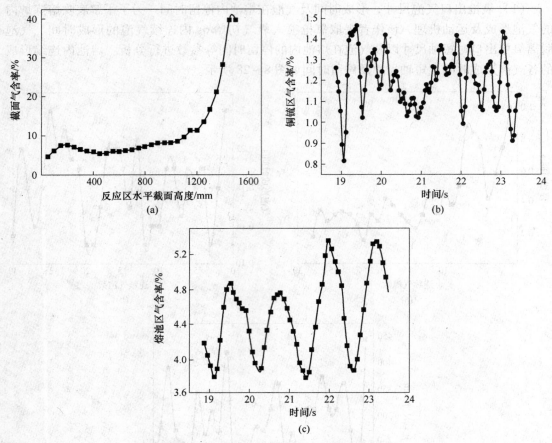

图 8-29　气含率随高度和时间的变化关系

从图 8-29 可知，不管是从截面气含率分布情况还是区域气含率分布情况来看，在熔池底部，各氧枪之间形成的气泡合并和破碎概率很小，其主要发生在熔池的上部。因此，在底吹熔池熔炼过程中，气相主要分布在熔池的上部，高效反应区存在于熔池上部熔体中。

（3）氧枪出口压力波动情况分析。气泡后座是喷吹冶金中普遍存在的一种现象，在底吹熔池熔炼炉内，氧枪出口处的气泡后座现象是破坏氧枪及其周围炉衬的重要原因，而氧枪出口附近的压力波动是其一种表现形式。为了观察气泡后座现象的发生频率及作用时间，通过监测 9 个氧枪出口处的压强变化情况，分析其波形，进而研究气泡后座现象。p_1、p_3、p_5、p_7 和 p_9 为 5 个 7°氧枪出口处的压力，p_2、p_4、p_6 和 p_8 为 4 个 22°氧枪出口处压力。

从图 8-30 可以看出，7°和 22°氧枪出口气泡后座现象出现的平均频率分别约为 5Hz 和 7Hz，作用时间为 0.06s。此外，7°氧枪出口处气泡后座现象发生的频率和最大压力峰值都比 22°氧枪出口处大。这是由于在液面高度一定的条件下，22°氧枪出口处所受液体静压比 7°氧枪出口处小，因此，在各氧枪入口流量一定的条件下，22°氧枪出口余压比 7°氧枪的大，这有利于缓冲后座现象的不利影响。

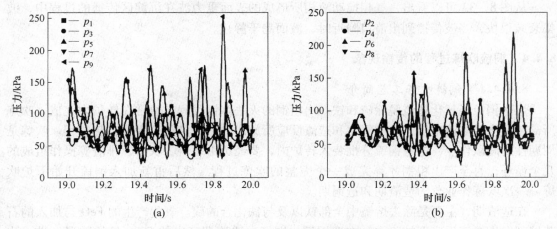

图 8 - 30　氧枪出口压力随时间的变化情况

（4）沉淀区液面波动情况分析。为了了解自由液面的波动情况，选取 7°氧枪纵截面熔体液面 10 个点为监测对象。如图 8 - 31 所示，分别提取出各点在 X、Y 方向上液相速度大小随时间的变化情况，分析液面各点在 X、Y 方向上液相速度大小随距离的衰减情况，进而预测液面波动的衰减情况。液面处监测点 1 ~ 10 分别对应 $Y = -0.25m$，X 为 1.437m、2.087m、7.287m、7.937m、8.587m、9.887m、11.187m、12.487m、13.787m 及 15.087m 液面处的点。

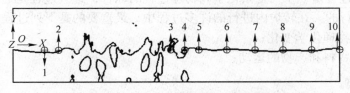

图 8 - 31　自由液面监测点示意图

通过监测距离氧枪区不同距离的点在 Y 方向上峰值的大小来研究液体波传播过程中波幅的衰减过程，如图 8 - 32 所示。

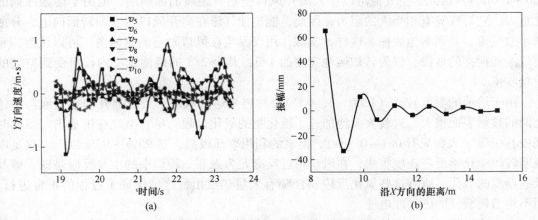

图 8 - 32　自由液面速度及波幅的变化

从图 8-32 可以看出，气相搅动液相所形成的表面重力波在沉淀区传播的过程中，波幅衰减很快，当波传播到出渣口附近时，液面趋于静止。

8.4.4　铜锍吹炼过程的传输现象

8.4.4.1　铜锍吹炼工艺简介

熔融铜锍经氧化造渣脱除硫和铁产出粗铜的火法炼铜过程。通常在转炉内完成。吹炼所需热量全靠熔锍中硫、铁的氧化和造渣反应所放出的热量供给，为强自热过程。吹炼是周期性的间歇作业，熔融铜锍分批装入转炉内，要经历由装料、吹炼、排渣等操作组成的几个循环，直至产出粗铜才算完成一个完整的吹炼过程。然后重新加入铜锍开始下炉吹炼。一次吹炼作业分为造渣期和造铜期。

在造渣期，主要是除去熔锍中全部铁以及与铁化合的硫。氧化产生的 FeO 与加入的石英熔剂发生造渣反应而被除去。在造铜期，继续向造渣期产出的 Cu_2S 熔体鼓风，进一步氧化脱除残存的硫，同时生产金属铜。

随着硫化物氧化反应和 FeO 造渣反应的进行，放出大量热。在一般情况下，化学反应放出的热不仅能满足吹炼过程对热量的需求，而且有时热量过剩，需要添加适量冷料来调节炉温，防止炉衬耐火材料因过度受热而加快损坏。因此，铜锍的转炉吹炼过程通常不需要额外供给热量。

8.4.4.2　铜锍吹炼过程的动量传输现象

转炉的吹炼过程是一系列复杂化学和物理过程的综合，这些过程是通过以空气吹入熔融冰铜熔池来进行的。在转炉内进行的许多过程中，最重要的是下列过程，即：

（1）原料的物理化学变化；

（2）气体、物料和产物的运动；

（3）热交换。

转炉内上述三个过程的情况和它们之间的相互关系可由图 8-33 表示。转炉在正常操作时，风口浸入熔体的深度（风口深度）一般为 0.2~0.7m。正常风压为 0.08~0.125MPa，该风压大大超过风口上的熔体层静压力，并且从风口流出的风速也很大，达 100~160m/s。因此，空气流可以穿入离开风口壁某一距离的冰铜层。但由于熔融冰铜的比重大，它对气流有相当大的阻力，因此，能迫使气流在离开风口后立即转而向上，分散成小股气流，升到熔池表面。这样，吹炼作用仅发生在风口附近的熔池内。可以认为，有空气激烈搅拌的地段，仅为转炉熔池宽度的 1/3，其余 2/3 的熔池宽度内没有受到空气的直接吹炼。

由于熔池的温度较高（1200~1300℃），物料呈熔融状态，大量上升的小气泡与熔体之间的接触表面很大，这就大大地加速了硫化物的氧化过程。尽管空气在熔池内停留的时间极其短促（大约只有 0.1~0.13s），但氧的利用率却极高，达 90%~95% 以上。这足以说明转炉中化学反应速度很快，在风口附近反应尤为强烈。转炉中的主要反应是铁、硫及某些杂质的氧化，所有这些氧化反应均伴随有大量热放出，这就保证了过程的正常进行，而不须消耗额外的燃料或电能。

在吹炼过程中，由于从风口流出的空气对熔体的动力作用，以及许多气泡的迅速上浮，使得液体和固体物料及熔炼产物不停地运动，特别是在风口附近的熔池区域内，运动

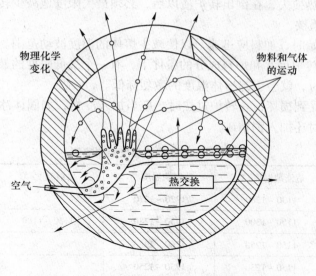

图 8-33 吹炼中各主要过程示意图

最为强烈，犹如喷泉。在转炉正常操作时，大部分喷溅物不能到达炉口而落回熔池，只有少量极细的喷溅物吹出炉外。

8.4.4.3 铜锍吹炼过程的热量传输现象

A 空气吹炼

铜锍转炉吹炼是自热过程，即吹炼过程中化学反应放出的热量不仅能满足吹炼过程对热量的需求，而且有时还有过剩。另外，转炉吹炼过程是周期性作业，在造渣期和造铜期炉内的化学反应不同，放出的热量不同。

在造渣期开始加入熔锍时，炉温为1100℃，到造渣期末升至1250℃。造渣期反应的热效应如下：

$$2FeS(l) + 3O_2(g) + SiO_2(g) = 2FeO \cdot SiO_2 + SO_2(g) \quad \Delta_r H_m^\circ = +1030.09kJ/mol$$

1kg FeS 氧化造渣反应可以放出约5.85kJ的热量。

造铜期反应的热效应为：

$$Cu_2S(l) + O_2(g) = 2Cu(l) + SO_2(g) \quad \Delta_r H_m^\circ = -217.4kJ/mol$$

1kg Cu_2S 氧化成金属铜可以放出约1.37kJ的热量。可见，造铜期的热条件远不如造渣期好。根据工厂实践，在造渣期每鼓风1min，炉内熔体的温度可升高0.9~3.0℃；而停止鼓风1min，熔体温度下降1~4℃。在造铜期每鼓风1min，炉内熔体温度上升0.15~1.2℃；而停止鼓风1min，熔体温度下降3~8℃。

吹炼过程的正常温度在1150~1300℃范围内。当温度低于1150℃时，熔体有凝结的危险，风眼易黏结、堵塞；而当温度高于1300℃时，转炉炉衬耐火材料的损坏明显加快。控制炉温的办法主要是调节鼓风量和加入冷料（如固体锍、锍包子上的冷壳等）。表8-11所示为转炉吹炼温度控制实例。

为了消除不必要的热消耗，并选择最好的过程条件，在冰铜吹炼时，应注意以下三个问题：

（1）为了减少热损失，在倒出转炉渣以后，必须最大限度地减少转炉停风时间，尤其是作业开始时更为重要。

（2）在吹炼开始时，加料应迅速，以便减少熔体的温度波动范围。

（3）在一定的转炉尺寸和炉料成分的条件下，有一个最低限度的鼓风量，当鼓入的空气量低于这一限度时，就会引起熔体温度的激烈降低。

为了避免炉衬受到损坏，在转炉过热时，应当加入冷料，如固体冰铜、铜屑、冰铜包子上的冷壳等，有时还加入铜精矿。

表 8 – 11　转炉吹炼温度控制实例

转炉容量/t	造渣期温度/℃	造铜期温度/℃	出铜温度/℃	备　注
15	1130 ~ 1280	1220 ~ 1270		
20	1150 ~ 1300	1230 ~ 1280	1130 ~ 1180	粗铜浇注
50	1150 ~ 1250	1260 ~ 1280		粗铜浇注
50	1150 ~ 1230	1230 ~ 1250		
80	1150 ~ 1230	1250	1180 ~ 1200	
100	1150 ~ 1230	1250	1180 ~ 1200	

B　富氧吹炼

在锍吹炼中，特别是在吹炼高品位锍时应用富氧空气，无论在热力学还是动力学上都有明显的优势。使用富氧减少了烟气量，从而减少了烟气的热支出，大大提高了过程的热利用率。杨慧振、吴扣根等人在对云南铜业转炉富氧吹炼的试验工作中，根据转炉吹炼热平衡模型和富氧吹炼热过程模型，得出了富氧吹炼节能模型。每个吹炼周期因采用富氧节约的热量为：

$$\Delta Q = \Delta V \int_{T_0}^{T} c_{p,\mathrm{N_2}} \mathrm{d}T + q_g \Delta \tau \times 10^{-3} \tag{8-26}$$

式中，ΔQ 为每个吹炼周期因采用富氧节约的热量，kJ；ΔV 为因富氧而少带入炉内的氮气量，m^3；T，T_0 分别为转炉烟气与入炉富氧空气的温度，℃；$c_{p,\mathrm{N_2}}$ 为氮气的定压比热容，$kJ/(m^3 \cdot ℃)$；q_g 为单位时间内随烟气带出损失的热流量，kJ/h；$\Delta \tau$ 为每个吹炼周期因富氧而节省的吹炼时间，h。

考虑到风口及风管送风时的风量损失，吹炼周期内少带入的氮气量 ΔV 为：

$$\Delta V = 4.762 \times 10^{-3} m_{\mathrm{mat}}/(y\eta) \cdot V_0(y-21)[1405(T-T_0)] + q_g/(V_d\beta) \tag{8-27}$$

式中，m_{mat} 为锍量，t；y 为氧浓度；η 为氧气有效利用系数，即氧效率；V_0 为单位锍量氧化所需的氧气量，其与锍品位以及 FeS 和 Cu_2S 含量有关，m^3；V_d 为转炉鼓风强度，m^3/h；β 为鼓风效率。

根据转炉吹炼的基本热平衡条件，在投入产出项目不变的前提下，当吹炼各技术参数值在下列正常操作指标范围内波动时（见表 8 – 12），由节能模型求解可得到如图 8 – 34 的结果。

从图 8 – 34 可以看出，提高氧气浓度，有利于减少烟气量、缩短吹炼时间、增加冷料投入量，对于节能降耗具有非常重要的现实意义。

表8-12 求解节能模型时的转炉吹炼操作技术参数（单炉次）

项 目	指 标	项 目	指 标
入炉锍量/t	130~165	入炉风温度 T_0/℃	100
锍品位/%	40~50	烟气温度 T/℃	1123
氧利用率/%	95	富氧浓度/质量分数/%	21~35
鼓风效率/%	81	热损失量 Q/kJ	—
鼓风强度/$m^3 \cdot h^{-1}$	11.3	粗铜产量/t	65
铜直收率/%	94.8	粗铜中铜含量/%	99

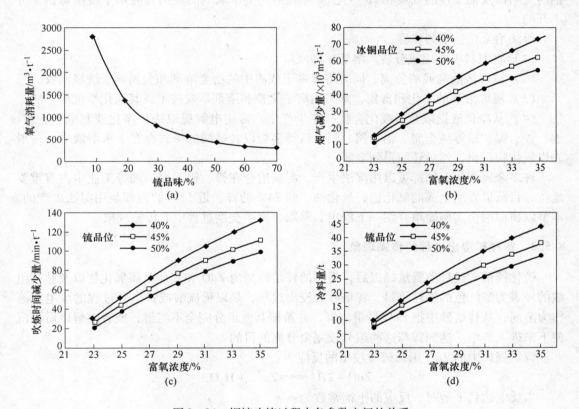

图8-34 铜锍吹炼过程中各参数之间的关系
（a）锍品位与氧气消耗量的关系；（b）富氧浓度与烟气减少量的关系；
（c）富氧浓度与吹炼时间减少量的关系；（d）富氧浓度与冷料量的关系

综上，转炉的热制度与其他有色冶金炉不同。首先，它不需要外加热源，仅靠冶炼本身的化学反应热就足以抵偿全部热消耗，并且在吹炼的造渣期还往往有热量多余。为了防止转炉砖衬里过度受热而损坏，还需加入冷料以调节炉温。转炉的热强度约为 2.3×10^5 ~ $4.6 \times 10^5 W/m^3$，从这个角度来看，转炉是个发热器。其次，转炉的热交换直接发生于熔池内部。由于其中的熔体不断地强烈翻动，热量是通过熔体强制对流的方式交换的，能迅速使熔池内各处的温度均匀一致，而不存在温度梯度。

8.5　有色金属湿法冶金

8.5.1　有色金属湿法冶金工艺简介

湿法冶金是利用浸出剂将矿石、精矿、焙砂及其他物料中有价金属组分溶解在溶液中或以新的固相析出，进行金属分离、富集和提取的科学技术。由于这种冶金过程大都是在水溶液中进行，故称湿法冶金。湿法冶金的历史可以追溯到公元前 200 年，中国的西汉时期就有用胆矾法提铜的记载。但湿法冶金近代的发展与湿法炼锌的成功、拜尔法生产氧化铝的发明以及铀工业的发展和 20 世纪 60 年代羟肟类萃取剂的发明并应用于湿法炼铜是分不开的。

湿法冶金包括下列步骤：

（1）将原料中有用成分转入溶液，即浸取。

（2）浸取溶液与残渣分离，同时将夹带于残渣中的冶金溶剂和金属离子洗涤回收。

（3）浸取溶液的净化和富集，常采用离子交换和溶剂萃取技术或其他化学沉淀方法。

（4）从净化液提取金属或化合物。在生产中，常用电解提取法从净化液制取金、银、铜、锌、镍、钴等纯金属。铝、钨、钼、钒等多数以含氧酸的形式存在于水溶液中，一般先以氧化物析出，然后还原得到金属。

许多金属或化合物都可以用湿法生产。湿法冶金在锌、铝、铜、铀等工业中占有重要地位，目前世界上全部的氧化铝、氧化铀、约 74% 的锌、近 12% 的铜都是用湿法生产的。本节以典型冶金实例简单介绍一下浸出、萃取、离子交换过程中的传输现象。

8.5.2　锌精矿浸出过程的传输现象

硫化锌精矿经过沸腾焙烧以后，得到的锌焙砂是由 ZnO 和其他金属氧化物以及脉石组成的外表为暗红色的细粒物料。锌焙砂的浸出过程，是以稀硫酸或锌电解过程的废电解液作为溶剂，从锌焙砂中把 ZnO 尽量溶解，并希望其他组分完全不溶解，或者溶解以后再沉淀下来进入渣中。达到锌与这些组分较完全分离的目的。

锌焙烧矿中的 ZnO 用稀硫酸浸出的反应为：

$$ZnO + 2H^+ \Longrightarrow Zn^{2+} + H_2O$$

当反应达到平衡时，反应的平衡常数为：

$$K_a = \frac{a_{Zn^{2+}}}{a_{H^+}} = 10^{11.6} \qquad (8-28)$$

在达到平衡状态后，H^+ 和 Zn^{2+} 两种离子浓度相差很远。在 25℃，当锌离子活度按 1mol/L 计算时，则锌离子的水解 pH = 5.8。

锌焙砂的浸出过程是属于固 - 液相之间的多相反应，浸出速度主要取决于表面化学反应速度和扩散速度，如图 8 - 35 所示。物质的扩散成为浸出速度的限制步骤。要提高浸出速度，必须提高扩散速度。

氧化锌浸出的扩散速度可表示为：

$$\frac{dn}{d\tau} = DA\frac{C - C_s}{\delta} \qquad (8-29)$$

式中，n 为氧化锌颗粒在时刻 τ 的物质的量；D 为扩散系数；A 为反应表面积，$A = 4\pi r^2$（球形），m^2；C，C_s 为溶液本体和反应表面处酸的浓度，mol/L；δ 为扩散层厚度，静态溶液 $\delta = 0.5\text{mm}$，搅拌下 $\delta \approx 0.01\text{mm}$。

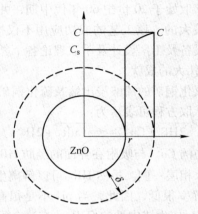

图 8-35　氧化锌的酸溶过程示意图

扩散系数 D，可用下式计算：

$$D = \frac{RT}{N} \cdot \frac{1}{3}\pi\mu d \tag{8-30}$$

式中，T 为绝对温度，K；N 为阿伏伽德罗常数；μ 为介质黏度，Pa·s；d 为颗粒直径，m。

可见，浸出速度与温度、溶剂浓度、搅拌强度、矿的粒度、矿浆黏度及锌焙烧矿的物理化学特性有关。当 C_s 一定时，本体中酸浓度越大，反应速度越快，所以实际生产中应适当提高反应液酸度（$170 \sim 200\text{g/L}$）。提高搅拌强度时 δ 变小，也能加快反应。此外，减小矿的粒度、提高反应温度或降低介质黏度都能增大扩散系数 D，从而提高反应速度。

当搅拌强度达到一定程度后。扩散过程能够比较顺利地进行，这时氧化锌的溶解速度取决于界面反应速度。

设 $m_0 = \frac{4}{3}\pi r_0^3 \rho$ 为球状矿物的原始质量，$m = \frac{4}{3}\pi r^3 \rho$ 为其 τ 时刻的质量，则反应率为：

$$\alpha = (m_0 - m)/m_0 = 1 - r^3/r_0^3 \tag{8-31}$$

球状矿物的溶解度为：

$$-\frac{\mathrm{d}m}{\mathrm{d}\tau} = m_0 \frac{\mathrm{d}\alpha}{\mathrm{d}\tau} = k_s \cdot 4\pi r_0^2 (1-\alpha)^{\frac{2}{3}} \tag{8-32}$$

式中，k_s 为单位面积的矿物溶解速率常数。

从而反应速度为：

$$\frac{\mathrm{d}\alpha}{\mathrm{d}\tau} = \frac{3k_s(1-\alpha)^{\frac{2}{3}}}{r_0\rho} \tag{8-33}$$

对上式积分，可得：

$$1 - (1-\alpha)^{\frac{1}{3}} = \frac{k_s}{r_0\rho}\tau = k\tau \tag{8-34}$$

式中，k 为反应速率常数。

由上式可见，反应率 α 与 τ 成正比关系，在一定时间内 k 值越大，α 值越大。

8.5.3　铜浸出液萃取分离过程的传输现象

湿法炼铜领域采用溶剂萃取始于 20 世纪 60 年代中期，并迅速实现了工业化，其规模在已有的金属萃取工厂中是最大的。该工艺的成功应用不仅推动了湿法炼铜技术的发展，而且带动了萃取剂的合成、设备及工厂设计及萃取理论各个领域的发展，因而被认为是 20 世纪 70 年代溶剂萃取技术最伟大的成就。

工业上主要是从低品位氧化铜矿的硫酸浸出液及硫化铜矿的氨浸液中萃取铜。当采用羟肟类萃取剂萃取铜时，其萃取方程可表示为：

$$\overline{2HR} + Cu^{2+} \Longrightarrow \overline{CuR_2} + 2H^+$$

反应首先由水相界面层中的 Cu^{2+} 与吸附在界面的羟肟 HR_{ad} 反应，生成 CuR^+。由于其带有正电荷，会趋向界面的水相层一侧。虽然 HR_{ad} 可以解离生成 R_{ad}^- 与 Cu^{2+} 直接反应，但是由于酚羟基酸性很弱，离解率很低，因此，当 pH 不是很高时，以中性分子反应为主。CuR^+ 进一步与界面上的 HR_{ad} 反应生成中性的 CuR_2。在这个配合物中羟肟的亲水极性基已与 Cu^{2+} 生成配位键，而仅留下憎水的烷链向外，因此，不再具有表面活性，而有很强的亲油性，很易扩散溶入有机相本体。释出的 H^+ 将扩散进入水相之中。随着反应的进行，HR 与 Cu^{2+} 也从各自所在的相扩散到界面区、补充消耗的 HR 与 Cu^{2+}。由此可见，整个萃取过程包含了扩散和反应两个部分。每部分又包含若干个步骤。其中，最慢的步骤决定整个过程的速度。

在界面的两边，有液体之间相互运动较慢的区域，可以称为滞留层或界面层，在这个区域内，物质依靠分子扩散来传递。分子扩散服从菲克（Fick）第一定律，表述如下：

$$n_i = -D_i \frac{\partial C_i}{\partial x} \tag{8-35}$$

式中，n_i 为组分 i 单位时间通过单位面积的质量传输量，即质量通量，$mol/(m^2 \cdot s)$；D_i 为组分的扩散系数，m^2/s；C_i 为组分 i 的物质的量浓度，mol/m^3；$\frac{\partial C_i}{\partial x}$ 为浓度梯度，mol/m^4。

在实际的 Cu^{2+} 萃取过程，两相总是在强烈的混合之中的，因此，传质主要是依靠搅拌引起的紊流传质。只有在两相界面附近的界面层才由分子扩散传质。而且，由于不断搅拌，界面层的厚度也是不稳定的。因此，无论是分子扩散速度还是紊流中的扩散速度，在实际的萃取设备中都难以应用。因此，就提出了与浓度差相关的传质系数来表达传质速度：

$$n_i = k_L \Delta C_i \tag{8-36}$$

式中，k_L 为单位浓度差时的扩散速度。

如果只考虑分子扩散，产生 ΔC_i 的距离为 x_L，则：

$$n_i = \frac{D_i}{x_L} \Delta C_i \tag{8-37}$$

$$k_L = \frac{D_i}{x_L} \tag{8-38}$$

即，当仅有分子扩散时，传质系数等于分子扩散系数与扩散距离的比值。

在萃取过程中，解释两相传质最常用模型之一是双膜模型，如图 8 – 36。

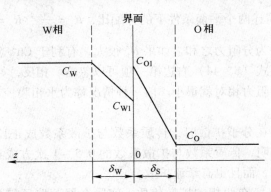

图 8 – 36 双膜模型中游质在两相间的浓度分布

借助双膜模型可以描述溶质 Cu^{2+} 从水相向有机相传递的情况。图 8 – 36 表示该溶质在两相间的浓度分布，中间的垂直线为界面，虚线两边分别为在水相及有机相中的浓度 C_W 及 C_O，假定它们在强烈搅拌下各自处于均匀状态，无浓度梯度。Cu^{2+} 在界面两边的浓度为 C_{W1} 及 C_{O1}，它们的比值 $C_{W1}/C_{O1} = R$，即此时 Cu^{2+} 在两相中的分配比。虚线与界面中间的距离为界面层的厚度，其间的直线表示 Cu^{2+} 的浓度梯度，Cu^{2+} 从水相进入有机相时，要以分子扩散的方式通过界面层。

显然，Cu^{2+} 从水相向有机相传递的推动力取决于差值 $C_W - C_{W1}$ 及 $C_{O1} - C_O$。界面两边的传质系数要分别计算，根据其定义（式（8 – 38）），界面两边水相界面层和有机相界面层的传质系数分别为：

$$k_W = \frac{D_W}{\delta_W} \tag{8 – 39}$$

$$k_O = \frac{D_O}{\delta_O} \tag{8 – 40}$$

在稳态时，Cu^{2+} 从水相传递到界面的量与从界面传递到有机相的量相同，即相界面两边两相界面层中的传递速率相等：

$$k_O(C_{O1} - C_O) = k_W(C_W - C_{W1}) = J \tag{8 – 41}$$

而且，总的传质阻力等于界面两边的阻力之和。假定达到平衡时，与 C_W 平衡的有机相中溶质的相应浓度为 C_O^*，则：

$$J = K_O(C_O^* - C_O) \tag{8 – 42}$$

式（8 – 42）的好处是用能够测定的 C_O^* 代替了难以测定的界面浓度 C_{O1}。K_O 是仅用有机相中溶质浓度表示的传质系数，它反映了总传质阻力。同样，还能得到以水相平衡浓度表示的总传质系数 K_W：

$$J = K_W(C_W - C_W^*) \tag{8 – 43}$$

并且：

$$\frac{1}{K_O} = \frac{1}{k_O} + \frac{R_1}{k_W} \tag{8 – 44}$$

$$\frac{1}{K_W} = \frac{1}{k_W} + \frac{1}{k_0 R_2} \tag{8-45}$$

式中，R_1，R_2 分别为前述两个平衡条件下的分配比，$R_1 = \dfrac{C_o^*}{C_W}$，$R_2 = \dfrac{C_o}{C_W^*}$。

可以看出，总阻力为分阻力之和。如果 R_1 很大，有利于 Cu^{2+} 溶入有机相，有机相的传质阻力可以忽略，即式（8-44）右边第一项可以忽略。相反，如果 R_1 很小，有机相的阻力变得很大，水相的阻力相对就很小。前一种情况称为水相膜控制，后一种为有机相膜控制。

前面提过，当仅存在分子扩散时，传质系数与扩散系数成正比。但是，对 Cu^{2+} 实际萃取体系的研究结果表明，传质系数与扩散系数的 0.5～1 次方成正比。这说明，在界面层中不仅存在分子扩散，而且也有紊流扩散。

双膜模型仅包含 Cu^{2+} 在两相的扩散传质，实际金属萃取还包含化学反应。用工业纯的 LIX64N 及纯化了的 LIX65 以不同的实验方法进行动力学研究所得的结果多符合下列速度方程：

$$v = k \frac{[Cu^{2+}][HR]_o}{[H^+]_W} \tag{8-46}$$

尽管强力搅拌可以减少界面两边相界层的厚度，从而减弱扩散对萃取过程的影响，但是，仅当反应速度常数很小，或者反应物浓度极低，反应速度相对于扩散过程慢得多，可以忽略扩散的影响，此时为"反应控制"。不然，在萃取过程中总应该把扩散对萃取速度的影响考虑进去。假如反应具有很高的反应速度常数，反应物浓度又足够高，反应速度相对于扩散就快得多，扩散是慢过程，而成为影响萃取过程速度的唯一因素，此时则称为"扩散控制"。除了这两种极端情况之外，羟肟萃取铜是处于扩散和反应同时都对萃取速度发生影响的混合控制区。许多描述羟肟萃取铜的机理的模型都把扩散和化学反应结合在一起。

现代铜湿法工业包括浸出—萃取反萃—电积 3 部分，构成 3 个循环，如图 8-37 所示：

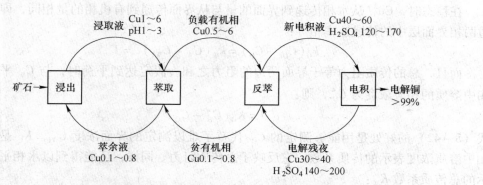

图 8-37   铜萃取厂流程示意图（其中浓度单位除标明外均为 g/L）

美国兰彻斯（Ranchers）公司蓝鸟矿浸出—萃取—电积工厂是世界第一家铜萃取工厂。浸出系统由 9 个面积约 $5600 m^2$、深为 $0.6m$ 的浸出池和体积为 $21m \times 61m \times 1.8m$ 的氯丁橡胶衬里的储液池组成。露天开采矿石，能力为每天 1100t。矿石运往浸出池，每池浸出周期 15d，累计浸出 135d。浸出液含铜 1.8~2.4g/L，泵入储液池，再经硅藻土过滤后进入萃取原液槽。有机相由 9.5% LiX64N 与 Napolem470 煤油组成，萃取相比 O/A 约为 2.5/1，澄清室面积为 82m²，澄清速率为 5.7m³/(m²·h)。反萃剂为废电解液，含铜约 30g/L，含硫酸 140g/L。反萃液含铜 34g/L 送电解。再生有机相含铜为 0.15g/L，典型生产数据列于表 8-13。

表 8-13 典型生产数据

物料名称	流量/m³·min⁻¹	含量/g·L⁻¹			
		Cu	H_2SO_4	Fe	Fe^{3+}
浸出液	6.53	0.65	7.9	2.4	2.1
循环溶液	1.27	1.85	3.5	2.4	2.1
萃取厂料液	4.67	3.02	4.5	2.4	2.1
萃余液	4.67	0.40	8.8	—	—
负荷有机相	10.05	1.37	—	—	—
反萃后有机相	10.05	0.15	—	—	—
富电解液	2.40	34.2	142.5	2.6	2.0
废电解液	2.40	29.1	150.1		

8.5.4 树脂浆法提金过程的传输现象

在湿法冶金过程中，高品位和高价值矿石都先经过磨细后再浸出，浸出之后，含金属的溶液和浸出渣混在一起，而固液分离是十分消耗能量和时间的一个过程。因此，人们都希望直接从矿浆中回收金属离子。尤其是用活性炭从氰化矿浆中吸附回收金获得成功，并且在工业上广泛推广之后，人们就更希望离子交换同样也能够在矿浆中进行，免去固液分离工序。工业上常把这种矿浆中的离子交换称为树脂浆法，并简称为 RIP。

离子交换时，树脂处于含有需要交换的离子溶液中。溶液在不断流动或搅拌之中，离子的浓度是均匀的。树脂小球的外层有一层液体滞留层，不随周围的液体流动。功能团 RH 多在孔隙中。当树脂和溶液中的离子交换发生如下反应：

$$\overline{HR} + M^+ \Longrightarrow \overline{RM} + H^+$$

金属离子 M^+ 必须穿过树脂球外层的液体滞留层（液膜），并且通过孔隙才能与 RH 接触发生交换反应。反应交换下来的 H^+，也必须通过孔隙和液体滞留层（液膜）才能进入溶液，如图 8-38 所示。

如果滞留层中的扩散是控制步骤，就称为颗粒外扩散控制，或液膜控制。提高外面溶液的流速，可以在一定程度上减少滞留层厚度，提高颗粒外扩散的速度。滞留后厚度大概在 0.1~1mm 之间。反应离子的浓度很低时（如小于 0.001mol/L），扩散的浓差推动力十分小，容易造成液膜控制。颗粒外扩散控制的一个特点是交换速度与树脂颗粒直径成反比。

由于孔隙狭窄而且曲折，分布着许多高分子链，对离子扩散造成非常大的阻力，扩散系数比一般溶液中的低几个数量级，往往是最慢的一步。颗粒内扩散除了受制于浓度差，

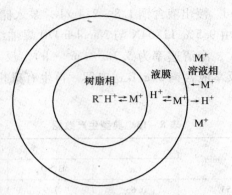

图 8-38　离子交换过程示意图

还受孔内电场的影响，所以高价离子颗粒内扩散速度更慢。颗粒内扩散为控制步骤时，离子交换速度与颗粒直径的平方成反比。另外，交换和被交换离子的选择系数差别越大，交换的推动力越大，速度越快。

　　如果化学反应速度非常慢，成为控制步骤，则称为反应控制。此时具有一般化学反应动力学的特点，比如温度对交换速度的影响比扩散控制显著。不过，这几乎仅仅发生在反应速度很慢的情况下，比如螯合树脂与金属离子的交换。反应控制的重要特征是交换速度不受树脂颗粒大小的影响。

　　在氰化物溶液中，金属生成氰配阴离子，由于价态和配位数不同，生成的氰配离子差异很大，图 8-39 为氰化提金体系中常见的一些氰配阴离子与阴离子树脂 DowexMSD-1 的交换速度。

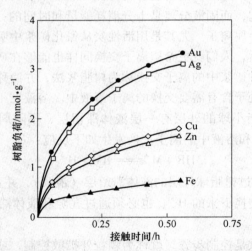

图 8-39　氰化溶液中一些氰配阳离子与阴离子树脂 DowexMSD-1 的交换速度
（金属氰配阴离子浓度为 50.0mmol/L，NaCN 2.0mol/L，NaOH 2.5mol/L）

　　金、银配离子的交换速度快，可能是因为交换速度由颗粒内扩散控制。因为金、银配离子 $Au(CN)_2^-$ 和 $Ag(CN)_2^-$ 比 $Cu(CN)_3^{2-}$、$Zn(CN)_4^{2-}$ 含 CN^- 少，因此质量和体积都要小，在树脂骨架间的扩散系数自然高一些。$Fe(CN)_6^{4-}$ 最大，因而最慢。

　　当金属氰配阴离子浓度降低到 0.5mmol/L，其他条件不变，不但各个金属的交换速度都急剧下降，而且差别也大为减少。因为此时为液膜扩散控制，离子体积的差别影响很小。

低浓度下金的交换速度仍然高于银，因此，可以利用动力学差异分离这两种贵金属。俄罗斯树脂浆法提金厂已经使用这种方法，采用两步，第一步优先交换金，而后再交换回收银。这样不但初步分离了金银，而且提高了银的回收率。

参 考 文 献

[1] 朱光俊，等. 传输原理 [M]. 北京：冶金工业出版社，2013.

[2] 朱云，等. 冶金设备 [M]. 北京：冶金工业出版社，2009.

[3] 郭年祥，等. 有色冶金化工过程原理及设备 [M]. 2 版. 北京：冶金工业出版社，2008.

[4] [苏] 季奥米多夫斯基（中南矿冶学院译本）. 有色冶金炉 [M]. 北京：冶金工业出版社，1959.

[5] 周孑民，等. 有色冶金炉 [M]. 北京：冶金工业出版社，2009.

[6] 任鸿九，等. 有色金属熔池熔炼 [M]. 北京：冶金工业出版社，2001.

[7] 朱祖泽，等. 现代铜冶金学 [M]. 北京：科学出版社，2003.

[8] 刘人达，等. 冶金炉热工基础 [M]. 北京：冶金工业出版社，1980.

[9] 彭容秋，等. 重金属冶金学 [M]. 2 版. 长沙：中南工业大学出版社，2004.

[10] 彭容秋，等. 铅锌冶金学 [M]. 北京：科学出版社，2003.

[11] 陈国发，等. 重金属冶金学 [M]. 北京：冶金工业出版社，2006.

[12] 唐谟堂，等. 火法冶金设备 [M]. 长沙：中南工业大学出版社，2003.

[13] 张宝业. 物料因素对氧化铝超浓相输送影响的探讨 [J]. 轻金属，2005（5），23~26.

[14] 李俊峰. 气力输送技术在氧化铝输送上的应用 [J]. 科技成果纵横，2009（03），71~73.

[15] 邬明清. 复杂锡矿的电炉熔炼 [J]. 有色金属，1965：28~31.

[16] 赵天丛，等. 重金属冶金学（上册）[M]. 北京：冶金工业出版社，1981.

[17] 赵天丛，等. 重金属冶金学（下册）[M]. 北京：冶金工业出版社，1981.

[18] 许自立，娄纯华，张伯元. 电炉炼锡的几个问题 [J]. 有色金属，1965，04：12~14.

[19] 宋修明，等. 闪速炼铜过程研究 [M]. 北京：冶金工业出版社，2012.

[20] 李欣峰. 梅炽，张卫华. 铜闪速炉数值仿真 [J]. 中南工业大学学报，2001，32（3）：262~266.

[21] 李欣峰. 炼铜闪速炉熔炼过程的数值分析与优化 [D]. 长沙：中南大学，2001.

[22] 张振扬，陈卓，闫红杰，等. 富氧底吹熔炼炉内气液两相流动的数值模拟 [J]. 中国有色金属学报，2012，22（6）：1826~1834.

[23] 朱屯，等. 萃取与离子交换 [M]. 北京：冶金工业出版社，2005.

[24] 宾万达，等. 贵金属冶金学 [M]. 长沙：中南大学出版社，2011.

[25] 宋庆双，等. 金银提取冶金 [M]. 北京：冶金工业出版社，2012.

轧制过程的传输现象

在轧制过程中，坯料和气体（加热时指炉气，轧制过程则指周围空气）的传输特性直接影响到成品的质量和性能，比如加热过程的脱碳、氧化、过热、过烧，不仅与加热炉炉气中参与该反应的浓度密切相关，同时与加热温度和加热速度紧密相连，且这些加热缺陷不仅造成钢材的浪费，也会在后期轧制过程中造成夹杂和气泡等缺陷，因此必须研究加热过程的传输特性。同时研究轧制过程中的传输特性，有利于降低生产成本、提高产品质量、增加企业竞争力，故本章主要通过简要概述轧制过程，分析钢铁及有色金属轧制过程中的传输特性。

9.1　轧制过程简介

轧制是指将金属坯料通过一对旋转轧辊的间隙（各种形状），因受轧辊的压缩而使材料横截面减小，长度增加的压力加工方法，这是生产钢材最常用的生产方式，主要用来生产板材、型材、管材。

9.1.1　板带钢轧制工艺

板带钢生产工艺按生产方法及产品品种不同分中厚板生产、热轧带钢生产与冷轧带钢生产。

9.1.1.1　中厚板生产工艺

中厚钢板是一个国家国民经济发展所依赖的重要钢铁材料，是工业化进程和发展过程中不可缺少的钢铁品种。中厚板主要用做机械结构、建筑、车辆、压力容器、桥梁、造船、输送管道用钢。

中厚板生产的工艺流程，如图 9-1 所示，包括：

（1）板坯的准备。板坯上料是根据轧制计划表中所规定的顺序，由起重机吊到上料辊道上，由上料人员负责根据计划核对板坯，并通过相应的指令完成对板坯的识别。

（2）板坯的加热。板坯从原料输送辊道输送到炉后，由推钢机推进加热炉。原料加热的目的是使原料在轧制时有好的塑性和低的变形抗力。中厚板生产常用的加热炉有三种：连续式加热炉、室式加热炉和均热炉。

（3）除鳞。由加热炉出来的坯料，通过输送辊道送入除鳞箱进行除鳞。除鳞是将坯料在加热时产生的氧化铁皮在高压水的作用下去除干净，以免压入钢板表面造成表面的缺陷。

（4）粗轧。板坯经过可逆式粗轧机进行反复轧制。粗轧阶段的主要任务是将板坯展宽到所需的宽度和得到精轧机所需要的中间坯的厚度，粗轧后中间坯的宽度和厚度由测宽仪和测厚仪测得。粗轧阶段，在满足轧机的强度条件和咬入条件的情况下尽量采用大压下，以此来细化晶粒，提高产品的性能。

（5）中间坯水幕冷却。对于一些有特殊性能要求的板材，需要严格控制其精轧的开、终轧温度，此时需要用水幕冷却对中间坯进行降温。

（6）精轧。中间坯经过高压水去除二次氧化铁皮进入精轧机进行轧制。精轧机一般采用低速咬入，高速轧制，低速抛出的梯形速度制度。精轧机出口处设有测厚仪和测温仪，以便精确控制产品的质量。精轧阶段的主要任务是质量控制，包括厚度、板形、表面质量和性能控制。

（7）矫直。热矫直是使板形平直，保证板材表面质量不可缺少的工序。现代中厚板厂都采用四重式 9 ~ 11 辊式强力矫直机，矫直终了温度一般在 600 ~ 750℃。矫直温度过高，矫直后钢板在冷床上冷却时可能发生翘曲；矫直温度过低，矫直效果不好，矫直后钢板表面的残余应力高，降低了钢板的性能。

（8）冷却。钢板轧后冷却可分为工艺冷却和自然冷却。工艺冷却即强制冷却，通过层流冷却、水幕式或汽雾式来降低钢板的温度。自然冷却是指让钢板置于冷床上在空气中自然冷却。

（9）精整。精整工序包括钢板的表面质量检查、划线、切割、打印等。钢板的切割通过双边剪或圆盘剪切边，而切头尾与定尺可通过定尺剪来实现。

（10）热处理。大多数产品通过轧制或在线控制轧制与轧后控制冷却可以达到性能要求。如果对中厚板的性能有特殊要求或中厚板轧后的有关性能达不到用户要求时，通常需要对成品钢板装入辊底式热处理炉进行热处理以提高产品的综合机械性能等。

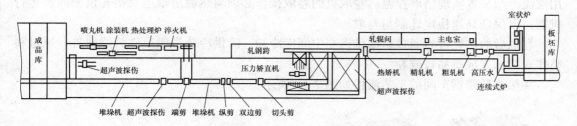

图 9 - 1　某厚板厂生产工艺平面布置图

9.1.1.2　热轧带钢生产工艺

自从 1924 年第一台带钢热连轧机投产以来，连轧带钢生产技术取得了很大的进步。现代化的带钢热连轧机以高产、优质、低耗、自动化程度高等特点代表当今轧制技术的新发展与进步。20 世纪 90 年代末又出现了薄板坯连铸连轧生产技术，使炼钢连铸与轧制技术融为一体，出现了短流程的生产模式，这使传统的冶金工艺流程面临新的挑战。新的生产工艺更为节能，更具成本优势，可生产出更薄的热带钢产品品种，目前热轧主要生产冷成型用钢、结构钢、汽车结构钢、耐腐蚀结构用钢、机械结构用钢、焊接气瓶及压力容器用钢、管线用钢等。

传统的热轧带钢生产工艺过程主要包括原料准备、加热、粗轧、剪切、精轧、冷却及卷取等。

（1）原料与加热。热轧带钢生产所用原料一般采用连铸板坯，经修磨或热装进入连续步进式加热炉，加热连铸板坯的尺寸较大，厚度多为 150~250mm，长度甚至达到12000~15000mm。增大坯重可提高产量与成材率。目前热轧带钢单位宽度的板卷重量达到30kg/mm以上。

为提高加热强度，炉子采用多点（6~8个加热区域）供热方式；为保证坯料加热质量而采用连续步进式加热炉。

（2）粗轧。粗轧前原料表面要进行高压水除鳞，以提高钢板表面质量，防止氧化铁皮压入。粗轧机组构成决定带钢热连轧机组的结构类型。半连续式热带轧机的粗轧机组由1~2架的可逆式轧机组成，与中厚板轧机构成相同；3/4连续式热带轧机的粗轧机组是在半连续式热带轧机的粗轧机组上增加一组连轧机组（2架）。目前新建的热带轧机多为半连续式布置。

粗轧机上除水平辊外，还设有立辊机架，构成万能轧机。立轧的目的是为了控制板坯的宽展及带钢宽度精度。

（3）精轧。精轧前设有转筒式飞剪与除鳞箱等设备，飞剪剪切带坯头部的目的是带坯正确喂入精轧机组且冷头不易划伤轧辊表面；飞剪剪切带坯尾部的目的是卷取后的带钢尾部不易出现飞边而妨碍在运输链上的运输。

精轧机组一般由6~7架连轧机架组成。轧制时各架之间形成连轧关系，带钢进入热输出辊道后与地下卷取机相连。

（4）控冷及卷取。带钢出精轧机组后，需要对带钢温度进行控制，以使带钢头部进入卷取机前相组织转变完成而进行卷取，以保证带钢的综合机械性能等。带钢温度控制多采用层流冷却装置实现精确控温。卷取机的卷取操作必须与热输出辊道及精轧机架同步运行机制，以保证高速稳定轧制与卷取。

卷取后的热轧带卷通过运输传送至中间库冷却，除供冷轧带钢厂作为原料外，通过精整作业线加工成商品板或卷。

某热连轧带钢车间的工艺流程如图9-2所示。

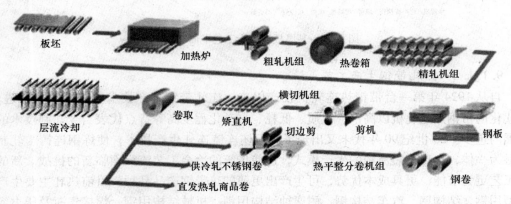

图9-2 某热连轧带钢车间的工艺流程图

9.1.1.3 冷轧带钢生产工艺

冷轧板带钢生产是利用热轧带钢做原料，在室温条件下冷加工变形生产出尺寸更薄、尺寸精度更高的产品。与热轧带钢产品相比，冷轧带钢产品厚度更薄，尺寸精度、板形质量更高，产品性能的均匀性因为不受加工变形温度的影响而更好；其由于具有高深冲性能以及可通过表面处理提高抗腐蚀性能而获得更广泛的应用。主要应用于工程机械、交通运输机械、建筑机械、起重机械、农用机械及轻工民用等行业的一般结构件与冲压件。

冷轧带钢生产工艺流程主要包括酸洗、冷轧、退火、平整及精整等工序。

（1）酸洗。热轧带钢表面氧化物的去除过程称为除鳞。除鳞的方法有酸洗、碱洗及机械除鳞等。采用较多的是酸洗方法。碱洗常用于特殊钢种的除鳞。

（2）冷轧。除鳞后的板带坯在冷轧机上轧制到成品的厚度，一般不经中间退火。冷轧分单片轧制和成卷轧制。

（3）退火。退火目的在于消除冷轧加工硬化，使钢板再结晶软化，从而具有良好的塑性。

（4）平整。以 0.5% ~ 4% 的压下率轻微冷轧。平整的目的是：1）防止带钢拉伸发生明显的屈服台阶并得到必要的力学性能；2）改善带钢的板形；3）达到要求的表面粗糙度。

（5）精整。一般冷轧板带平整后送剪切机组剪切。纵剪用于剪边或按需要的宽度分条；横剪是将板带按需要的长度切成单张板。剪切后的成品板带经检验分类后（或在线自动化分选包装），涂防锈油包装出厂。

典型的冷轧板带钢生产工艺流程如图 9 - 3 所示。

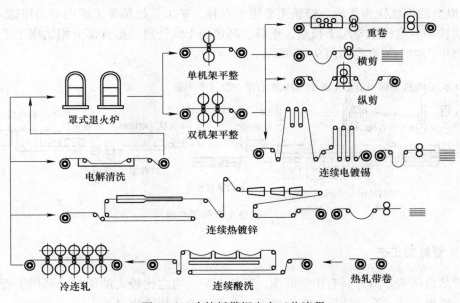

图 9 - 3 冷轧板带钢生产工艺流程

9.1.2 型钢轧制工艺

型钢广泛应用于工业建筑和金属结构，如厂房、桥梁、船舶、农机车辆制造、输电铁塔、运输机械等，其主要特点有：

（1）产品的断面比较复杂，产品品种多，除方、圆、扁等简单断面产品外，大多数为异型断面产品。

（2）轧机结构和类别多，如从轧机结构形式上有二辊式轧机、三辊式轧机、四辊万能孔型轧机、多辊孔型轧机、Y 型轧机、45°轧机和悬臂式轧机等。

型钢生产以重轨为例，介绍其生产工艺流程。钢轨作为铁路运行轨道的重要组成部分，钢轨是仅 Y 轴对称的异型断面钢材。其横截面可分为轨头、轨腰和轨底三部分。轨头是与车轮相接触的部分；轨底是接触轨枕的部分。世界各国对钢轨的技术条件有不同的要求，但钢轨的横截面的形状都是一致的，如图 9-4 所示。

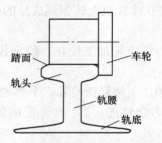

图 9-4   钢轨承载横截面示意图

钢轨的规格以每米长的重量来表示。普通钢轨的重量范围为 5~78kg/m，起重机轨重量可达 120kg/m。常用的规格有 9kg/m、12kg/m、15kg/m、22kg/m、24kg/m、30kg/m、38kg/m、43kg/m、50kg/m、60kg/m、75kg/m。通常将 30kg/m 以下的钢轨称为轻轨，30kg/m 以上的钢轨称为重轨。轻轨主要用于森林、矿山、盐场等工矿内部的短途、轻载、低速专线铁路。重轨主要用于长途、重载、高速的干线铁路。也有部分钢轨用于工业结构件。重轨生产的工艺流程如图 9-5 所示。

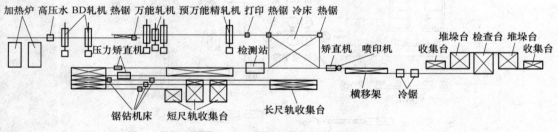

图 9-5   重轨生产的工艺流程

9.1.3   钢管轧制工艺

钢管是指两端开口并具有中空断面，其长度与周边之比较大的钢材，可用于管道、热工设备、机械工业、石油地质勘探、容器、化学工业和特殊用途等。

9.1.3.1   热轧无缝钢管生产工艺

热轧无缝钢管是将实心管坯穿孔并轧制成符合产品标准的钢管。其生产工艺流程如图 9-6 所示，包括管坯轧前准备、管坯加热、穿孔、轧管、定减径、钢管冷却、钢管切头尾、分段、矫直、探伤、人工检查、喷标打印、打捆包装等基本工序，主要有穿孔、轧管和定减径（包括张力减径）三个变形工序。

（1）管坯轧前准备。管坯有圆形、方形、多边形等断面形状。压力穿孔选用方形、带浪边的方形或多边形坯，斜轧穿孔则受变形条件限制，需选用圆形坯。

（2）管坯加热。管坯加热的目的是为了提高管坯塑性、降低变形抗力，有利于塑性变形和降低加工能耗；使碳化物溶解和非金属相扩散，改善钢的组织性能。管坯加热要防止管坯表面氧化、脱碳、增碳、过热和过烧等缺陷。管坯加热需保证加热温度准确、加热温度均匀、烧损少等基本要求。

管坯加热炉类型有环形炉、步进炉、斜底炉和感应炉等。现代热轧无缝钢管机组大多采用环形加热炉。

（3）穿孔。管坯穿孔是将实心管坯穿制成空心毛管的工艺过程，是热轧无缝钢管生产中最重要的变形工序。常见的管坯穿孔方法有斜轧穿孔（二辊式穿孔、立式大导盘（狄舍尔）穿孔、锥形辊（菌式）穿孔和三辊式穿孔）、压力穿孔和推杆穿孔（PPM）等三种。

（4）轧管。轧管是将空心毛管轧成接近成品尺寸的荒管。常见的轧管方法有纵轧和斜轧两类。

（5）钢管定径与减径。钢管定径、减径和张力减径均为无芯棒连轧空心管体的过程，是热轧无缝钢管生产中最后的热变形工序，也称作热精整。定径的主要任务是控制成品管的外径精度和真圆度，机架一般为 3 ~ 12 架。减径除了起定径作用外，还使管径减小，机架数一般为 9 ~ 24 架。直径小于 60mm 的钢管一般需经过减径加工。张力减径除有减径作用外，还通过机架间建立张力实现减壁，机架数一般为 12 ~ 24 架，最多达 28 架。目前常用的有二辊式、三辊式和四辊式定径机。

（6）钢管的精整。精整包括钢管冷却、钢管切头尾、分段、矫直、探伤、人工检查、喷标打印、打捆包装等基本工序。

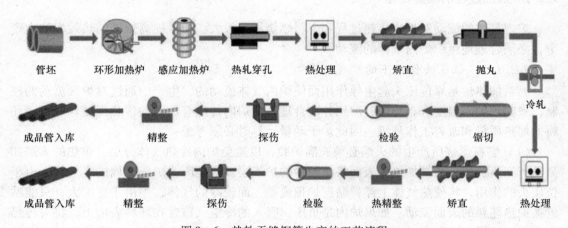

图 9 - 6　热轧无缝钢管生产的工艺流程

9.1.3.2　焊管生产工艺

焊管是以板或带为原料，采用不同的成型方法将其弯曲成管筒形状，然后施以不同的焊接方法将接缝焊合从而获得管材。成型和焊接是焊管生产的基本工序。

焊管的成型方法有直缝焊管生产、螺旋缝焊管生产和 UOE 成型焊管生产。其中螺旋焊管生产是生产大直径焊管的主要方式之一，其生产工艺过程如图 9 - 7 所示。

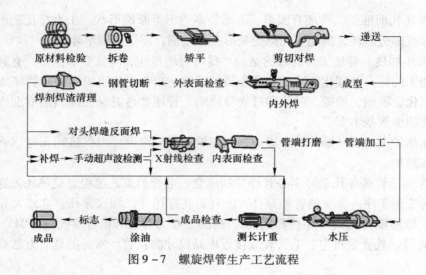

图 9 - 7　螺旋焊管生产工艺流程

9.2　加热过程的传输现象

在钢坯加热的过程中，经常伴随有气体的流动（如炉膛中炉气的运动）、固体金属内部以及金属本身与周围介质间的热量交换和物质转移现象（如钢坯温度的升高、钢坯表面的氧化和脱碳等），研究这些现象有利于加热工艺的制定，并为获得合格温度的坯料打下坚实基础。

9.2.1　加热过程的动量传输

炉内气体的流动对炉内传热过程和燃料燃烧影响很大。为了提高炉子的热效率和生产率，必须合理地组织炉内气体的流动。

9.2.1.1　位压头作用下的炉气流动

燃料加热炉是靠位压头起主导作用而使炉内气体流动的，生产中通过对炉气流动的控制，来实现炉内温度分布均匀、炉压分布合理，使炉内传热有最大的传热强度，以保证坯料的加热质量和改善工作环境。因此炉子动量计算时必须考虑：

（1）燃料燃烧所产生的火焰必须充满炉膛，以避免炉内冷热气体分层。炽热的火焰如果没有充满炉膛，在被加热的表面将是较冷的炉气层。这是因为炉气比周围空气轻，由于位压头的作用，将使热气体上浮，贴近炉顶流动，而较冷的气体，则由于密度大，只能贴近被加热坯料的表面流动。如果炉内是负压，吸入的冷空气覆盖在坯料表面上，将对传热产生不利的影响。所以对于炉气能够自然流动的炉子，炉膛不宜太大，从而保证炉子有足够的热负荷（即足够的炉气流量）；炉顶应做成有利于炉气流动的大偏拱形；炉尾排烟口也应设在炉底下方，便于火焰充满炉膛后贴近被加热的坯料表面流入烟道。在烟道中设置烟道闸门，可以调整烟囱对炉气的吸力。生产中通常把零压面控制在炉底附近，使炉内保持正压，既能避免吸入冷气，使排烟损失下降，炉温增高，同时也可减少冒烟、喷火的现象。

（2）在位压头起主导作用的条件下，垂直通道中气体的分流，应使逐渐冷却的热气体自上而下流动，而被逐渐加热的冷空气应自下而上流动。当气体垂直向下流过 a、b 两个并联管道时（见图 9 – 8），则截面 I 至截面 II 的伯努利方程为：

$$gz_1 + \frac{p_1}{\rho} + \frac{v_1^2}{2} = gz_2 + \frac{p_2}{\rho} + \frac{v_2^2}{2} + h_L \quad \text{或} \quad p_1 - p_2 = H\rho g + h_L \qquad (9-1)$$

式中，g 为重力加速度，9.81N/kg；z_1、z_2 分别为 I—I 截面和 II—II 截面的高度，m；p_1、p_2 分别为 I—I 截面和 II—II 截面的压强，Pa；v_1、v_2 分别为 I—I 截面和 II—II 截面的气体流速，m/s；ρ 为气体的密度，kg/m³；h_L 为压头损失，Pa；H 为 I—I 截面和 II—II 截面的高度差，m。

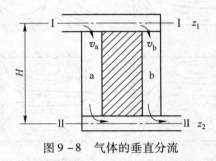

图 9 – 8　气体的垂直分流

由此可见，当热气体在垂直管道内自上而下流动时，位压头（$H\rho g$）阻止热气体流动；当热气体自下而上流动时，位压头帮助热气体流动。

当 $h_L \gg h_位$ 时，$h_位$ 可以忽略不计，气体在分通道内的分布规律和水平通道一样，而与气流方向无关。

当 $h_位 \gg h_L$ 时，h_L 可以忽略不计，气体在分通道内的分布规律主要取决于 $h_位$。要使气体在分通道内均匀分布，必须保持 $h_{位a} = h_{位b}$。

如果违反分流定则，使逐渐冷却的热气体自下而上流动，就容易由于任何偶然的原因，使其中一个分通道内的流量（或温度）产生波动，而引起分通道内流量分配的极不均匀。若 a 通道内气体流过稍多一些，则流量多的 a 通道温升较快，热气体的温度降低就慢一些，结果 a、b 两通道内温度不一样，a 道比 b 道温度高，造成 $h_{位a} > h_{位b}$。但由于逐渐冷却的热气体自下而上流动时，$h_位$ 帮助气体流动，结果使气体流过 a 道的流量更多、温度更高、位压头更大。这样互为因果将使整个流动在 a、b 道内发展到极不均匀，影响热工设备的热效率。

相反，如果是逐渐冷却的热气体自上而下流动。由于偶然的原因使 a 道内的气流稍多一些，则 $h_{位a} > h_{位b}$，但由于逐渐冷却的热气体是向下流动，位压头对气流往下流动起阻碍作用，故 a 道中气流所受的阻力比 b 道中大些，阻力大的 a 道气流增加得少，而阻力较小的 b 道则气流增加得多些。这样互为因果将使整个流动在 a、b 分道内很快达到平衡，并且均匀分布在分通道内。所以，在设计安装热工设备（如蓄热室、换热器等）时，必须使逐渐冷却的热气体自上而下流动，以保持气流分布均匀。

9.2.1.2　射流作用下的炉气流动

射流是指由喷嘴喷射到无限大的空间并带动周围介质流动的气流，也称流股。在使用喷嘴和煤气烧嘴的火焰炉内，气体的流动与火焰的组织都靠管嘴的射流作用，与炉气的自然流动完全不同。

（1）限制射流。射流分自由射流、半限制射流和限制射流。火焰炉内的射流是在四周为炉墙所包围的限制空间内的炉气流动，称为限制射流。

环流区的位置和其中气体流动的方向，与气体的入口、出口位置、射流主流的运动方向都有关系。图9-9为射流在限制空间内形成环流区的几种不同情况。

图9-9　射流在限制空间内形成环流区的不同情况

限制射流从其边缘分出回流气体后倒流入环流区，流量减小，速度也减小，而且速度分部趋于均匀，因此沿流动方向动量逐渐减小，压力逐渐升高。最后当气流由截面很小的出口排出时，因为速度增大，气体的动能又重新增加，压力又下降，这是限制射流的主要特点，对炉内压力分布有实际意义，它是造成炉内气流循环的重要原因。

（2）同心射流的混合。加热炉内燃料流和空气流产生的动能是炉气运动的主要动力。在燃烧过程中，燃料流和空气流混合的快慢，对燃烧速度、火焰长度和炉温都有很大的影响。所以，研究两流股的混合具有很大的现实意义。影响两流股混合的因素有：

1）两流股的相对速度愈大，混合愈快，火焰愈短。

2）两流股为同心气流时，减小中心气流的喷口直径，使混合得到强化，火焰变短。

3）两流股的夹角（10°～90°）愈大，混合愈好。因为在两流股互撞处，会形成强化混合过程的新旋动物质。

4）在喷管中安装导向叶片，使内外层气体产生旋转，气流混合加强；当气流与导向叶片同向旋转时，作用更大，因为同向旋转时，速度衰减慢。

从上述分析中可以看出，凡能加强气流脉动扩散和机械涡动的措施都能加强气流的混合，达到强化空气和燃料混合的目的，从而有利于炉内气体的流动。

9.2.1.3　炉气绕过板坯的摩擦阻力损失计算

炉气绕板坯的运动问题是需要考虑和研究的。烟气绕流流过平板时，由于黏性的存在使得气体与固体之间存在着相互作用，这样的相互作用力就是摩擦阻力，也是要解决和研究的关键所在。

具体可以分为层流和紊流两种不同的流动形态来讨论这一具体形式。

（1）不可压缩层流平板绕流摩擦阻力。对于长度为 L、宽度为 B 的平板，总阻力为 H_f，按总阻力为单位面积上的平板阻力 τ_{yx} 与面积乘积的规律可得：

$$H_f = \tau_{yx}LB = \frac{k_f}{2}v_0^2\rho LB \qquad (9-2)$$

式中，k_f 表示无量纲摩擦阻力系数；v_0 表示流体流动的速度，m/s；ρ 表示流体的密度，kg/m³。

由边界层积分方程的解，也可计算层流平板绕流摩擦阻力为：

$$H_f = \int_0^B \int_0^L \tau_{yx|y=0} dx dz = 0.646\sqrt{\mu\rho v_0^3 B^2 L} \qquad (9-3)$$

式中，μ 表示动力黏度，N·s/m²。

（2）不可压紊流平板绕流摩擦阻力。对紊流绕流平板时，平板与流体之间的摩擦阻力不仅与分子黏性有关，而且与紊流的脉动有关，具体讨论起来困难较多。但是，在讨论紊流边界层积分方程的解时引进速度 1/7 次方的经验公式，把它代入普通的冯·卡门方程可得：

$$\tau_0 = \frac{7}{12}\rho v_0^2 \frac{d\delta}{dx} \qquad (9-4)$$

式（9-4）为紊流情况下单位时间、单位面积平板对流体的阻力（切应力），所以总阻力为：

$$H_f = \int_0^B \int_0^L \tau_{0|y=0} dx dz = \int_0^B \int_0^L \frac{7}{12}\rho v_0^2 \frac{d\delta}{dx} dx dz = \frac{7}{12}\rho v_0^2 B\delta(L) \qquad (9-5)$$

这时平板摩擦阻力系数可由下式给出：

$$k_f = \frac{H_f}{\frac{1}{2}\rho v_0^2 BL} = 0.072 Re_L^{-1/5} \qquad (9-6)$$

9.2.2 加热过程的热量传输

9.2.2.1 通过平壁的综合传热

加热炉中的高温炉气通过炉墙把热量传给车间内的冷空气就属于这类传热。在通常情况下，气体和固体壁面间是以对流换热及辐射换热的方式传递热量，当气体温度较高时，热量传递以辐射换热为主；温度较低时，以对流换热为主。热量传递的过程分析如下：

图 9-10 所示为单层平壁综合传热示意图。平壁面积为 A，厚度为 δ，导热系数为 λ，所以平壁导热热阻为 $\dfrac{\delta}{\lambda A}$。平壁左右两侧壁面温度分别为 t_{w1} 和 t_{w2}，平壁左边是温度为 t_{f1} 的热流体，热流体与左侧壁之间的换热系数为 h_{x1}；平壁右边是温度为 t_{f2} 的冷流体，冷流体与右侧壁之间的换热系数为 h_{x2}。

炉内高温炉气以辐射、对流方式把热量传给炉墙内侧表面，其比热流量为：

$$q_1 = h_{x1}(t_{f1} - t_{w1}) \qquad (9-7)$$

由墙内壁到墙外壁主要的传热方式是导热，其比热流量为：

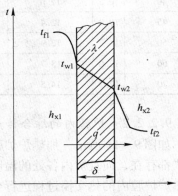

图 9-10 单层平壁综合
传热示意图

$$q_2 = \frac{t_{w1} - t_{w2}}{\frac{\delta}{\lambda}} \qquad (9-8)$$

从墙外壁以辐射、对流方式传给车间冷空气的比热流量为：

$$q_3 = h_{x2}(t_w - t_{f2}) \qquad (9-9)$$

当加热炉工作稳定后，则为稳定传热，因此：

$$q_1 = q_2 = q_3 = q \qquad (9-10)$$

联立式（9-7）～式（9-10），消去 t_{w1}、t_{w2} 则：

$$q = \frac{t_{f1} - t_{f2}}{\frac{1}{h_{x1}} + \frac{\delta}{\lambda} + \frac{1}{h_{x2}}} \qquad (9-11)$$

$$Q = q \cdot A = \frac{t_{f1} - t_{f2}}{\frac{1}{h_{x1}} + \frac{\delta}{\lambda} + \frac{1}{h_{x2}}} A \qquad (9-12)$$

若平壁由 n 层不同材料组合时，则：

$$q = \frac{t_{f1} - t_{f2}}{\frac{1}{h_{x1}} + \sum_{i=1}^{n} \frac{\delta}{\lambda} + \frac{1}{h_{x2}}} \qquad (9-13)$$

$$Q = \frac{t_{f1} - t_{f2}}{\frac{1}{h_{x1}} + \sum_{i=1}^{n} \frac{\delta}{\lambda} + \frac{1}{h_{x2}}} A \qquad (9-14)$$

当炉温 $t_{炉} \leqslant 450℃$ 时，$h_{x1} \approx 8 + 0.05 t_{炉}$；当 $t_{炉} > 450℃$ 时，$\frac{1}{h_{x1}}$ 很小，可以忽略不计；h_{x2} 见表 9-1。

表 9-1　炉墙与空气间的综合换热系数

炉壁表面温度/℃	$h_{x2}/W \cdot (m^2 \cdot ℃)^{-1}$			炉壁表面温度/℃	$h_{x2}/W \cdot (m^2 \cdot ℃)^{-1}$		
	垂直炉墙	水平炉墙			垂直炉墙	水平炉墙	
		热面向上	热面向下			热面向上	热面向下
40	10.5	12.0	8.5	80	13.3	15.2	10.7
45	10.9	12.4	8.8	90	14.0	15.9	11.2
50	11.3	12.9	9.1	100	14.5	16.7	11.9
60	12.0	13.7	9.7	150	15.8	18.0	12.9
70	12.7	14.5	10.2	200	17.2	19.7	14.1

9.2.2.2　炉膛内的综合传热

如图 9-11 所示，加热炉炉膛内的热交换是一个相当复杂的过程，不仅三种基本传热方式都存在，而且炉内各处的温度、炉气速度、压力等都是不均匀的。所以目前还不能对加热炉炉膛内的热交换过程进行全面的定量分析，工程上应用的计算式都是根据一定的条件，将情况简化后得到的。

在炉气、炉壁（指垂直炉墙和炉顶）和坯料三者的相互热交换中，有意义的是炉气和

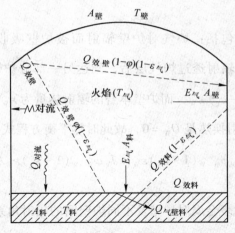

图 9 – 11　加热炉炉膛内的热交换示意图

炉壁传给坯料的有效热量。

坯料接受炉气以对流和辐射方式传给它的热量，同时接受由炉壁辐射给它的热量，使坯料的温度升高到所需要的温度。炉壁本身不是热源，它在接受炉气以辐射和对流方式传给它的热量后，一部分以反射和辐射的方式又传给炉气并被炉气吸收，一部分透过炉气传给坯料；还有一部分由炉壁吸收，以补偿它向大气的散热损失以及本身在升温过程中的蓄热。

钢坯加热炉膛中的炉气温度一般都在 1000～1400℃，当炉气温度为 1400℃，被加热的坯料是 1000℃时，由气体传给坯料的热量，辐射部分是对流部分的 10 倍，炉气传给炉壁的热量中，辐射部分是对流部分的 15 倍。所以在高温加热炉炉膛中，以辐射方式传递的热量占 90%～95%。

要对炉膛内的各种热交换进行严格的分析和计算是复杂而困难的。为研究加热炉炉膛内的辐射换热，导出金属坯料吸热量的计算公式，需对问题作如下简化：

（1）炉气充满炉膛，炉膛内各处炉气的温度都一样，炉壁（包括炉顶）及金属坯料的表面温度都各自均匀一致，坯料布满炉底。

（2）从炉壁或金属坯料表面反射出来的射线密度都是均匀的。

（3）炉气对来自任何方向辐射射线的吸收率都一样，它的吸收率等于它的黑度，其值决定于炉气温度，而不决定于金属坯料或炉壁温度。

（4）炉气以对流换热方式传给炉壁的热量恰好等于炉壁对外散失的热量，在炉膛热交换中，炉壁只是一个中间体，它不失去也不获得净热，即炉壁吸收净辐射换热量 $Q_w = 0$。

设 ε_g、ε_W、ε_M 分别代表炉气、炉壁、金属坯料的黑度；T_g、T_W、T_M 分别代表炉气、炉壁内侧、金属坯料表面的绝对温度，K；C_0 代表黑体的辐射换热系数，c_0 为 5.67 W/（$m^2 \cdot K^4$）；A_W 代表炉子的辐射换热面积，m^2。求金属坯料吸收的净辐射换热量 Q_M。

A　炉壁的有效辐射 J_W

在炉膛中，炉气是热源，金属坯料是被加热的对象，炉壁则如同热量中转站，炉壁吸收炉气的辐射热，又将这些辐射热传给金属坯料。

（1）从炉壁内部来看，炉壁获得的净辐射热量 = 炉壁吸收的辐射热量 − 炉壁本身辐射的热量。

炉壁吸收的辐射热量包括：炉气对炉壁辐射而被炉壁吸收的辐射热 $\varepsilon_g C_0 \left(\dfrac{T_g}{100} \right)^4 \cdot$

$A_w \cdot \varepsilon_w$；炉壁本身的有效辐射透过炉气层后，到达另一部分炉壁，而被炉壁所吸收的那

一部分热量 $A_w J_w \varphi_{w-w} (1 - \varepsilon_g) \varepsilon_w$，而炉壁本身的辐射热量为 $\varepsilon_w C_0 \left(\dfrac{T_w}{100} \right)^4 \cdot A_w$。

由于炉壁吸收的净辐射换热是 $Q_w = 0$，故此时热平衡方程式为：

$$\left[\varepsilon_g C_0 \left(\frac{T_g}{100} \right)^4 T_w \varepsilon_w + A_M J_M \varphi_{M-w} (1 - \varepsilon_g) \varepsilon_w + J_w \varphi_{w-w} (1 - \varepsilon_g) \varepsilon_w A_w \right] - \varepsilon_w C_0 \left(\frac{T_w}{100} \right)^4 A_w = 0$$

$$(9 - 15)$$

式中，φ_{M-w}、φ_{w-w} 分别代表金属对炉壁及不同炉壁间的辐射角系数；J_w、J_M 分别为炉壁
及金属的有效辐射。

（2）从炉壁外部来看，炉壁吸收的净辐射热量 = 投射到炉壁上的辐射热量 - 炉壁有效
辐射热量。

投射到炉壁上的热量包括：炉气对炉壁的辐射热量 $\varepsilon_g C_0 \left(\dfrac{T_g}{100} \right)^4 A_w$，金属有效辐射透
过炉气层后到达炉壁的那一部分热量 $J_M A_w \varphi_{M-w} (1 - \varepsilon_g)$，炉壁本身有效辐射穿过气体层到
达另一部分炉壁的热量 $J_M A_w \varphi_{w-w} (1 - \varepsilon_g)$。而炉壁的有效辐射为 $J_w A_w$。

由于炉壁吸收净辐射换热量为零。此时热平衡方程式为：

$$\left[\varepsilon_g C_0 A_w \left(\frac{T_g}{100} \right)^4 + A_M J_M \varphi_{M-w} (1 - \varepsilon_g) + J_M A_w \varphi_{w-w} (1 - \varepsilon_g) \right] - J_w A_w = 0 \quad (9 - 16)$$

将式（9 - 15）与式（9 - 16）相减，则得 $J_w (\text{W/m}^2)$ 为：

$$J_w = C_0 \left(\frac{T_w}{100} \right)^4 \tag{9 - 17}$$

从式（9 - 17）可看出：吸收净辐射换热量为零的炉壁，它的有效辐射 J_w 与炉壁本身

黑度 ε_w 无关，炉壁的有效辐射 J_w 恒等于 $C_0 \left(\dfrac{T_w}{100} \right)^4$。此时，炉壁如同黑体，它的有效辐

射等于同温度下的黑体本身辐射。

B　炉壁温度 T_w

从式（9 - 17）可以看出 J_w 与 T_w^4 成正比。下面找出影响 T_w 的因素。

根据有效辐射的定义，金属坯料的有效辐射 = 金属坯料本身辐射 + 金属坯料反射
辐射。

金属坯料本身辐射为：

$$\varepsilon_M C_0 A_M \left(\frac{T_M}{100} \right)^4 \tag{9 - 18}$$

反射辐射为：

$$\varepsilon_g C_0 \left(\frac{T_g}{100} \right)^4 A_M (1 - \varepsilon_M) + J_w A_w \varphi_{w-M} (1 - \varepsilon_g) (1 - \varepsilon_M) \tag{9 - 19}$$

所以

$$J_M A_M = \varepsilon_M C_0 \left(\frac{T_M}{100}\right)^4 A_M + \varepsilon_0 C_0 \left(\frac{T_g}{100}\right)^4 A_M (1 - \varepsilon_M) \ +$$

$$J_W A_W \varphi_{W-M} (1 - \varepsilon_g)(1 - \varepsilon_M) \tag{9-20}$$

由于

$$\varphi_{M-W} = 1 \tag{9-21}$$

$$\varphi_{W-W} = 1 - \varphi_{W-M} \tag{9-22}$$

将上面几式联立代入式（9-20），则得：

$$A_W C_0 \left(\frac{T_W}{100}\right)^4 = \varepsilon_g C_0 \left(\frac{T_g}{100}\right)^4 [A_W + A_M (1 - \varepsilon_g)(1 - \varepsilon_M)] + \varepsilon_M C_0 \left(\frac{T_M}{100}\right)^4 A_M (1 - \varepsilon_g) \ \cdot$$

$$C_0 \left(\frac{T_W}{100}\right)^4 A_W [(1 - \varphi_{W-M})(1 - \varepsilon_g) + \varphi_{W-M} (1 - \varepsilon_g)^2 (1 - \varepsilon_g)(1 - \varepsilon_M)] \tag{9-23}$$

式中，φ_{W-M} 为炉壁向金属坯料的辐射角系数，$\varphi_{W-M} = \dfrac{A_M}{A_W}$ 代入，整理后得：

$$T_W^4 = T_M^4 + \frac{\varepsilon_g [1 + \varphi_{W-M}(1 - \varepsilon_g)(1 - \varepsilon_M)]}{\varepsilon_g + \varphi_{W-M}(1 - \varepsilon_g)[\varepsilon_M + \varepsilon_g(1 - \varepsilon_M)]} (T_g^4 - T_M^4) \tag{9-24}$$

从式（9-24）可看出，炉壁温度 T_W 与炉壁黑度 ε_W 无关，它与 T_g、T_M、ε_g、ε_M 及 φ_{W-M} 有关，且 T_W 值必定介于 T_g 与 T_M 之间。

C 金属坯料吸收的净辐射换热量 Q_M

金属坯料吸收的净辐射换热量 Q_M = 金属坯料吸收的辐射热量 - 金属坯料本身辐射热量。金属坯料吸收的辐射热量包括：炉气对金属坯料辐射而被金属坯料所吸收的热量 $\varepsilon_g C_0 A_M \left(\dfrac{T_g}{100}\right)^4 \varepsilon_M$；炉壁有效辐射透过气体层后到达金属坯料表面而被金属坯料吸收的热量 $A_W J_W \varphi_{W-M}(1 - \varepsilon_g)\varepsilon_M$。金属坯料本身辐射热量为 $\varepsilon_M C_0 A_M \left(\dfrac{T_M}{100}\right)^4$，所以：

$$Q_M = \left[\varepsilon_g C_0 A_M \left(\frac{T_g}{100}\right)^4 \varepsilon_M + J_W A_W \varphi_{W-M}(1 - \varepsilon_g)\varepsilon_M\right] - \varepsilon_M C_0 A_M \left(\frac{T_M}{100}\right)^4 \tag{9-25}$$

将式（9-17）及 $\varphi_{W-M} = \dfrac{A_M}{A_W}$ 代入式（9-25），则得：

$$Q_M = C_0 \varepsilon_M \left[\varepsilon_g \left(\frac{T_g}{100}\right)^4 + (1 - \varepsilon_g)\left(\frac{T_W}{100}\right)^4 - \left(\frac{T_M}{100}\right)^4\right] A_M \tag{9-26}$$

上式中 T_W 由式（9-24）来代替，则：

$$Q_M = \frac{C_0 \varepsilon_g \varepsilon_M [1 + \varphi_{W-M}(1 - \varepsilon_g)]}{\varepsilon_g + \varphi_{W-M}(1 - \varepsilon_g)[\varepsilon_M + \varepsilon_g(1 - \varepsilon_M)]} \left[\left(\frac{T_g}{100}\right)^4 - \left(\frac{T_M}{100}\right)^4\right] A_M = h_r \left[\left(\frac{T_g}{100}\right)^4 - \left(\frac{T_M}{100}\right)^4\right] A_M \tag{9-27}$$

式（9-27）中的 h_r（$W/(m^2 \cdot K^4)$）为炉膛内炉气、金属坯料和炉壁之间进行辐射换热时的辐射系数，也称为炉气、炉壁对金属坯料的综合辐射系数。

$$h_r = \frac{C_0 \varepsilon_g \varepsilon_M [1 + \varphi_{W-M}(1 - \varepsilon_g)]}{\varepsilon_g + \varphi_{W-M}(1 - \varepsilon_g)[\varepsilon_M + \varepsilon_g(1 - \varepsilon_M)]} \tag{9-28}$$

令 $\omega = \dfrac{1}{\varphi}$，即 $\omega = \dfrac{A_W}{A_M}$，$\omega$ 称为炉围开展度。则式（9-28）可写成：

$$h_r = \frac{C_0 \varepsilon_M [\omega + (1 + \varepsilon_g)]}{\omega + \dfrac{1 - \varepsilon_g}{\varepsilon_g}[\varepsilon_g + \varepsilon_M (1 - \varepsilon_g)]} \qquad (9-29)$$

从式（9-29）可以看出，综合辐射系数 h_r 与炉壁黑度 ε_W 无关。这是由于在计算金属坯料所得到的净辐射热时假定炉壁不吸收净辐射热量所致，即落到炉壁上的辐射能全部又离开炉壁而返回炉膛，炉壁只起传递辐射能的中间体的作用，所以出现了金属坯料吸收的净辐射换热量不受炉壁黑度和温度影响的问题。当钢在火焰炉中加热时，$\varepsilon_M = 0.8$，$\varepsilon_g = 0.15 \sim 0.30$；$\varphi_{W-M} = 0.30 \sim 0.50$，则 h_r 约为 $1.98 \sim 3.72$，通常钢表面的黑度为 0.8。此时，h_r 与 ε_g 和 φ_{W-M} 之间的关系可根据式（9-29）求得，并绘成线如图 9-12 所示。

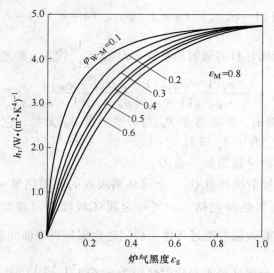

图 9-12 h_r 与 ε_g 和 φ_{W-M} 之间的关系图

从式（9-29）可看出要增加金属坯料吸收的净辐射换热量 Q_M，可通过提高 h_r、A_M 和 T_g 这三条途径来达到，现分别予以讨论。

（1）增加辐射系数 h_r，从图 9-12 可知，提高 ε_g 或减小 φ_{W-M} 都可增大 h_r。当炉气黑度较小时，提高炉气黑度 ε_g 可使 h_r 值得到显著增加。但当 ε_g 较大时，若再增加炉气黑度 ε_g，则 h_r 的增加就不显著。因此，在 ε_g 较小时，采用向火焰中喷油加碳的办法提高 ε_g，可显著提高 h_r，但是要掌握适当的喷油量，使其得到完全燃烧，这样还可以提高炉气温度 T_g，强化传热。

从图 9-12 中还可以看出，在 A_M 一定时，加大 A_W 可以降低 φ_{W-M}，从而增大 h_r。尤其是 $\varepsilon_g < 0.5$ 时，效果更为显著，但增大炉壁面积 A_W，会使炉膛造价提高，炉壁热损失增加同时炉气不易充满炉膛，不利于加热金属。因此，A_W 的增加必须适当。

（2）在同样其他条件下，金属坯料受热面积 A_M 越大，其吸收的净辐射换热量也越大。但另一方面，当 A_W 一定时，因 A_M 增加会引起 φ_{W-M} 增加，从而使 h_r 下降，导致 Q_M 减少。上述两者综合影响的结果表明，当金属坯料受热面积增加时，金属坯料吸收的净辐射换热量也增加。

（3）提高炉气温度 T_g，是强化传热的重要途径。但是炉气温度提高得太高也是不允许的,因为这会使炉膛寿命降低,并使燃料消耗增加。

在加热炉设计和使用中,除了采用合理的炉体结构和先进的加热装置外,还可以在炉壁上涂上碳化硅涂料使炉壁黑度增加,从而增加吸收的热量,壁温相应升高,由于黑度及温度的提高,就增加了炉壁对炉气和透过炉气对金属坯料的辐射传热。

虽然炉壁温度升高后,会引起炉壁向外散热损失的增加,但这部分导热损失只与壁温的一次方成正比,而炉壁辐射力却与其绝对温度的四次方成正比,所以总的结果是,在单位时间内坯料得到的辐射能大幅度增加,从而达到节能的目的。

9.2.3 加热过程的实例分析

9.2.3.1 加热过程的温度和流速模拟

根据前面介绍的动量传输、质量传输和热量传输基本原理,对加热炉内在一定条件下的燃烧及温度分布条件进行模拟分析,加热炉示意图如图9－13所示,该模拟过程采用的燃料为高、焦炉混合煤气,高、焦煤气的混合比例为4∶6,混合煤气的低发热量为9780kJ/m^3。空气和煤气的预热温度分别是550℃和280℃,混合煤气的密度为0.947kg/m^3;空气的密度为1.293kg/m^3,预热段热流密度为800kJ/($m^2 \cdot s$),第一加热段热流密度为2000kJ/($m^2 \cdot s$),第二加热段热流密度为1700kJ/($m^2 \cdot s$),均热段热流密度为1100kJ/($m^2 \cdot s$),加热炉在运行过程中,炉内压力保持为微正压,设定炉内压力为7Pa。

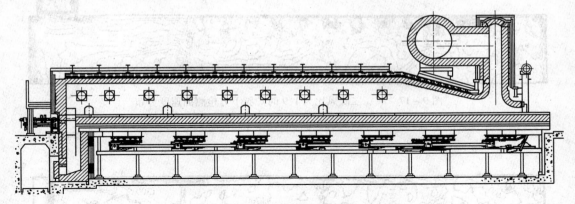

图9－13　加热炉示意图

对于模拟,采用一次、二次风比为3∶7和1∶9时的流场分布和温度分布如图9－14~图9－22所示。

图9－14　一、二次风比为3∶7时炉膛上方检测面速度分布

图 9-15   一、二次风比为 1:9 时炉膛上方检测面速度分布

图 9-16   一、二次风比为 3:7 时炉膛下方检测面速度分布

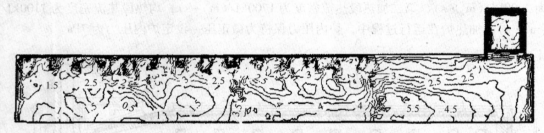

图 9-17   一、二次风比为 1:9 时炉膛下方检测面速度分布

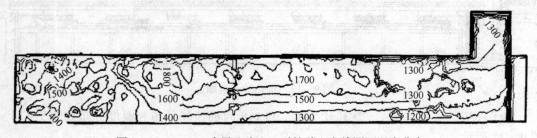

图 9-18   一、二次风比为 3:7 时炉膛上方检测面温度分布

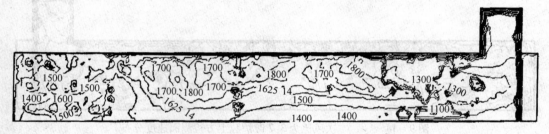

图 9-19   一、二次风比为 1:9 时炉膛上方检测面温度分布

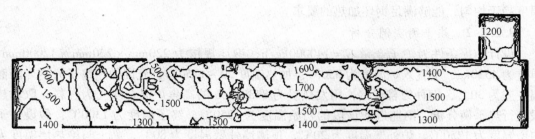

图 9 - 20 一、二次风比为 3:7 时炉膛下方检测面温度分布

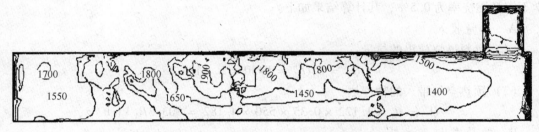

图 9 - 21 一、二次风比为 1:9 时炉膛下方检测面温度分布

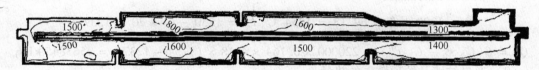

图 9 - 22 一、二次风比为 1:9 时炉膛中心面温度分布

由图 9 - 14 ~ 图 9 - 22 看出,整个炉膛空间内,混合煤气和空气从布置在均热段顶部及侧墙的燃烧器喷入炉内燃烧,在靠近钢坯表面处,炉气的流动基本趋势是从炉头流向炉尾,在不同的一、二次风配比的情况下,流动规律没有大的差别,定性比较基本是一致的。但不同的区域,流动情况也不尽相同,流动比较紊乱,无论哪种情况,由于均热段上部采用平焰烧嘴,在均热段上部形成带有旋转的速度场,这有助于均热段钢坯温度的均匀;在均热段下部和加热段,由于采用的是可调火焰的湍流燃烧器,燃料喷入时与二次风边混合边燃烧,形成湍流扩散火焰。当一、二次风比较大时,由于二次风速度较小,使整个湍流区域向炉墙靠近;当一、二次风比达到 1:9 时,使整个湍流区域扩散至炉膛中心。虽然一、二次风比值的变化对流场影响较小,但对于炉气温度分布有着较大的影响。

分析温度分布图 9 - 18 ~ 图 9 - 22 可以看出,不同的一、二次风比例,使得加热炉在炉宽方向上的温度分布也有着较大的差别。当一、二次风的比值较大时,由于二次风的速度较小,在炉墙附近形成湍流区,火焰的长度较短,这就使燃料在炉墙附近燃烧,在炉墙附近形成较大的高温区域,造成炉膛中心处的温度较低,达不到理想的加热温度;相反,当一、二次风的比值较小时,由于二次风风量增加,使二次风的速度增大,能够与燃料在边混合边燃烧的过程中增加火焰长度,使得湍流火焰扩散到炉膛中心,这样,将燃料燃烧所放出的热量更多地带到炉膛中心处,使得炉膛方向的温度更加均匀,可以满足钢坯加热的要求。

综上所述,随着一、二次风比值的减小,火焰长度增加,使得加热炉在炉宽方向上的温度趋于均匀，能够满足钢坯加热的要求。

9.2.3.2 热平衡实例分析

设计前提条件为炉子产量 $G = 140000 \text{kg/h}$，钢坯规格为 220mm × 220mm × 12000mm，单重为 4530kg，空气入炉温度为 550℃，加热温度 20 ~ 1250℃，允许加热终了时钢坯断面温度差为 30℃，钢种为普碳钢，用发热量为 8430kJ/h 的高焦炉混合煤气为燃料。取均热段进行热平衡分析，钢坯进入该段的初始温度为 1250℃，终了温度为 1300℃，假设炉子内壁温度为 1250℃，炉外壁温度为 20℃，顶侧墙外壁温度为 80℃，黏土与绝热层温度为 700℃，均热段长为 12.8m，宽为 11.2m，高为 1.5m，出钢口温度为 600℃，V_n 为 1.9，化学不完全燃烧率为 0.5%，其计算结果如下。

A 热量收入

（1）燃料燃烧放出的热量：

$$Q_1 = B_1 Q_{低}^{用} = 8430 \times B_1 \text{ kJ/h}$$

（2）预热空气带入的物理热：

$$Q_2 = B_1 \times 1.122 \times 0.35 \times 550 \times 4.182 = 903.3 B_1 \text{ kJ/h}$$

B 热量支出

（1）金属吸收的热量：

$$t_{金}^{终} = 1300 - \frac{2}{3} \times 69.13 = 1254 \text{ ℃}, \quad t_{金}^{始} = 1250 - \frac{2}{3} \times 20 = 1237 \text{ ℃}$$

$$Q_1 = G(C_{金} t_{金}^{终} - C_{金} t_{金}^{始}) = 220000 \times 0.164 \times 4.18 \times (1254 - 1237) = 2563845 \text{ kJ/h}$$

（2）通过炉墙及炉顶散失的热量：

均热段的热损失：

砌砖体的平均炉顶温度：$t_{绝热}^{均} = \dfrac{700 + 1250}{2} = 975 \text{ ℃}$，$t_{黏土}^{均} = \dfrac{700 + 80}{2} = 390 \text{ ℃}$

砌砖体的平均导热系数：

$$\lambda_{绝} = 0.6 + 0.0005 \times 975 = 1.0875 \text{ kJ/(m · h · ℃)}$$

$$\lambda_{黏} = 0.28 + 0.00013 \times 390 = 0.331 \text{ kJ/(m · h · ℃)}$$

经过均热段单位炉顶面积的热损失：

$$q_2' = \frac{t_{壁} - t_{空}}{\dfrac{s_1}{\lambda_1} + \dfrac{s_2}{\lambda_2} + 0.06} = \frac{1250 - 20}{0.264 + 0.212 + 0.06} = 2295 \text{ kJ/(m}^2 \cdot \text{h)}$$

经过均热段炉顶的总热损失：

$$Q_2' = q_2' A = 2295 \times 12.8 \times 11.2 = 329011 \text{ kJ/h}$$

均热段炉底的热损失：

根据经验数据，通过实炉底散失的热流 $q_2'' = 2000 \sim 3000 \text{ kJ/(m}^2 \cdot \text{h)}$，取上限，故：

$$Q_2'' = q_2'' A = 3000 \times 12.8 \times 11.2 = 430080 \text{ kJ/h}$$

均热段炉墙的热损失：

$$q_2''' = \frac{t_{壁} - t_{空}}{\dfrac{s_1}{\lambda_1} + \dfrac{s_2}{\lambda_2} + 0.06} = \frac{1250 - 20}{\dfrac{0.35}{1.136} + \dfrac{0.12}{0.331} + 0.06} = 1683.5 \text{ kJ/(m}^2 \cdot \text{h)}$$

故经过整个均热段侧墙的热损失：

$$Q_2''' = q_2'''A = 1683.5 \times 4.18 \times (11.2 \times 1.5 \times 2 + 12.8 \times 1.5) = 371555.2 \ kJ/h$$

所以均热段炉墙、炉顶及炉底的总热损失为：

$$Q_2 = Q_2' + Q_2'' + Q_2''' = 329011 + 430080 + 371555 = 1130646 \ kJ/h$$

（3）均热段炉门的热损失：

出钢口的辐射热损失（根据近似计算公式）：

$$Q_3' = 2\left[\left(\frac{T_{炉}}{100}\right)^4 - \left(\frac{T_{隔}}{100}\right)^4\right]A = 2 \times 5.376\left[\left(\frac{1275 + 273}{100}\right)^4 - \left(\frac{600 + 273}{100}\right)^4\right] = 554957 \ kJ/h$$

经常关闭的均热段炉门的热损失：

$$Q_3'' = \frac{t_1 - t_2}{\frac{s}{\lambda}}4A \times 1 + \frac{t_1 - t_2}{\frac{s}{\lambda}}2A \times 0.7 = 3995 \ kJ/h$$

经常开启的均热段炉门的热损失：

$$Q_3''' = 2\left(\frac{T_{炉}}{100}\right)^4 \times A \times (1 - \Phi) \times 2 = 2 \times \left(\frac{1275}{100}\right)^4 \times 0.24 \times 0.3 \times 2 = 7611 \ kJ/h$$

通过均热段炉门的总热损失：

$$Q_3 = Q_3' + Q_3'' + Q_3''' = 554957 + 3995 + 7611 = 566563 \ kJ/h$$

（4）炉门溢气带出的热损失：

$$Q_4 = 1.2 \times 0.374 \times 1250 \times 3600 \times 0.3 \times 0.104 = 63012 \ kJ/h$$

（5）流出均热段的废气带走的热量：

$$Q_5 = B_1 V_n C_{气} t_{气} = B_1 \times 1.9 \times 1250 \times 0.38 = 902.5 B_1 \ kJ/h$$

（6）化学不完全燃烧造成的热损失：

$$Q_5 = B_1 V_n P \times 2800 = B_1 \times 1.9 \times 0.005 \times 2800 = 26.6 B_1 \ kJ/h$$

热平衡方程式：

$$8430 B_1 + 903.3 B_1 = 2563845 + 1130646 + 566563 + 63012 + 902.5 B_1 + 26.6 B_1$$

$$B_1 = 514.5 \ m^3/h$$

实际取该段的燃料消耗量为 $B_1 = 514.5 \ m^3/h$。

9.3 轧制过程的传输现象

当沿轧制方向依次计算带钢在轧制时的传热时，以加热炉出口测温仪测得的带钢温度为基准，考虑从此开始到带钢出精轧机组，根据带钢所发生的各种温降过程，建立相应的温度计算数学模型，采用这些模型逐步计算带钢在每个温降过程后的温度以及每一机架的轧制变形热、接触热损失、机架间传送辐射冷却、机架间喷水冷却。一般需要考虑从高压水除鳞、辊道温降、粗轧到精轧入口的辐射散热、在轧制变形区内带钢的塑性变形热、与轧辊接触传热、与轧辊摩擦生热、在精轧机组内部的辐射散热以及机架间喷水导致的对流散热六大热交换过程。在工业应用中，从粗轧出口到精轧入口的辐射散热和在粗轧机、精轧机组内部的辐射散热常常使用同一个数学模型。用数学模型描述带钢在精轧区的传热过程时，近似地认为带钢的传热分别符合牛顿冷却公式、傅里叶导热定律和斯忒藩－玻耳兹曼定律，当计算带钢的变形温升和摩擦温升时，采用能量守恒定律。下面从轧制过程的各个环节入手，简单介绍一下其间的传热现象。

9.3.1 钢坯待轧时的热量传输

钢坯待轧时的热量损失主要包括高压水除鳞过程中的温降以及传送过程中的温降。

9.3.1.1 高压水除鳞过程的热量传输

利用高压水流冲击钢坯（带坯）表面来清除一次（或两次）氧化铁皮是目前采用的主要方法。由于大量高压水流和钢坯（带坯）表面接触将使轧件产生温降，这种热量损失属于对流形式。对流的热交换过程比较复杂，它不但和钢坯温度、介质温度以及钢的热物理性能有关，还和流体的流动状态（流速、水压等）有关，因此要从理论上写出各种因素的影响是比较困难的，目前一般都采用牛顿冷却公式来计算：

$$\Delta Q = h_c(t_w - t_f)A\Delta\tau \tag{9-30}$$

式中，h_c 为钢坯的对流换热系数，$W/(m^2 \cdot ℃)$；t_w 为钢坯的温度，$℃$；t_f 为高压水的温度，$℃$；A 为钢坯与高压水的接触面积，m^2；$\Delta\tau$ 为散热时间，s。

把各种因素的复杂影响都归结于 h_c 系数中。h_c 为对流热交换系数（$W/(m^2 \cdot ℃)$），其物理含义为当温差为 $1℃$ 时单位时间单位面积的换热量。h_c 值可以借助于以相似原理为基础的实验来确定，公式（9-31）为中厚板现场实际工况情况下，同时考虑了高压水除鳞喷嘴距连铸坯表面距离、喷嘴出口速度、带钢表面温度 3 个因素对高压水除鳞对流换热系数的影响，并根据相似原理得出的高压水除鳞对流换热系数的经验公式：

$$h_c = \begin{cases} 24358H^{-0.28}v^{1.2}10^{-0.0014T}, & 100 \leqslant H \leqslant 150 \\ (0.0019422H^4 + 1.6059H^3 + 491.2H^2 + 65818H + 3.2637 \times 10^6)v^{1.2}10^{-0.0014T}, & 150 \leqslant H \leqslant 250 \end{cases}$$
$$\tag{9-31}$$

当高压水段长度为 H，轧件运行的速度为 v 时，则：

$$\Delta\tau = H/v \tag{9-32}$$

在对流过程中，随着热量的散失，轧件的温度会下降，当轧件的温降为 Δt 时，则轧件热焓量的变化为：

$$\Delta Q = c_p\rho Ah\Delta t \tag{9-33}$$

式中，c_p 为比热容，$kJ/(kg \cdot ℃)$；ρ 为密度，kg/m^3；h 为轧件厚度，m。

根据热平衡关系得：

$$c_p\rho Ah\Delta t = h_c(t_w - t_f)2A\Delta\tau \tag{9-34}$$

所以轧件在高压水除鳞时的温降方程为：

$$\Delta t = \frac{2h_c}{c_p\rho h} \cdot \frac{H}{v}(t_w - t_f) \tag{9-35}$$

9.3.1.2 辊道传送时的热量传输

带钢在辊道上运送时，高温带钢要向外辐射热量，从而产生辐射温降，同时带钢也与周围空气进行对流换热，产生对流热量损失。

对流的热量损失 ΔQ_a 为：

$$\Delta Q_a = h_c(t - t_0)A\Delta\tau \tag{9-36}$$

而辐射的热量损失 ΔQ 与温度的四次方成正比，因此在高温时辐射损失远远超过了对流损失，当轧件温度在 1000℃左右时对流热量损失只占总热量损失的 5% 左右，可以只考虑辐射损失，而把其他影响都包含在根据实测数据确定的轧件黑度 ε 中。

此时，辐射热量损失为：

$$\Delta Q_{辐} = \varepsilon C_0 \left(\frac{t+273}{100} \right)^4 A \Delta \tau \tag{9-37}$$

式中，C_0 为黑体辐射换热系数，约为 5.67W/(m² · K⁴)；ε 为黑度（$\varepsilon < 1$）；$\Delta \tau$ 为散热时间，s；t_0 为周围空气的温度，℃；A 为散热面积，m²。

对于带钢和带坯 $A = 2Bl$，而对于钢坯，则：

$$A = 2(Bl + Bh + lh)$$

式中，B 为宽度，m；l 为长度，m；h 为高度，m。

此热量造成的温降为：

$$\Delta Q = Gc_p \Delta t = Bhl\rho c_p \Delta t \tag{9-38}$$

式中，G 为金属的质量流量，kg/h；ρ 为密度，kg/m³；c_p 为比热容，kJ/(kg · ℃)。

因此：

$$\Delta t = \frac{\varepsilon C_0}{\rho c_p} \cdot \frac{A}{Bhl} \left(\frac{t+273}{100} \right)^4 \Delta \tau \tag{9-39}$$

当 $A = 2Bl$ 时：

$$\Delta t = \frac{2\varepsilon C_0}{\rho c_p} \left(\frac{t+273}{100} \right)^4 \frac{\Delta \tau}{h} \tag{9-40}$$

式中，$\Delta \tau = \frac{\Delta L}{v}$，$\Delta L$ 为距离，v 为带钢速度。

考虑在带钢传输过程中，带钢的温度将不断降低，即 $(t+273)^4$ 迅速降低。因此此式只能用于精轧机架间短距离传送（假设温降不大，因而在整个过程仍用同一个 t 来计算）。对于中间辊道及输出辊道长达百米运送时间较长时，则需采用

$$dQ_\varepsilon = \varepsilon C_0 \left(\frac{t+273}{100} \right)^4 A d\tau \tag{9-41}$$

$$dQ = Bhl\rho c_p dt \tag{9-42}$$

$$dQ_\varepsilon = dQ \tag{9-43}$$

$$2\varepsilon C_0 \left(\frac{t+273}{100} \right)^4 d\tau = h\rho c_p dt \tag{9-44}$$

假设各热物理参数 c_p，ρ 和 A 取平均值后可认为和温度无关，对其进行变形积分可得：

$$\int_{T_2}^{T_1} \frac{dT}{T^4} = \int_0^\tau \frac{2\varepsilon C_0}{\rho c_p h \times 10^8} d\tau \tag{9-45}$$

式中，$T = t + 273$，表示绝对温度，K；T_1 为辊道末端处温度，K；T_2 为辊道初始端处温度，K。

积分后可得：

$$T_1 = 100 \left[\frac{6\varepsilon C_0 \tau}{100\rho c_p h} + \left(\frac{T_2}{100} \right)^{-3} \right]^{-\frac{1}{3}} \tag{9-46}$$

上式中决定于实际情况的参数为轧件黑度 ε，因此需利用辊道各处的测温仪（在没有

出错的情况下）实测温度统计求得 ε 再用于上式计算。

9.3.2   钢坯轧制过程的热量传输

轧制时存在着两个相互矛盾的热过程，一是轧制时轧件塑性变形所产生的热量 Q_H，因而造成一个温升 Δt_H；另一是轧制时高温轧件和低温轧辊接触时所损失的热量 Q_c，造成的温降为 Δt_c。因此轧制中轧件温度变化为 Δt，$\Delta t = \Delta t_c - \Delta t_H$，则塑性变形热为：

$$Q_H = \frac{A\eta}{J_1} = \frac{P_c V \ln \dfrac{h_0}{h}}{J_1}\eta \qquad (9-47)$$

式中，h_0 为钢坯轧前厚度，mm；h 为钢坯轧后厚度，mm；J_1 为热功当量，$J_1 = 9.81$；A 为变形功，J；P_c 为平均单位压力（接触弧上），$P_c = 1.15Q$，MPa；V 为体积，cm^3；η 为吸收效率，即变形热转为轧件发热的部分占总变形热的百分比。一般为 50% ~95%，前几架 η 大些，后几架 η 小些。

Δt_H 可用热量平衡推导出：

$$\Delta t_H = \frac{P_c \ln \dfrac{h_0}{h} \times 10^6}{J_1 \rho C}\eta \qquad (9-48)$$

$$\eta = \left[(Q_P - 1)\beta + 1 \right] / Q_P \qquad (9-49)$$

$$P_c = Q_P K \qquad (9-50)$$

$$K = 1.15\sigma \qquad (9-51)$$

式中，σ 为金属变形阻力；Q_P 为变形区应力状态系数；β 为轧件与轧辊热传导效率，一般为 0.48 ~0.55。

接触传导造成的温降为：

$$\Delta t_c = 4\beta \cdot \frac{l'_c}{h_c} \sqrt{\frac{a}{\pi l'_c v_0}} (t_s - t_R) \qquad (9-52)$$

式中，t_s、t_R 为钢坯和轧辊温度，℃；l'_c 为考虑压扁后的变形区接触弧长，m；h_c 为平均厚度，m；v_0 为轧辊线速度，m/s；a 为导温系数，m^2/s。

此外，

$$a = \frac{\lambda}{\rho c_p} \qquad (9-53)$$

式中，λ 为接触导热系数，W/(m·℃)；ρ 为密度，kg/m^3；c_p 为比热容，kJ/(kg·℃)。

由于实测得到的结果将是塑性变形发热与轧件、轧辊间接触热传导的综合结果。因此需积累相当数量的数据才能将这几个公式中有关未定系数确定下来。

对比辐射传热和对流传热，轧辊变形与轧辊传热公式更为复杂。温度变化的影响因素也比较多。

9.3.3   钢坯控冷过程的热量传输

钢坯控冷过程中的热量传递以冷却为主，冷却过程使用的冷却介质可以是气体、液体以及它们的混合物，其中以水最为常用，具体的冷却方法因产品品种、轧后冷却目的不同而异。由于水是最常用的冷却介质，因此掌握钢材冷却过程中水的行为，尤其是沸腾换热现象是很重要的。

钢坯控制过程冷却包括轧制中间阶段的冷却和轧后的冷却两类。轧制中间阶段的控制冷却通常指的是在精轧前的冷却。这个阶段冷却的目的在于控制精轧阶段轧件的轧制温度和终轧温度。它对于保证控制轧制工艺的实现（或者提高控制轧制水平）是很重要的。冷却方式可采用空冷或水冷，如中厚板生产中间待温以实现两阶段轧制或三阶段轧制，连续线材生产中用轧前的穿水冷却等。轧后控制冷却的目的是通过控制冷却能够在不降低材料韧性的前提下进一步提高材料的强度。对于中、高碳钢和合金钢轧制后控制冷却的目的是防止变形后的奥氏体晶粒长大，降低以致阻止网状碳化物的析出量和晶粒级别，保持其碳化物固溶状态，达到固溶强化目的，减小珠光体球团尺寸，改善珠光体形貌和片层间距等，从而改善钢材性能。

高温钢材的水冷却可以有三种主要的方法，即喷水冷却（包括小水滴的雾状冷却和大水滴的喷水冷却）、连续水流冷却（包括水幕冷却和管层流冷却）、浸入冷却。

当把一块赤热的钢浸入静止水中时，导热系数与冷却时间遵循图9－23所示的关系。在初接触时钢和水之间的巨大温度差引起迅速的热传导，可是由于钢块表面迅速形成隔热的蒸汽层，即"膜状沸腾"，结果出现一段低导热时期。此后钢件逐渐冷却，待至蒸汽不再稳定地附着在钢块表面时，钢和水重新接触而进入"泡核沸腾"期，此时产生很大的热传导，然而此时钢件相应变冷，不久就更冷，热传导再次降低。这里描述的是静态的情况，而实际生产中，不仅钢材是运动的，水也是流动的，有时还是很剧烈的流动。如在棒材生产中广为应用的絮流管。"动"的结果就使钢材表面不易形成蒸汽膜，从而提高了冷却能力。

喷水冷却的水是不连续的水滴（絮流）（见图9－24），当水滴最初冲击到热钢材表面时，由于有很大的冷却水过冷度，热传导（冷却能力）非常大并迅速形成一层膨胀的蒸汽层，而随后喷来的水滴为这层蒸汽所排斥。此时热传导效果降低，钢材不能很好地冷却。

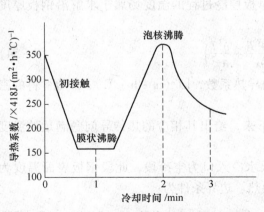

图9－23 热钢块置入水中导热系数的变化规律

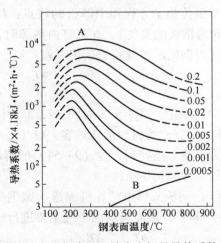

图9－24 钢表面和喷水之间的导热系数

在连续水流冷却中，由于冷却水连续冲击在一个特定的面上，该表面很难形成稳定的蒸汽膜，表面温度迅速下降。结果在冲击点上产生气泡沸腾，而且这一气泡沸腾区迅速扩展。当冷却水均匀地喷在待冷却钢的整个表面时，其边缘在两个方向上受到冷却，边缘的冷却比中心快一些，因此气泡沸腾从边部开始，逐步向中心扩展。因此层流冷却有高于一般喷水冷却的冷却能力，目前在热轧工艺中广泛使用。

轧件在轧制过程中的温度场变化是个复杂的过程，其温度场的计算目的在于：

（1）可以用作轧制时轧件温度变化的理论计算方法之一。而轧件温度是轧制工艺中的重要参数。

（2）根据轧件水冷前温度和水冷条件，经过温度场计算可以确定轧件水冷后的返红温度。或者根据对轧件水冷后返红温度的要求确定轧件的冷却工艺，为控冷工艺提供依据。

（3）轧件水冷时造成的轧件断面上的温度差会造成轧件内的温度应力，如果温度应力过大就会造成裂纹。因此温度场的计算是温度应力计算的前提条件。

（4）轧件温度场的计算可以给出轧件断面上各点的冷却曲线。如果将冷却曲线与材料的连续冷却转变曲线相结合，就可以确定轧件断面上各点相变后的组织，从而预测轧件的性能。有关这个领域的研究工作，目前正处在发展之中。

因此，在学习控制冷却的问题时，有必要对水冷后的轧件温度场计算做初步的了解。

要计算轧制过程中各个阶段、各种影响因素下轧件温度场的变化是非常复杂的。它是将钢材作为研究对象，建立导热微分方程和边界条件的联立求解过程。

9.3.4　钢坯轧制过程的实例分析

轧制过程的不同阶段对应的热量传输现象跟设备、工艺息息相关，不同阶段考虑的因素也不尽相同。以国内某中厚板厂采用有限差分法计算钢板轧后加速冷却的空冷和水冷换热系数模型等，模拟冷却过程中沿钢板厚度和宽度方向的温度场分布情况并进行实例分析。

A　控冷过程热传导方程及初始边界条件

根据传热学方程和中厚板的特点：$L \gg h$，$L \gg B$（L 为钢板的长度，h 为钢板的厚度，B 为钢板的宽度），在忽略内热源时，中厚板控冷过程的温度场属于求解沿钢板厚度和宽度方向的二维非稳态传热方程：

$$\frac{\partial T}{\partial \tau} = -\frac{\lambda}{c_p \rho} \left(\frac{\partial^2 T}{\partial x^2} + \frac{\partial^2 T}{\partial y^2} \right) \qquad (9-54)$$

式中，T 为温度，℃；τ 为时间，s；λ 为材料的导热系数，$kJ/(m \cdot h \cdot ℃)$；ρ 为材料的密度，kg/m^3；c_p 为材料的比热容，$kJ/(kg \cdot ℃)$。

为了使上述控制方程（9-54）的解确定下来，给出其相应的热传导问题满足的温度场边界条件和初始条件：

（1）钢板头部由精轧机末道次抛钢到进入水冷入口为空冷段，此段钢板表面温度为 780~1000℃，板面与周围空气主要进行辐射换热。边界条件为：

$$\lambda \frac{\partial T}{\partial x} + \lambda \frac{\partial T}{\partial y} = \varepsilon C_0 (T_p^4 - T_a^4) \qquad (x = h/2, y = B/2, \tau \geq 0) \qquad (9-55)$$

$$\frac{\partial T}{\partial x} + \frac{\partial T}{\partial y} = 0 \qquad (x = 0, y = 0, \tau \geq 0) \qquad (9-56)$$

式中，ε 为钢板的黑度（不大于1）；C_0 为黑体的辐射系数；T_p、T_a 分别为轧后钢板表面温度和周围空气温度。

（2）从钢板头部进入水冷区到尾部离开水冷区，钢板和冷却水发生强制对流，边界条件为：

$$\lambda \frac{\partial T}{\partial x} + \lambda \frac{\partial T}{\partial y} = h_c(T_s - T_w) \qquad (9-57)$$

式中，h_c 为钢板和冷却水间的对流换热系数；T_s 为钢板开冷温度，℃；T_w 为冷却水温度，℃。

（3）从钢板尾部离开控冷区到矫直机前，由于冷却钢板的表面温度较低，而钢板心部温度较高，存在一定的温度梯度，热交换主要为钢板和空气的辐射换热以及钢板本身进行热交换的返红阶段。边界条件为：

$$\lambda \frac{\partial T}{\partial x} + \lambda \frac{\partial T}{\partial y} = \varepsilon C_0(T_f^4 - T_a^4) \qquad (9-58)$$

式中，T_f 为钢板终冷温度，℃；T_a 为钢板周围空气温度，℃；C_0 为黑体辐射系数。

钢板进入水冷区前的空冷段初始条件为：$T = T_f$，$\tau = 0$，T_f 为终轧温度。以后每一阶段的初始条件以前一段的计算温度分布为基础。

B 钢板冷却过程温度场计算的有限差分法

由于钢板的冷却过程可以看作一个二维非稳态导热问题（见图 9-25），温度不仅随空间坐标变化，而且随时间变化，因此采用有限差分对微分方程和相关的边界条件和初始条件在空间和时间范围内进行离散化处理，进而求解钢板的温度场。离散化网格的划分采用直角坐标系。以钢板厚度方向的空间坐标为 X 轴，以宽度方向的空间坐标为 Y 轴，时间轴可以理解为垂直于 $X - Y$ 平面。因为传热过程关于板厚和板宽中心点对称，所以将坐标原点置于板厚和板宽中心位置，取钢板四分之一截面进行计算。沿空间坐标 X 用步长 Δx 将板厚一半划分为 $M-1$ 网格，产生 M 个节点；空间坐标 Y 用步长 Δy 将板宽一半划分为 $N-1$ 网格，产生 N 个节点；沿时间坐标 τ 用步长 $\Delta\tau$ 将时间坐标 τ 划分成 $k-1$ 个时间段，产生 k 个节点（见图 9-25）。其中节点 (i, j) 在 k 时刻的温度用 $T_{i,j}^k$ 表示，在 $k+\Delta\tau$ 时刻的温度用 $T_{i,j}^{k+1}$ 表示，对相互之间的温度关系进行差分格式展开的完全隐式的 Crank - Nicolson 格式为：

$$\frac{T_{i+1,j}^{k+1} - 2T_{i,j}^{k+1} + T_{i-1,j}^{k+1}}{(\Delta x)^2} + \frac{T_{i,j+1}^{k+1} - 2T_{i,j}^{k+1} + T_{i,j-1}^{k+1}}{(\Delta y)^2} = \frac{c_p\rho T_{i,j}^{k+1} - T_{i,j}^k}{(\Delta\tau)^2} \qquad (9-59)$$

可以利用式（9-59）求出物体内部各点（不包括边界）经历时间 $\Delta\tau$ 后的温度。针对二维不稳定导热问题，采用交替方向法进行求解，由于其所对应的方程组系数矩阵具有三对角线的特点，从 τ_k 时刻到 $\tau_k + 1$ 时刻在 X 方向和 Y 方向采用追赶法求解，从而既保证差分方程的稳定性，又提高了对方程的计算速度。

C 空气换热系数模型

$$h_{air} = h_1 + 4.88\varepsilon\left[\left(\frac{T_p + 273}{100}\right)^4 - \left(\frac{T_a + 273}{100}\right)^4\right] / (T_p - T_a) \qquad (9-60)$$

式中，h_1 为空冷换热系数修正值；T_p、T_a 分别为轧后钢板表面温度和周围空气温度；ε 为钢板的黑度（不大于1），对中厚板要视其表面氧化铁皮的程度不同来取值，表面氧化铁皮较多时一般取 0.8，对刚轧完或相关的钢种平面较光滑时取为 0.5～0.7。

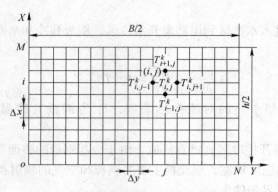

图 9 - 25   二维不稳态导热的节点温度图

D   控冷区对流换热系数模型

由于水冷区分为一区气雾冷却和二区上喷水幕冷却及下喷喷射冷却两个控冷区（见图 9 - 26），根据冷却钢板要求的冷却速率和钢板的规格不同，可分别通过单独选择二区水幕喷头组数进行冷却，或者采用二区水幕和一区气雾结合选择不同喷头组数的冷却模式。中厚板水冷换热系数主要与钢板温度、钢板运行速度、冷却水温、水流密度有关，为保证模型预报值符合现场实测结果，通过对控冷辊道的钢板的冷却结果进行大量统计和回归计算，获得计算温度场所需的气雾换热系数、水幕换热系数和喷射换热系数模型，如式 (9 - 61) ~ 式 (9 - 63) 所示，冷却区设备布置如图 9 - 26 所示。

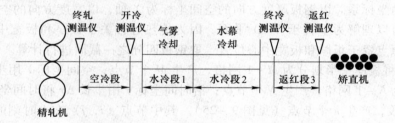

图 9 - 26   设备布置示意图

（1）气雾换热系数模型。气雾换热系数模型如下：

$$h_{mist} = (e^{11.2 \cdot a_2 \cdot T_s/298}) \cdot (W_s/4000)^{b_1 \cdot (a_1 \cdot 0.002 \cdot T_s + 0.1) \cdot k_{wat} \cdot c_1 \cdot S} \qquad (9-61)$$

式中，a_1、b_1、c_1 为模型回归系数；T_s 为开冷温度；W_s 为水流密度；k_{wat} 为水温系数；S 为喷头面积。

（2）喷射换热系数模型。喷射换热系数模型如下：

$$h_{jet} = k_{wat} \cdot a_2 \cdot 10^{[2.69 + b_2 \cdot 0.595 \cdot \lg(W_s \cdot 1000) - c_2 \cdot 0.00179 \cdot T_{plate}]} \qquad (9-62)$$

式中，a_2、b_2、c_2 为模型回归系数；T_{plate} 为钢板温度场。

（3）水幕换热系数模型。水幕换热系数模型如下：

$$h_{cwc} = k_{wat} \cdot (W_s^{a_3 \cdot 0.67}) \cdot 10^{T_{plate}} \cdot k_{wat} \cdot b_3 \cdot c_3 \qquad (9-63)$$

式中，a_3、b_3、c_3 为模型回归系数。

（4）比热容模型。钢板的比热容是与温度有关的物理量，并随控冷过程钢板温度的变化而不断变化，因此在计算模型温度场时，把比热容作为温度函数并采用表格的方式按钢种分类，在温度区间按插值进行计算，图 9 - 27 给出所测几种不同钢种的比热容随温度变化曲线。

（5）导热系数模型。钢的导热系数是温度的函数，与钢种有关，且随钢板厚度变化而变化。在控冷模型中，也把导热系数作为温度函数并采用表格的方式按钢种分类，在温度区间按插值进行计算。图9-28给出几种不同钢种的导热系数随温度变化的曲线。

该模型计算轧后控冷温度场及进行控冷工艺参数的设定值，通过在线使用证明该控冷模型预报精度较高，与实测值偏差小，控冷钢板的板形和性能均达到设计要求，能够满足现场实际生产的需要。

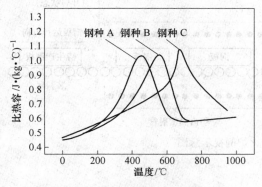

图9-27　不同钢种比热容随温度变化曲线

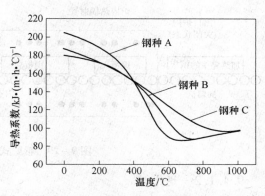

图9-28　导热系数随温度变化曲线

9.4　热处理过程的传输现象

随着 TMCP 技术应用领域的拓宽，使得热处理品种范围缩小，但是高强度钢、高级别锅炉及压力容器钢、低温用钢、耐磨钢、高级模具钢、特厚钢板等品种仍需经热处理工艺生产。

热处理的目的主要包括：（1）改变金属的物理性质和机械性能；（2）消除压力加工产生的内应力；（3）降低金属硬度，改善切削性能；（4）提高金属的表面硬度；（5）进行化学热处理，达到特殊的要求。

9.4.1　常见热处理设备简介

目前钢铁企业通常采用的热处理工艺有退火、正火、淬火和回火、固溶处理和时效处理等。常用的热处理炉有辊底式正火炉、退火炉、淬火炉、回火炉等。

9.4.1.1　辊底式正火炉

正火主要用于预备热处理，消除前道工序缺陷及满足后道工序工艺性能，其处理过程是将常温状态下的钢板送入炉中加热到900℃左右，保温一定时间后，再出炉送到冷床上在空气中自然冷却。为防止钢板表面氧化，炉体内部充满氮气，保持缺氧环境。

辊底式正火炉本体包括炉子耐材及砌筑、炉子钢结构及炉用设备。热处理炉的炉辊以上炉墙、炉顶采用耐火纤维模块砌筑而成。炉辊以下炉墙采用多层隔热材料和黏土砖组成复合砌体，以提高炉子的整体性、密封性和隔热性，获得最小的热损失和最大的炉衬使用寿命。

炉子金属结构为分段预制模块式结构，模块与模块之间采用现场焊接的方式连接。炉内辊道采用耐高温的镍铬合金制造，在炉子工作期间不管有无钢板都必须保持转动，以保证辊道本身均匀受热不发生变形。

炉内充满氮气并且保持比一个大气压略微高一点点，目的是尽可能防止在炉门开启时空气中的氧气进入炉体。所有烧嘴全部采用热辐射管式加热，即煤气和助燃空气只在辐射管内燃烧，与炉气隔绝，通过辐射方式将热量传递到钢板上。

辊底式正火炉结构如图9-29所示。

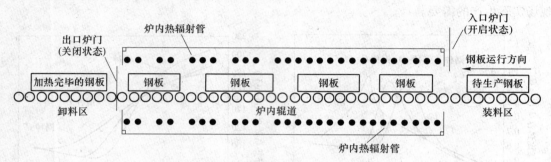

图9-29 辊底式正火炉侧视示意图

9.4.1.2 退火炉

退火是金属加工和成品生产（钢铁工业）的关键工序，退火的目的是降低硬度，消除残余应力，提高塑性，以便于进一步加工，改善和消除钢材的组织缺陷、组织不均匀性和成分不均匀性（如枝晶偏析）；淬火过热的返修，消除钢的过热现象；改善高碳钢中碳化物的分布和形态，亦为最后热处理做好组织准备；改善产品的表面质量。

退火过程通常在退火炉中进行，退火炉是热处理炉的一种，在轧钢生产中主要用于对板材、带材、线材的光亮退火。退火炉通常分为两类：连续退火炉和间歇式退火炉。

（1）连续退火炉。连退炉（见图9-30）由预热段、加热炉、均热炉、风冷段、辊冷段、时效段和最终冷却段组成。在预热段中对待加热的冷钢进行预热，由于预热段没有安装加热装置，冷钢带的预热是通过热交换装置完成的，在预热段后的加热段和均热段对钢带进行加热时，会产生大量的废气，这些废气带有很高的温度。当这些废气最终进入预热段中，通过热交换装置将大量的热量传递给待加热的冷钢带，这样可以降低加热炉的能耗，预热段出口的带钢温度一般可达200~300℃。

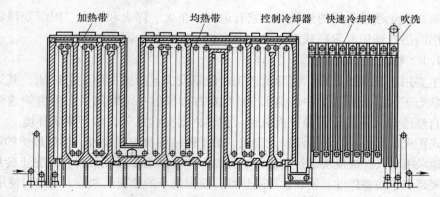

图9-30 塔式连续退火装置

（2）间歇式退火炉。罩式退火炉是一种典型的间歇式退火炉，罩式退火炉的结构示意图如图 9 - 31 所示，是将冷轧薄板钢卷堆垛在以炉台和马弗罩形成的一个密闭空间里，用加热炉罩给波纹内罩加热，密闭空间里以全氢/高氢气体作为热传递介质保护气体（氢气的热传导效率很高），以循环风机的高速旋转形成对氢气的强对流循环，以吸收马弗罩上的热量传递给钢卷，从而达到给带钢加热进行热处理的目的。实际的罩式炉退火操作过程如图 9 - 32 所示分为 12 个工序，除加热和冷却时间由工艺设定外，其他操作时间基本固定。

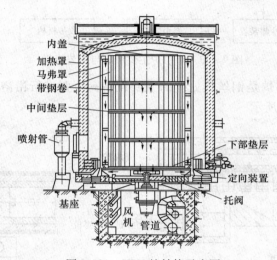

图 9 - 31　HPH 炉结构示意图

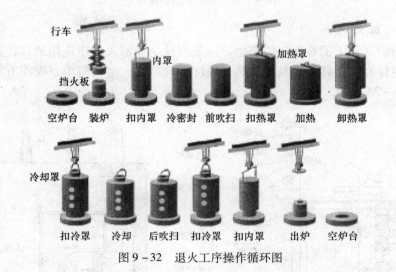

图 9 - 32　退火工序操作循环图

9.4.1.3　淬火炉

牵引炉和马弗炉是典型的淬火炉。

（1）牵引炉。牵引式连续作业炉主要用于不氧化、不变形、高硬度的淬火工艺，有时也用于回火，其组成及工艺流程如图 9 - 33 所示。

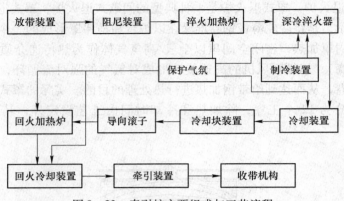

图 9-33　牵引炉主要组成与工艺流程

（2）马弗炉。马弗炉是钢丝热处理的主要设备，主要进行铅浴淬火从而继续进行拉拔，其结构如图 9-34 所示。

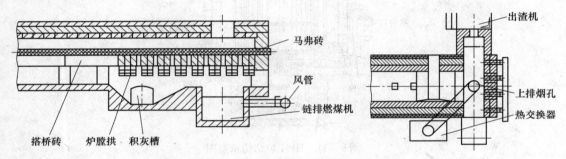

图 9-34　马弗炉的炉体结构

9.4.1.4　回火炉

电极盐浴炉（以下简称盐浴炉或盐炉）是钢铁企业回火炉中应用最广泛的设备之一，可进行产品零件和工模具的无氧化加热，温度准确度高，结构简单、操作方便和造价低，其结构如图 9-35 所示。

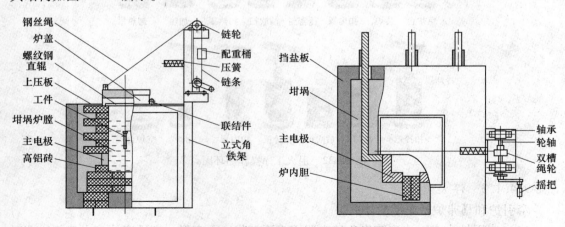

图 9-35　常见盐浴炉主视图和俯视图

9.4.2 热处理过程的传输现象

热处理炉的主要任务是利用热源、炉膛与工件之间不断进行着的复杂的热交换把工件加热，同时，热量还从炉内通过炉墙、炉门等处向四周散失。因此，热处理过程的传输现象，主要考虑的是热量传输过程。在该传热过程中高速流动的炉气引射周围的气体，使炉内的气体循环量大为增加，对炉内气体的搅拌作用十分强烈，使炉内的温差缩小，炉温分布十分均匀，并且由于炉气和工件间相对速度增加，使传热速度提高、燃耗降低，所以保证气流的流速是保证炉温均匀性、提高热效率的重要手段。

对于热处理过程的具体热量传输过程跟之前分析的加热过程的热量传输过程相同，采用的经验公式也一样，不过由于设备的差别，选用的影响因子及系数不太一样，因此这里就不一一赘述了。

9.4.3 热处理过程的实例分析

以某钢铁企业大型辊底式热处理炉为例，炉膛尺寸为 $25\text{m} \times 7.5\text{m} \times 7.8\text{m}$，生产的压力容器尺寸为 $24\text{m} \times \phi 6.5\text{m}$（长×直径）。采用高速烧嘴，烧嘴交叉布置在炉墙的两侧底部，沿炉长均匀布置，大小火切换脉冲燃烧。预热空气，预热温度不高于 50℃，燃料是热值为 34116kJ/m^3 的天然气，烟囱直径 $D = 1\text{m}$。

炉膛传热模型主要是炉气流动和传热计算，除了可以确定炉气的速度场和温度场外，还可以得到炉气与其边壁（炉衬及工件）的换热关系。采用 $k - \varepsilon$ 模型，控制方程如下：

连续方程：

$$\frac{\partial \rho}{\partial \tau} + \frac{\partial}{\partial x_j}(\rho v_j) = 0 \tag{9-64}$$

动量方程：

$$\frac{\partial}{\partial t}(\rho v_i) + \frac{\partial}{\partial x_j}(\rho v_i v_j) = -\frac{\partial p}{\partial x_i} + \frac{\partial t_{ij}}{\partial c_j} + \rho g_i + F_i \tag{9-65}$$

k 方程：

$$\frac{\partial}{\partial \tau}(\rho k) + \frac{\partial}{\partial \tau}(\rho v_j k) = \frac{\partial}{\partial x_j}\left(\mu_{\text{eff}} \frac{\partial k}{\partial x_j}\right) + \mu_{\text{t}} \frac{\partial v_i}{\partial x_j}\left(\frac{\partial v_j}{\partial x_i} + \frac{\partial v_i}{\partial x_j}\right) - C_{\text{D}}\rho k^{3/2}/l \tag{9-66}$$

ε 方程：

$$\frac{\partial}{\partial \tau}(\rho \varepsilon) + \frac{\partial}{\partial \tau}(\rho v_j \varepsilon) = \frac{\partial}{\partial x_j}\left(\mu_{\text{eff}} \frac{\partial \varepsilon}{\partial x_j}\right) + \frac{C_1 \varepsilon}{k} \mu_{\text{t}} \frac{\partial v_i}{\partial x_j}\left(\frac{\partial v_j}{\partial x_i} + \frac{\partial v_i}{\partial x_j}\right) - C_2 \rho \varepsilon^2 / k \tag{9-67}$$

能量方程：

$$\frac{\partial}{\partial t}(\rho E) + \frac{\partial}{\partial x_i}[v_i(\rho E + p)] = \frac{\partial}{\partial x_i}\left(\mu_{\text{eff}} \frac{\partial T}{\partial x_i} - \sum_{j'} h_{j'} J_{j'}\right) + v_j(\tau_{ij})_{\text{eff}} + S_{\text{h}} \tag{9-68}$$

由于炉内流体为热烟气，其物性参数随温度变化较大，必须考虑温度的影响，物性参数的拟合公式如下所示：

$$\rho = 1.1684 - 0.0019(T - 273) + 10^{-6}(T - 273)^2 \quad \text{kg/m}^3 \tag{9-69}$$

$$c_p = 1.0335 + 0.0003(T - 273) - 6 \times 10^{-8}(T - 273)^2 \quad \text{kJ/(kg · K)} \tag{9-70}$$

$$\lambda = 2.2854 + 0.0085(T - 273) + 10^{-7}(T - 273)^2 \quad \text{W/(m · K)} \tag{9-71}$$

$$\mu = [16.281 + 0.0419(T - 273) - 10^{-5}(T - 273)^2] \times 10^{-6} \quad kg/(m \cdot s) \quad (9-72)$$

根据上面相关模型进行模拟仿真，其结果如下：喷嘴出口处气流分布如图9-36～图9-38所示。

炉膛前端面气流分布如图9-39所示，炉膛后端面气流分布如图9-40所示。

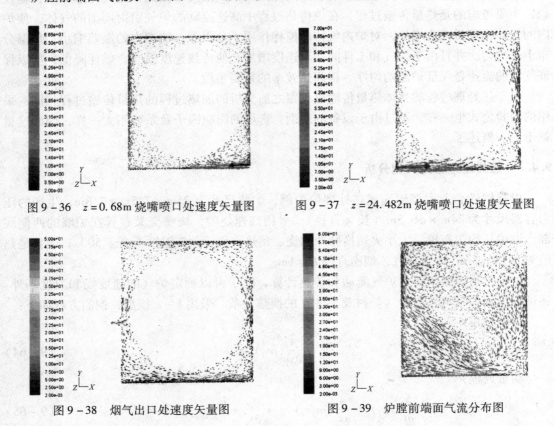

图9-36　$z = 0.68m$ 烧嘴喷口处速度矢量图　　　图9-37　$z = 24.482m$ 烧嘴喷口处速度矢量图

图9-38　烟气出口处速度矢量图　　　　　　图9-39　炉膛前端面气流分布图

烟气出口处温度分布如图9-41所示，炉宽方向温度分布表现为炉底温度高，炉顶温度偏低，但是炉内气体温度普遍偏低，出口处气流流出速度较炉膛内的气流速度偏高，在此截面处增加了炉膛内的气流循环，温度分布还是炉底较高，炉顶偏低。

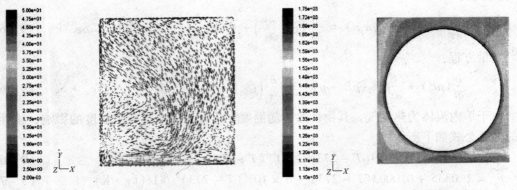

图9-40　炉膛后端面气流分布图　　　　　　图9-41　烟气出口处温度分布图

炉膛两端温度分布，前端面温度分布如图9-42所示，后端面温度分布如图9-43所示。

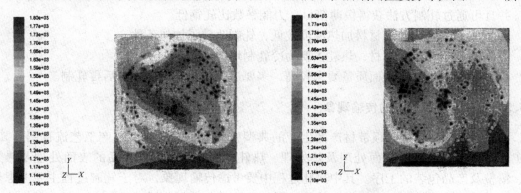

图9-42 炉膛前端面温度分布图　　　　图9-43 炉膛后端面温度分布图

9.5 有色金属轧制过程的传输现象

有色金属材料作为重要的原材料，广泛应用于机械、冶金、化工、石油、纺织、电子、军工等国民经济各行各业，其品种规格繁多，性能及用途各异。

有色金属材料包括镁及镁合金、铝及铝合金、铜及铜合金、锌及锌合金、钛及钛合金、镍基镍合金、高温合金、高温复合材料、稀土金属及其合金、稀有金属及其合金、贵金属及其合金，另外还包括有色金属合金粉末、半金属等。表9-2列出了有色金属的简单分类。

表9-2　有色金属简单分类

类　型	特　性
轻有色金属 （Al、Mg、Ti、Na 等）	密度在 $4.5 \times 10^3 kg/m^3$ 以下，化学性质活泼。纯的轻有色金属主要用于配制轻质金属
重有色金属 （Cu、Ni、Co、Zn、Sb 等）	密度均大于 $4.5 \times 10^3 kg/m^3$ 重有色金属主要用于配制磁性、高温合金及钢中的重要合金元素
贵金属 （Au、Ag、Pt、Ir、Ru、Pd 等）	储量少，提取困难，价格昂贵，具有很好的可塑性和良好的导电导热性能，主要用于电工、电子、宇航、仪表等
稀有金属 （W、Mo、Nb、Ti、Li、Zr 等）	储量少，难提取，通常作为合金元素
稀有放射性金属 （Po、Ra、Ac、Th、U 等）	它们是科学研究和核工业的重要材料

9.5.1　有色金属轧制简介

轧制是金属发生连续塑性变形的过程，易于实现批量生产，因此生产效率高，是塑性加工中应用最广泛的方法。轧制产品占所有塑性加工产品的90%以上。有色金属的轧制特点主要包括以下几个：

（1）一般的有色金属材料有较好的塑性和较低的变形抗力，轧制时可采用较大的加工率，并且可通过轧制方法获得极薄箔材，力能参数比轧钢低。

（2）一般的有色金属材料加热温度较低，轧制改善了加热条件。

（3）一般只轧板带箔材，热轧主要为冷轧制坯。

（4）轧制时对锭坯表面质量要求较高，多要进行铣削或蚀洗表面后再轧制。

9.5.2　铝合金轧制过程的传输现象

图 9-44 为铝合金的板带材产品生产的典型工艺流程。由典型生产工艺流程图可知，其工序主要包括铸锭的表面处理及热处理、热轧、冷轧、坯料或产品的表面处理及热处理、精整及产品包装的工序。其中热轧过程中要考虑传输现象，对于轧制过程主要考虑热量的传递，为此我们可以对铝合金热轧过程的传热现象进行分析。

（1）热轧初始自由表面热传递。起初，轧件在辊道运行时，轧件的自由表面通过辐射和对流与外界进行换热，因为铝合金的热轧温度相对较低，因此在建模时，可将辐射放热等效为对流换热，即：

$$q = h_c(T_s - T_\infty) \tag{9-73}$$

式中，h_c 为空气对流换热系数，T_s 为轧件自由表面温度，T_∞ 为周围环境温度。

轧件在辊道及轧制过程中的速度较慢，忽略强迫对流换热对温度的影响，自然对流换热系数可由下式计算：

$$h_c = 0.14\lambda_a (GrPr)^{1/3}/l \tag{9-74}$$

式中，λ_a 为空气导热系数；Gr 为格拉晓夫数；Pr 为普朗特数；l 为轧件长度；h_c 值根据轧件表面的温度状况有细微的改变。

（2）轧件与轧辊的接触传热。铝合金热轧时，轧件与轧辊的温差很大，轧制过程中在接触面上发生热量交换。此为热流连续、温度不连续的热阻问题，是轧件热损失的主要部分，接触传热热流可表示为：

$$q = h_r(T_w - T_t) \tag{9-75}$$

式中，T_w、T_t 分别为轧件和轧辊表面的温度；h_r 为两接触面之间的热接触换热系数，h_r 值的精确与否，直接影响到最终的模拟结果，因此不能按常值给出，它应被考虑为两接触面间的温度及其材料特性和结构尺寸的复杂函数。

（3）铝合金塑性变形过程中的本构方程。金属热变形流变应力是材料在高温下的基本性能之一，它不仅受合金化学成分的影响，而且与变形温度、应变量和应变率有关，是材料内部显微组织演变的综合反映，铝合金的经验本构方程为：

$$\dot{\varepsilon} = 1.4720 \times 10^{14} \left[\sinh(0.023\sigma) \right]^{9.5341} \times \exp\left(\frac{198.2553}{RT}\right) \tag{9-76}$$

（4）轧件与轧辊的接触摩擦。金属塑性成形时，在轧件和轧辊的接触面之间产生阻碍金属流动或滑动的界面阻力，这种界面阻力称为接触摩擦。在实际轧制过程中，由于存在变形热及摩擦热使表面温度升高，会产生局部熔化和焊接，采用润滑时，润滑液的黏度、膜厚及其化学成分，加工时变形压力、温度、速度、材质、表面状态等因素的作用，使摩

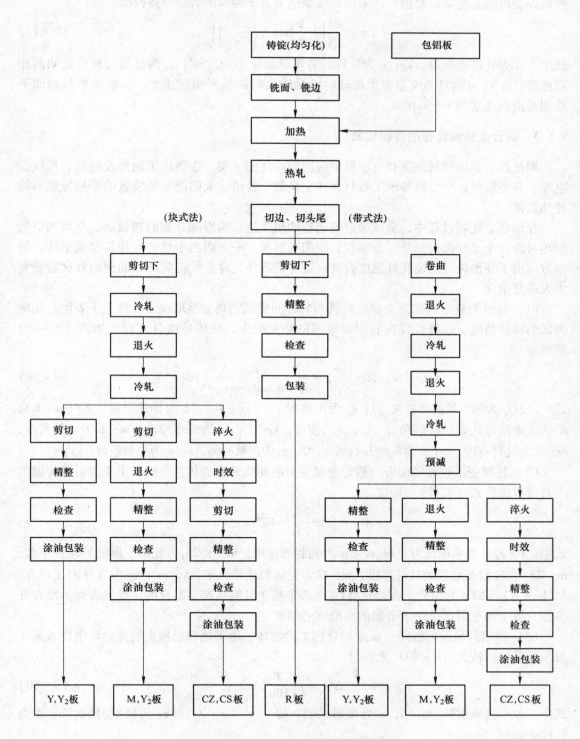

图 9-44 铝合金板带材典型工艺流程

擦机理变得极其复杂，目前广泛采用的模型仍是基于经验的剪切摩擦模型，即：

$$f = -\frac{mk}{\sqrt{3}}\left[\left(\frac{2}{\pi}\right)\tan^{-1}\left(\frac{|v_r|}{a}\right)\right] \tag{9-77}$$

式中，m 为轧件的质量，kg；k 为轧件的剪切屈服应力，N/m^2；v_r 为轧辊与轧件之间的相对速度，m/s；a 物理意义是发生滑动时接触体之间的临界相对速度，一般 a 取接触面平均相对滑动速度的 1% ~ 10%。

9.5.3 铜合金轧制过程的传输现象

铜及铜合金板带材是重有色金属中应用最广泛的一类，主要用于制作发电机、母线、电缆、开关装置、变压器等电工器材和热交换器、管道、太阳能加热装置的平板集热器等导热器件。

在铜合金轧制过程中，金属通过与轧辊的热交换、向周围介质的热辐射、与周围空气的热对流三个途径损失热量，金属在轧辊间变形时，一方面由于热传导使其温度下降，另一方面由于变形热效应使轧件温度升高，这种情况使轧件在轧辊间冷却的理论和试验研究大大的复杂化。

（1）轧件与轧辊间的热交换。轧件与轧辊间强烈的热交换取决于轧件上下表面与轧辊表面的接触情况。计算轧件在轧辊辊缝间的热量损失，热传导微分方程式如式（9-78）所示：

$$\Delta Q_q = 2c_p\rho s B L t_1 \sum_{k=1}^{k=\infty} 2 \times \frac{\sin^2\delta_k}{\delta_k^2 + \delta_k\sin\delta_k\cos\delta_k}\ (1 - e^{\delta_k^2\frac{a\tau_1}{\lambda^2}}) \tag{9-78}$$

式中，ΔQ_q 为热传导的热损失，J；c_p 为比热容，J/(kg·K)；λ 为导热系数，W/(m·K)；δ_k 为上表面与轧辊的接触角，(°)；ρ 为密度，kg/m^3；$2s$ 为轧件厚度，m；L 为轧件长度，m；B 为轧件宽度，m；t_1 为轧件开始温度，℃；τ_1 为接触时间，s；a 为导温系数，m^2/s。

（2）轧制变形过程的温升。假定金属变形的功能转变成热量，则由于变形引起的温度上升可以由公式（9-79）确定。

$$W = P_{cp}v\ln\frac{2S_1}{2S_2} = 427Gc_p\Delta T_W \tag{9-79}$$

式中，P_{cp} 为平均单位压力，kg/m^2；v 为轧制的速度，m/h；$2S_1$ 为轧制变形前的轧件厚度，m；$2S_2$ 为轧制变形后的轧件厚度，m；G 为金属的质量流量，kg/m^3；c_p 为轧件的比热容，J/(kg·K)；ΔT_W 为温升，在确定 ΔT_W 时假定整个轧制弧都是贴合的，接触表面上没有外摩擦，即全部变形都是由于金属的内滑移的结果。

（3）热辐射导致的温降。温度加热到 T 的物体，由于热辐射损失的热量可由斯忒藩-玻尔兹曼定律按式（9-80）来确定：

$$\Delta Q_\varepsilon = \varepsilon\left(\frac{T}{100}\right)A\tau_2 \tag{9-80}$$

式中，ΔQ_ε 为辐射热量，kJ；ε 为辐射系数，kJ/(m^2·h·℃)；τ_2 为辐射时间，h；A 为轧件表面积，m^2。

（4）对流导致的温降。与周围空气的对流作用使轧件发生的温度下降可由式（9-81）计算：

$$\Delta t_{v} = \frac{h_{v}}{c_{p}}(t_{n} - t_{B})\tau \times \left(\frac{1}{2s} + \frac{1}{B} + \frac{1}{L}\right) \approx 2\frac{h_{v}}{c_{p}}(t_{n} - t_{B})\frac{\tau_{3}}{h} \qquad (9-81)$$

式中，t_{n} 为轧件温度，℃；t_{B} 为周围空气温度，℃；h_{v} 为热对流系数，$kJ/(m^{2} \cdot h \cdot ℃)$；$\tau_{3}$ 为轧件冷却时间，h。

9.5.4 有色金属轧制过程的实例分析

在轧制生产过程中轧件温度的准确计算十分重要，准确地测量、分析、计算轧制过程各环节轧件温度的变化是优化负荷分配，控制材料性能，实现工艺过程计算控制的重要前提。为了便于研究，取热轧过程铝合金中心和边部位置来进行分析。

在轧制过程中，影响轧制温度场的换热方式主要有轧件与周围环境之间的换热、轧件向轧辊的接触传热、塑性变形生热和轧件与轧辊的摩擦生热等4种。它们在轧制过程中相互耦合，很难提取它们在轧制过程中对轧件温度变化所占的比重。但是通过数值模拟的方法，可假设各种换热方式之间互不影响，分别对空冷、接触传热、塑性变形或摩擦等换热方式对轧件温度变化进行分析，这是用实验方法不可能实现的。

9.5.4.1 铝合金轧制过程的实例分析

设3104铝合金的轧制工艺参数为：轧制初始温度450℃、轧制速度500mm/s、单边压下量3mm，轧件与轧辊间平均接触换热系数为40kW/($m^{2} \cdot K$)。图9-45为在0.155s时，不同换热方式单独作用下，轧件在轧制变形区的温度分布云图；图9-46为不同换热方式单独作用下，轧件中心和表面节点温度随时间的变化曲线。

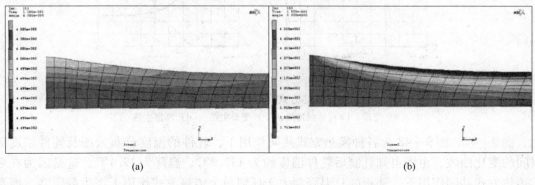

(a)   (b)

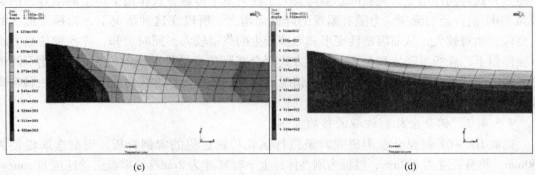

(c)   (d)

图9-45 轧制变形区在不同换热方式作用下温度分布云图
(a) 空冷；(b) 接触传热；(c) 变形生热；(d) 摩擦生热

　　由图 9 - 46 可知，在空冷作用下，轧件中心节点温度随时间逐渐减小，而表面节点温度则在轧制过程中存在一个上升的阶段，随后再逐渐地减小；接触传热产生的温降从接触的瞬间就马上开始，它在轧件表面产生的温降较大，并慢慢渗透到轧件的中部；塑性生热作用于轧件整体，加工过程中，轧件内部的温差变化较小；轧件表面温度略高于轧件中心温度；摩擦热主要集中作用在轧件外表面，其温度变化曲线上存在两个峰值。

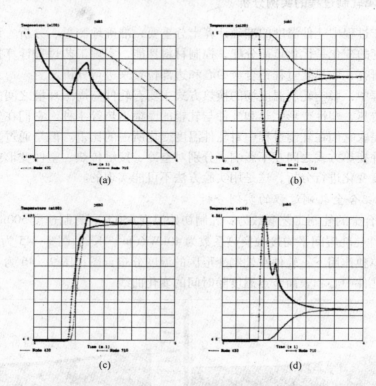

图 9 - 46　不同换热方式下轧件温度随时间变化曲线
（a）空冷；（b）接触传热；（c）变形生热；（d）摩擦生热

　　图 9 - 47、图 9 - 48 为各种换热方式共同作用下，轧件的温度分布云图及轧件温度随时间的变化曲线，由图可知轧制后轧件温度约为 437.9℃，温降为 12.1℃，这是因为在多种传热方式共同作用下，轧板的总温降要大于任何单个传热方式作用下产生的温降，而又因为 3104 铝合金的流变应力随着温度的降低而增大，所以在这种情况下，轧板变形区的流变应力相对较大，从而因塑性变形和摩擦产生的热就较大。同时可知，在各种传热方式单独作用下，轧板温降之和与多种传热方式耦合实际仿真结果的误差仅 5%，因此不同传热方式之间的耦合作用较弱，在解耦的情况下，讨论各种传热方式对轧板温降单独影响具有实际的工程意义。

9.5.4.2　铜合金轧制过程的传输实例

　　选取 HX - 01 铜镍合金为研究对象进行热轧传输过程的实例分析，模型选取辊径为 250mm，辊身长度为 800mm，推板为刚性体，上下辊转速为 2rad/s，推板运动速度 80mm/s，单道次压下率为 8%，初轧温度为 700℃，如图 9 - 49 所示，采用连轧方式轧制 7 道次，以第六道次的结果进行分析。

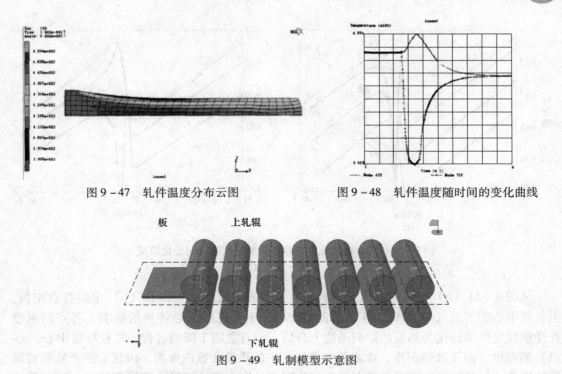

图 9 – 47　轧件温度分布云图　　　　　图 9 – 48　轧件温度随时间的变化曲线

图 9 – 49　轧制模型示意图

　　第 6 道次轧件的温度分布云图如图 9 – 50 所示，从图可以看出，轧制过程中，轧件表面热量损失较多，且由于轧件在塑性变形过程中产生了变形热以及轧件较厚，心部热量难以散发，所以轧件内部的温度比表面温度高。轧件头尾以及边缘的散热条件好，与周围环境产生对流、辐射等热传递，温度比其他部位低，约 550℃ 。

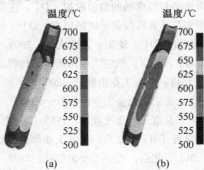

　　　　(a)　　　　　　　　(b)

图 9 – 50　第 6 道次轧件温度分布云图

(a) 外表面；(b) 纵截面

　　图 9 – 51 是第 6 道次时轧件典型部位的温度随时间变化的曲线图，从图 9 – 51（a）中可以看出，轧制开始阶段，轧板由于对流和辐射散热的影响，各节点的温度都出现了不同程度的下降，轧件边缘（P1 点）对流和辐射强度较大，温度最低，越靠近表面中心温度越高；进入接触区后，由于塑性变形和摩擦产生的热量来不及散失，使得各点的温度剧烈上升，然后由于轧辊的冷却作用，各点温度又迅速下降，其中与轧辊直接接触处的中心点（P4 点）的温度下降最快，当轧件离开接触区后，受热传递的影响，温度曲线开始上扬，温度开始回升。

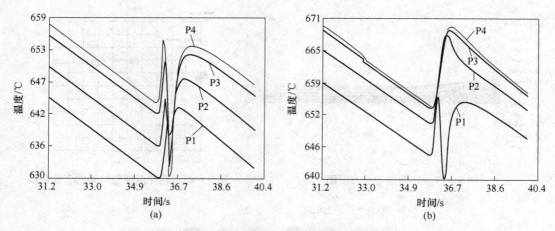

图 9-51   第 6 道次轧件典型部位的温度随时间变化情况
(a) 表面；(b) 纵截面

从图 9-51 (b) 中可以看出，纵截面上各点的温度变化规律和（a）中的各点相似，但轧件中心的节点（P2，P3，P4）离表面较远，不受轧辊接触传热的影响，各点的温度在受塑性变形功转化为热量的影响迅速上升后，没有急剧下降的过程。轧板厚度中心（P4点）的温度，由于散热困难，加之塑性变形产生的热量在板内聚集，出现了高于轧制前温度的现象。另外轧件的表面各节点最先与轧辊接触发生塑性变形，变形程度大，同时受接触传热的影响最大，从而表面温度的升降比轧件内部更为剧烈。

参 考 文 献

[1] 章杰. 台车式热处理炉炉膛内流场和温度场的数值模拟 [D]. 沈阳：东北大学，2008.

[2] 汤浩. 辊底式热处理炉数学模型及计算机控制系统的研究 [D]. 武汉：武汉科技大学，2009.

[3] 仁冬. 全氢罩式退火炉的模型研究 [D]. 沈阳：东北大学，2008.

[4] 袁宝岐. 加热炉原理与设计 [M]. 北京：航空工业出版社，1989.

[5] 蔡乔方. 加热炉 [M]. 3 版. 北京：冶金工业出版社，2007.

[6] 蒋光羲，吴德昭. 加热炉 [M]. 北京：冶金工业出版社，1987.

[7] 金作良. 加热炉基础知识 [M]. 北京：冶金工业部，1985.

[8] 陈英明. 热轧带钢加热工艺及设备 [M]. 北京：冶金工业部，1985.

[9] 陈鸿复. 冶金炉热工与构造 [M]. 北京：冶金工业出版社，1993.

[10] 日本工业协会. 工业炉手册 [M]. 北京：冶金工业出版社，1989.

[11] 王秉铨，高仲龙，谭忠良，等. 工业炉设计手册 [M]. 北京：机械工业出版社，2004.

[12] 武文斐，陈伟鹏，刘中强，等. 冶金加热炉设计与实例 [M]. 北京：化学工业出版社，2008.

[13] 张善亮. 加热炉 [M]. 北京：冶金工业出版社，1995.

[14] 王有铭，李曼云，韦光. 钢材的控制轧制和控制冷却 [M]. 2 版. 北京：冶金工业出版社，2009.

[15] 连家创，威向东. 板带轧制理论与板形控制理论 [M]. 北京：机械工业出版社，2014.

[16] 赵刚，等. 轧制过程的计算机控制系统 [M]. 北京：冶金工业出版社，2002.

[17] 丁修堃. 轧制过程自动化 [M]. 北京：冶金工业出版社，2009.

[18] 郑申白，史东日，马劲红. 轧制过程自动化技术 [M]. 北京：化学工业出版社，2009.

[19] 倪守明，孙明荣，唐敏. 攀钢线材厂轧后控冷技术的应用 [J]. 轧钢，2001，18 (2)：67 ~ 68.

[20] 王涛, 闫洪. 船板钢 E36 轧后控冷工艺的制定 [J]. 锻压技术, 2008, 33 (1): 47~49.

[21] 杨世铭, 陶文铨. 传热学 [M]. 北京: 高等教育出版社, 2006.

[22] 冯建晖, 张辉宜. 轧后控制冷却技术在马钢中板厂的应用 [J]. 钢铁钒钛, 2002, 23 (3): 49~53.

[23] 康煜华. 3104 铝合金热轧过程有限元分析及应用 [D]. 长沙: 中南大学, 2011.

[24] 袁家伟. 铜基触媒合金板材制备技术研究 [D]. 西安: 西安建筑科技大学, 2010.

10 新技术领域的传输现象简介

随着能源、环境、材料、生物、信息等高新技术领域设备的微型化，微尺度流体流动和传热传质问题日益突出，并逐渐成为这些领域进一步发展的瓶颈。而微纳尺度加工技术的迅猛发展，则使得器件系统的微小化、轻量化、功能化以及集成化成为了可能，为微尺度相关问题的解决提供了机遇，微尺度科学已经成为了力学、热学与其他众多交叉科学的研究前沿。本章将以综述方式展示微尺度流体流动和传热传质研究动向和发展趋势。

10.1 微尺度效应

前述几章提及和应用的物体物性参数，如流体的黏度、各种材料的导热系数等仅适用于物理尺度较大的物体，即通常所说的传统尺度物体。许多工程问题都是这种情况，然而，在新技术如微电子技术、微纳米材料技术等领域，就必须小心地考虑当物理尺度变小时可能发生的变化，也就是必须考虑微尺度效应。微尺度不应与分子级的微观层面相混淆，亚微米至微米级的微尺度仍处于由宏观向微观过渡的细观或界观范畴。这种过渡层面毕竟有别于传统的宏观法则，使微尺度物体有可能偏离常规的预示结果而表现出超常性。其原因可以分为两大类，一类是连续介质的假定不再适用，另一类则是各种作用力的相对重要性发生了变化。

纳米流体的兴起，源自对传统流体导热性能的强化。在传统流体中添加纳米固体颗粒，使之悬浮于基液中，此悬浮液称之为纳米流体。研究发现，纳米流体的导热不同于常规液体的导热，由于纳米颗粒在基液中随机的布朗运动，颗粒基液的固、液相际界面的随机移动，促使颗粒与颗粒的团聚成簇，而颗粒表面吸附的基液又防止颗粒间直接接触。团簇改变了胶质悬浮液的分布均匀性，出现宏观性的变异，从而影响热过程的行为。正是由于纳米流体的强化传热特性，纳米流体正成为迅速开发应用中的新型功能流体，并在不同行业中出现，如纳米制冷剂、纳米催化剂等。

颗粒和薄膜材料的纳米化，包括新型分子组装纳米管的发展，使物质性质特异化，改变了已知表面吸附、沉积、掺杂以及随之引起的功能特性。纳米材料的悬浮，鲜明地改变了流体流动和热过程的行为。纳米流体的运动必然受制于黏滞力，悬浮颗粒在布朗运动力和范德瓦尔分子力对抗重力作用下的团聚成簇是自然现象。加大纳米颗粒的数密度，意味着减小相邻纳米颗粒的间距，势必增大颗粒相遇团聚的机遇，扩大团簇体积，相应减小布朗运动速度，增大重力影响，改变悬浮稳定性。现行"两步法"制备纳米流体，是依靠微加工技术先把材料加工成纳米颗粒，然后在超声振荡或其他外力搅拌下将纳米颗粒与基液混合成均匀的悬浮液。这样制备的悬浮颗粒的稳定性总有一定时限，其随纳米颗粒的体积浓度增加而缩短。金属的密度远大于非金属固体，范德瓦尔分子力大到束缚分子的自由移动时，温度的传递主要依靠晶格的就地振动，所以导热系数远大于非金属的分子扩散效应。微量金属纳米颗粒的悬浮，可引发有效导热系数跃变式强化。同时，超薄材料或涂层薄到以微纳米计，进一步减薄到接近分子平均自由程时，其导热和热辐射特性都会发生质的变化。

10.2　微尺度流体流动

前述几章讨论的流体流动均是在传统尺度的管道和槽道内进行的，很多新技术如微机械技术、微流控芯片技术等都涉及微尺度内部流动，其管径或当量直径处于微纳米级。随着管径和槽道当量直径的微小化，因接触表面积的减小，使质量力（如重力、浮力、电磁力等）的作用影响相对减弱，表面力（如壁面摩擦阻力、相界面切应力、表面张力等）的作用影响相对加强。正是各种作用力影响程度的不同，改变了流体流动状态，从而也使微管的传热传质过程具有其特殊性。研究发现，液体在微管和槽内的流动与传热都会出现超常性，因毛细力引起"热毛细现象"而减小流动阻力，由层流向紊流转变的临界雷诺数远小于常规值，却又显著地提高了换热强度。气体流经微型管道或板槽，从层流向紊流转变的临界雷诺数和流动阻力也低于常规的预示值。管径或槽道当量直径越小，壁面效应的影响越大，超常性越明显。

关于微尺度流动的研究最早可以追溯到 1970 年进行的芯片式制冷器和气相色谱仪的研究，这是早期的利用微制造技术的例子。在科学研究方面，80 年代地球物理学家最早将微制造技术用于研究模拟多孔介质流动即渗流。进入 90 年代，基因工程推动了微检测技术的发展，使微制造技术得到前所未有的重视，极大地推动了对微尺度流动现象的研究。

微流控是一种精确控制和操控微尺度流体，尤其特指亚微米结构的技术。微流控分析芯片是微流控技术实现的主要平台，可以把生物、化学、医学分析过程的样品制备、反应、分离、检测等基本操作单元集成到一块微米尺度的芯片上，自动完成分析全过程。有着体积轻巧、使用样品及试剂量少，且反应速度快、可大量平行处理及可即用即弃等优点的微流控芯片，在生物、化学、医学等领域有着巨大潜力，近年来已经发展成为一个生物、化学、医学、流体、电子、材料、机械等学科交叉的崭新研究领域。此外，毫米级和微米级的微型泵、管道、阀门、控制机构等已成为近年来迅猛发展的热点，如生物医学所用的血液泵和柔性管道，燃料电池冷却系统中的循环泵等。这都需要研究微型机械与元件内部流动理论与新颖的设计方法。这方面的工作国内外均处于发展阶段，还有大量的基础理论与实用的设计、制造技术需要进行研究。

10.3　微尺度传热传质

传热传质学研究由于温度差所引起的能量传递过程，以及因物质组分浓度差异而伴随发生的物质迁移现象，是几乎渗透到现代工程技术各个领域内的一门技术基础学科。热质传递过程有着无所不在的广泛的实际应用背景，尤其与现代产业和高新技术的发展紧密交叉，在许多相关学科和高新技术领域，如新兴能源系统、航空航天、生物与医学工程、生态环境、功能与新材料、微纳米科技、光电子、军事技术、现代光机电加工等中扮演着重要角色，甚至起着关键性作用。传热传质学交叉学科近年来的发展十分迅速，成为整个学科极具前景的新生长点。交叉问题研究总是与各个时代科技发展的前沿紧密结合的，事实上，传热学发展历史展现的正是一个交叉发展的历程，在与其他学科交相辉映和协同发展中，传热学自身的研究内涵不断得到丰富。实际上，当前几乎所有重大科学研究领域，如生物、信息、能源、材料、环境等科学中都能找到与传热传质学千丝万缕的联系。当今传热学领域内典型的交叉研究主要体现在与生命科学相结合而产生的生物传热传质学和由纳米科技催生出的微纳米尺度传热学。

传热传质学系微纳米科技中最为重要的学科基础之一，微机电微型驱动、纳米材料结构组装应用、微纳器件与传感器及其他广泛的微纳米技术离不开传热传质现象和过程。在所有微机电或纳米器件的研发及应用中，流动和传热的重要性均非常突出，由于任何物理过程的物质和能量输运均发生在受限的微小几何结构中，必然导致流体和能量的转换异于常规，由此带来充满神奇的研究方向和诸多新现象。任何不可逆输运能量的耗散必然以热的形式体现；对于化学反应或相变过程，任意分子的重组必然涉及与周围环境之间的能量乃至热量的交换；特别是在某些特殊的微纳米器件应用场合，热学信号正成为其中独特而有效的用以控制器件运行的重要手段。显然，对微观热物理现象和能质传递输运机制的揭示是微纳米科学与工程技术兴起的重要基础。全面了解系统及其组成单元的特定空间和时间尺度内的热行为，已经成为提高器件性能的关键环节之一，其本身也是热科学向纵深发展的必然。再者，微纳米尺度器件和传感器等，为有关传热传质实验探索提供了崭新的研究手段。毫无疑问，微纳米尺度传热学已成为热科学领域中最为激动人心的前沿之一。微纳米尺度传热学研究已成为发展一些创新科技的前沿和制高点，在传热传质学科的拓展和延伸中占据着显赫的地位。

微尺度传热问题的工程背景来自于 20 世纪 80 年代高密度微电子器件的冷却和 90 年代出现的微电子机械系统中的流动和传热问题。目前，传热传质学研究与现代高新技术发展和新世纪科学技术走向紧密联系，集中表现在：航天技术、微机电、微电子技术、微型动力和推进技术、环境工程、生命科学与生物工程、燃料电池、纳米科技等现代高新技术领域的热质传递规律研究日益受科研工作者和工程技术人员的关注；由于计算机高集成、高速度和大容量芯片技术遇到散热瓶颈，强化传热的方案和思路呈紧凑化和微细化发展态势，微纳米尺度传热传质研究势头强劲；理论研究和实验技术研究走向基础化，重视揭示物理本质，理论与技术应用愈加紧密联系；学科交叉与技术融合产生的诸多潜在方向和领域在时机成熟的孕育中势必开拓出崭新的视野。一些发达国家如美国，由于其高新技术发展快，水平高，在传热测试方法和手段、传热传质学研究和高新技术领域密切联系等方面均有着明显优势。

从目前的总体发展趋势看，微尺度传热传质重点发展的研究领域和前沿课题可以概况为，高新技术领域热质传递现象的机理和特有规律，包括材料工业、生物工程、微机电、微电子工程、航天技术等领域中的超快速、微重力、微尺度、复杂结构、超低温等条件下的特有热质传递规律，研究工作着重于针对具体研究对象构建理论模型，探索更有效、更精确的实验方法和技术，当然还包括微尺度导热、对流和辐射的机理及特性研究。

10.4 生物传热传质

所谓生物传热传质，应是研究有生命的生物体中的传热传质过程，所探索的是冷、热环境对诸如呼吸作用、血液和养分的输运、体温的自调节本能等基本生命现象的作用影响及其防护问题，构成热科学与生命科学、生物学、医学、仿生技术等交叉的边缘学科分支。所涉及的范围广泛，并不局限于生物体和生物材料、生物组织的低温保存与低温处理。生物传热还包括食品原料的冷藏保鲜与生物制品的制备和自然环境下的冻伤和烧伤研究。对于特种人员，如救火员、潜水员、在严寒地区作战的军事人员的衣着和工作安全极限的制订，以及临床医学中根据局部温度的变异以诊断癌症及其热疗或冷疗等都具有重要意义。生物体特别是人体本身的复杂性和生物医学工程发展的需要吸引着众多科研人员参与生物传热传质的研究。

生物传热传质的特点是具有生命自律的活力，离不开与赖以生存的环境进行物质和能量的交换。人体的体温基本保持正常稳定，局部的温度变异可据以诊断病态。人体呼吸是一个多级分叉的超巨型管系，有动脉、静脉直到毛细血管散布的血液系统，由食物营养的摄取而有的生化反应，通过视觉、听觉、嗅觉、触觉等对环境的感受，经中枢神经系统产生主动调控行为。人的体温就是在下丘脑的中枢控制下，由增减皮肤的血流量、汗腺的发汗、寒战等生理反应获得自律调控的本能。增减衣着和配备防护措施等行为是对生理调温反应的补充，以削弱受体外环境气氛的影响。正是由于人的反应不仅有生理因素，还有心理因素的影响，这远比非生命体在接受热状态干扰时单纯的被动反应要复杂得多。随机的多变性，决定了活体输运过程本质的非定常性。所以，在临床监测中出现温度波动或振动现象，增大了生化反应和迁移热物性数据测定的不确定性。

在众多的医学生物学实践中，蕴藏着大量热科学机制亟待揭示，但以往受到的关注较少，一定程度上制约了传统医学理论与技术的进步。从自科学界提出最早的人体传热模型以来，国内外在生物传热传质学研究的各个层面上取得了相当大的进展。由于生物传热传质学牵涉众多热物理、工程、生物学、临床医学等问题，研究的复杂程度高，往往需要多学科协同攻关，至今与医学实践之间还存在一定距离。一方面，脱离开热科学的指导，医学热学实践具有一定的经验性和不确定性，对热医疗的过程和效果均很难准确控制。作为热科学研究对象的生物活体具有较大的复杂性和特殊性，传统热科学的理论和方法在此问题上存在很大局限性，亟待两方面的紧密结合。当前，人们已普遍认识到，当物体尺度和瞬态作用时间小于一定数值时，传统热和流体理论将不再适宜于描述或偏离所观测到的现象，即体现出强烈的微尺度效应，广泛应用于连续介质体系中的物理量，如温度、压力、内能、熵、焓乃至热物理参数如导热系数、比热容、黏度等，在微尺度水平上均可能需重新定义和解释。微纳米尺度器件和系统也变得越来越复杂，人们对微纳米尺度下的基本传热和流动过程中存在的理论和实验技术，以及相应微热器件制造方法的需求与日俱增。

物质和能量的输运是生命的源泉，传热传质学与生物科技的交叉完全顺应自然规律，传热传质规律的拓展应用、热科学理念探索的成果和技术进步，铺垫和支撑着一大批外科、病理、生理感官、医疗器件、生物医学工程技术等快速进步和赶超世界水准，比如：

低温外科、热疗、激光手术；生物材料、人体器官低温保存技术；不同温度范围和作用的
医疗器件、热诊断和健身仪器等。所以，生物传热传质的研究正在成为热科学的又一重要
研究领域。

参 考 文 献

[1] 王补宣. 工程传热传质学（下册）[M]. 2版. 北京：科学出版社，2015.

[2] 国家自然科学基金委员会工程与材料科学部. 工程热物理与能源利用 [M]. 北京：科学出版社，2006.

[3] 弗兰克 P. 英克鲁佩勒，大卫 P. 德维特等著. 传热和传质基本原理 [M]. 葛新石，叶宏，译. 6版. 北京：化学工业出版社，2011.

[4] 李战华，崔海航. 微尺度流动特性 [J]. 机械强度，2001，23（4）：476～480.

[5] 过增元. 国际传热研究前沿——微细尺度传热 [J]. 力学进展，2000，30（1）：1～6.

[6] 陈玉凤，刘尧，王培吉. 微尺度传热学进展 [J]. 济南大学学报（自然科学版），2008，1（1）：1～4.

[7] 刘静. 微米/纳米尺度传热学 [M]. 北京：科学出版社，2001.

[8] 陶然，权晓波，徐建中. 微尺度流动研究中的几个问题. 工程热物理学报，2001，22（5）：575～577.

[9] 孙江龙，吕续舰，郭磊，等. 微尺度流动研究的简要综述 [J]. 机械强度，2010，32（3）：502～508.

[10] 李战华，吴健康，胡国庆. 微流控芯片中的流体流动 [M]. 北京：科学出版社，2012.

[11] 刘静，王存诚. 生物传热学 [M]. 北京：科学出版社，1997.

[12] 刘静. 充满机遇的微尺度生物传热传质学 [J]. 世界科技研究与发展，2000，22（4）：54～58.

[13] 刘涛，纪军，彭晓峰，等. 当前国际传热传质研究的发展趋势 [J]. 国际学术动态，2005，（1）：22～23.

冶金工业出版社部分图书推荐

书　名	作　者	定价（元）
现代冶金工艺学——钢铁冶金卷（第2版）(本科国规教材)	朱苗勇	75.00
物理化学（第4版）（本科国规教材）	王淑兰	45.00
冶金物理化学研究方法（第4版）（本科教材）	王常珍	69.00
冶金与材料热力学（本科教材）	李文超	65.00
钢铁冶金原理（第4版）（本科教材）	黄希祐	82.00
钢铁冶金原理习题及复习思考题解答	黄希祐	45.00
热工测量仪表（第2版）（本科国规教材）	张　华	46.00
加热炉（第4版）（本科教材）	王　华	45.00
冶金物理化学（本科教材）	张家芸	39.00
冶金宏观动力学基础（本科教材）	孟繁明	36.00
冶金原理（本科教材）	韩明荣	40.00
冶金传输原理（本科教材）	刘　坤	46.00
冶金传输原理习题集（本科教材）	刘忠锁	10.00
耐火材料（第2版）（本科教材）	薛群虎	35.00
钢铁冶金原燃料及辅助材料（本科教材）	储满生	59.00
炼铁工艺学（本科教材）	那树人	45.00
炼铁学（本科教材）	梁中渝	45.00
炼钢学（本科教材）	雷　亚	42.00
炼铁厂设计原理（本科教材）	万　新	38.00
炼钢厂设计原理（本科教材）	王令福	29.00
轧钢厂设计原理（本科教材）	阳　辉	46.00
钢铁冶金实习教程（本科教材）	高艳宏	25.00
炉外精炼教程（本科教材）	高泽平	40.00
钢铁模拟冶炼指导教程（本科教材）	王一雍	25.00
连续铸钢（第2版）（本科教材）	贺道中	30.00
冶金设备（第2版）（本科教材）	朱　云	56.00
冶金设备课程设计（本科教材）	朱　云	19.00
硬质合金生产原理和质量控制	周书助	39.00
金属压力加工概论（第3版）	李生智	32.00
特色冶金资源非焦冶炼技术	储满生	70.00
冶金原理（高职高专教材）	卢宇飞	36.00
冶金技术概论（高职高专教材）	王庆义	28.00
炼铁技术（高职高专教材）	卢宇飞	29.00
高炉炼铁设备（高职高专教材）	王宏启	36.00
炼铁工艺及设备（高职高专教材）	郑金星	49.00
炼钢工艺及设备（高职高专教材）	郑金星	49.00
转炉炼钢操作与控制（高职高专教材）	李　荣	39.00
连续铸钢操作与控制（高职高专教材）	冯　捷	39.00
物理化学（第2版）（高职高专国规教材）	邓基芹	36.00
矿热炉控制与操作（第2版）（高职高专国规教材）	石　富	39.00
非高炉炼铁	张建良	90.00